大学化学实验教学示范中心教材

总主编　李天安

化学基础实验（I）

HUAXUE JICHU SHIYAN

本册主编　鲍正荣　李天安　孙都成　耿志远

西南师范大学出版社

序

大学化学实验教学示范中心教材

本系列教材定位为：适应大学实验教学示范中心建设要求的、基于一级学科平台的、以“方法”为中心的实验教学教材。

化学作为一门实验学科，实验在教学中的作用历来都被教育界看重。正如著名的化学家戴安邦教授的名言：“实验教学是实施全面化学教育最有效的教学形式”。在此，戴教授提出了一个非常重要的看问题的思路，那就是教学过程究竟应该“教”什么？他认为，化学教学有两个方面，一方面是化学知识，而另一方面是这些知识是怎样来的，并且后者“可能是更重要的一面”。实验教学应当完成的任务正是后者。

教育部《实验教学示范中心建设标准》更明确指出，实验课程应是“适应学科特点及自身系统性和科学性的、完整的课程体系”，使学生通过实验教学，“掌握基本实验操作方法，能够正确地使用仪器设备，准确地采集实验数据。具有正确记录、处理数据和表达实验结果的能力；认真观察实验现象进行分析判断、逻辑推理、做出结论的能力；正确设计实验（选择实验方法、实验条件、仪器和试剂等），并通过查阅手册、工具书及其他信息源获得信息以解决实际问题的能力。要注重培养学生实事求是的科学态度，百折不挠的工作作风，相互协作的团队精神、勇于开拓的创新意识。”

所以，实验教学已经不是单纯的“技能”训练，而必须应对学科深化与辐射、分化与交叉、理论与应用都呈现快速发展和融合的势头，是学生接受全面的学科、甚至科学素养培养最重要的渠道。这就是我们提出的以“方法”为中心的实验教学理念的初衷。

这里所谓的“方法”是一个广义的概念，是“方法论”的一种表述。简略地说，是指三个方面。这三个方面都从根本上突破了二级学科的局限，处处彰显创新。

* 技术方法：是技术的综合、是对于针对同一对象或需要而运用相同和不完全相同科学原理构建的各种技术的理解。教学中不可能也没必要把学科当今技术都让学生经历一遍，但是，学生应当具有根据工艺功能要求评价和选择技术的能力却是教学的基本要求。

* 思维方法：是一种设计和综合各种技术的能力。实验教学是给学生提供一个舞台，让学生针对具体课题去寻求、评价和选择解决方案。把教学内容局限在“项目”中就是对思维发展的扼杀。

* 思想方法：实验的无穷尽性使之在思想方法训练方面功能独到。这种训练促进学生发展发现命题、论证命题、设计解决方案、实施方案、评估效果并发现新的命题的逻辑能力。其中贯穿了超越本学科的学识水平和人格道德品质，是跨文理的科学素养、解决实际问题的创新潜能的形成过程。

因此，尽管本系列教材作为一个尝试，疏漏谬误在所难免，但我们愿以此抛砖引玉，奉献给学子和同仁。

是为序。

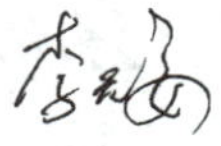

2006 年 8 月于重庆

内容提要

大学化学实验教学示范中心教材

本书是适应大学实验教学示范中心建设要求的、基于一级学科平台的、以“方法”为中心的实验教学化学系列教材的第一册，分绪论、上篇、下篇、附录四部分。上篇为知识与训练，共4章。第1章介绍了化学实验基本操作，包括实验器皿洗涤、校正，试剂取用、溶液配制和常用滴定。第2章介绍了化学实验室常用仪器与使用，包括仪器仪表、天平使用、温度测试与校正、气体钢瓶使用。第3章讨论化学实验条件及控制，包括加热与冷却、物质的干燥、压力、真空及测量、固体样品处理。第4章讨论化学实验基本技术与方法，包括固液分离方法、液液分离方法、气体制备与纯化、实验装置的设计与装配。下篇为实验项目，分基本实验(18个)、综合实验(8个)和设计实验(4个)。所有的实验项目都力求涉及多个知识点，避免就项目论“项目”，有利于学生举一反三。本书注意与中学化学实验的衔接，注重大学化学实验入门的基础性、学生的主体性、自主参与和实践、创新。

本书可作为高等师范院校、高等理工大学和综合性大学化学化工专业本科生教材，也可供医学院校等相关院校的相关专业教学、科研人员阅读参考。

目录

下篇 实验

附　录

绪 论

学习目标

1. 理解实验在化学学科发展中的作用，树立正确的实验道德观；了解化学实验的过程、思维方法。

2. 懂得实验室安全与环保的关系以及二者与做好实验的关系，自觉养成注意安全、保护环境的实验习惯。

学习指导

绪论从叙述实验在化学学科发展中的重要地位入手，通过实验过程的剖析、实验思维模式的讨论，直到科学道德的要求，实际上就是如何看待科学、发展科学和如何做一个科学人的问题。

化学实验安全与环境保护是同一事件的两个层次，直接影响化学实验研究的正常进行，体现了实验者运用可持续发展的理念指导化学实验研究和技术开发的基本素养。

所以，实验既是一个学习和探索自然规律的过程，更是一个人格形成和塑造的过程。这是真正学好化学的根本点。

建议课外 4 学时。

0.1 实验在化学学科中的地位

所谓现代科学，不仅指科学知识本身，还包括认识科学知识的过程和方法。化学与任何学科一样，化学科学也是由两大体系构成，一是用于阐明研究对象自然规律的理论体系，它反映了人类在本学科的知识积累；二是用于揭示自然规律的方法论体系，它推动学科理论的发展，并利用这些规律造福人类。两大体系缺一不可。

那么，实验在本学科中究竟发挥着什么作用呢？简略地说，有以下四大功能：

· 发现功能。实验是获得化学事实原始素材的基本途径，是认识自然的过程。可以说，书本知识是前人告之他们的发现，而实验就是我们自己去发现。

·举证功能。无论是已有化学规律的重现，还是先于实验的理论假说，都必须由实验来验证。对于教学实验就是具有教育功能，即学生通过实验去验证和巩固理论知识。

·创新功能。通过实验，发现和合成新物质，揭示物质世界新规律，丰富和推动了化学理论和分支学科的建立和发展；探索物质世界奥秘的实验需求，不断推进仪器、装置等实验手段的进步。

·创造功能。实验具有规模小、周期短、花钱少等优点，有利于模拟工业生产过程，为生产提供流程设计、工艺优化的基本原理和技术参数。

所以，实验作为化学研究方法论的核心，在学科发展中起着举足轻重的作用。实验教学可以帮助学生形成化学概念，理解和巩固化学知识，培养学生观察现象、分析问题、解决问题的能力，初步掌握一些常用的化学实验技能，培养学生实事求是、严肃认真的科学态度和科学方法。因此，加强实验教学是提高化学教学质量的重要一环，也是评价教学质量的一个重要方面。

0.2 化学实验过程

化学实验的性质和目的可以千差万别，但其过程和方法仍然有规律可循。

0.2.1 准备

基础实验课程通常是由一系列的实验项目构成，每个项目都有确定的目的。在实验之前应当认真阅读实验指导书和教材相关章节，对实验原理、过程、结果分析应充分了解，完成预习报告。研究性实验课程是学生通过社会调研自选研究课题，常常需要做多个实验方能完成，每个实验都重点解决课题的某一具体问题，即有确定的实验目的。所以，准备是否充分，不仅关系到实验的成败，更重要的是准备本身就是一个思维创新的过程。

实验原理可以分解为反应原理、装置原理和操作原理三个方面，在预习报告或设计报告中应当充分予以讨论。

·反应原理。本实验依据的化学反应性质、反应物和产物的定量关系以及条件控制原理、实验废弃物的处置原理与方法。

·装置原理。为了实现实验原理所选用的仪器、设备，采用的器材组合、连接方式和顺序的根据。寻求减少药品试剂消耗量的排污减量途径。

·操作原理。实验的操作步骤、条件控制手段、安全注意事项与反应原理的关系。

以氢气的实验室制取（九年级）为例，如图 0-1 所示，试讨论实验准备时的实验原理。

反应原理分析至关重要，事实上，达到同一个实验目的常常可以依据不同的反应原理。由于原理不同,实验装置、反应条件、操作方法等自然也就不同。如果把本例的反应原理上升到“活动顺序在氢之前的金属与非氧化性酸反应”,则就可以选择更多的金属作为还原剂;甚至可以把反应原理确定为“氢离子被还原”,即可选择电解水(溶液)来实现实验目的。

如果我们对图 0-1 所示的实验装置稍做改进:精确称量金属锌并用量筒排水集气,就可以使本实验实现定量制备,但并不背离上述反应原理。这也说明实验不仅丰富多彩,而且具有广阔的发展延伸空间,赋予我们无穷的遐想。下面的(*)都是本例可以进一步改进的地方,大家可以从探讨中得到启发。

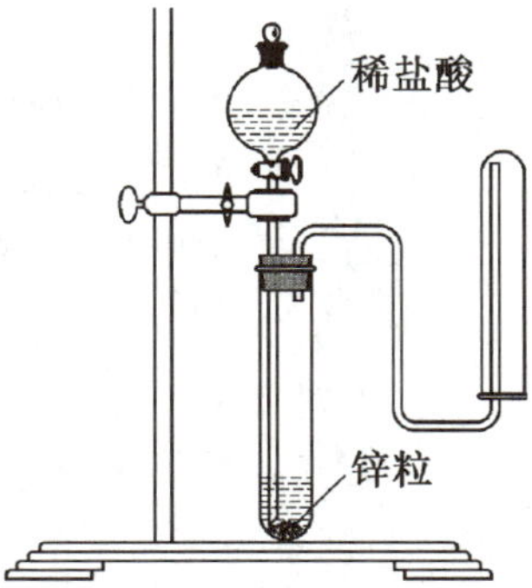

图 0-1　氢气的实验室制取

反应原理	反应要素	反应物	反应性质	反应条件
	原理分析	锌、氢的化学反应活动性	氧化还原	放热反应
	解决方案	锌粒和稀盐酸	$Zn+2HCl = ZnCl_2+H_2\uparrow$	常温常压

装置原理	反应要素		反应器具	反应控制
	反应单元	原理分析:	* 无需加热、器具廉价、简单	* 控制反应物加入量
		解决方案:	大试管或锥形瓶	* 分液漏斗
	收集单元	原理分析:	无腐蚀,根据气量选择	不溶于水且比空气轻
		解决方案:	大试管或集气瓶	排水或排气集气
	连接单元	原理分析:	* 有利于气密性,加工容易	* 无
		解决方案:	* 橡胶塞+玻管+乳胶管	

		反应控制	安全控制
操作原理	原理分析:	* 酸液加量易于控制	酸有腐蚀性,氢气性质活泼
	解决方案:	锌粒先入反应器再逐滴加入酸	* 漏斗活塞密封,* 系统气密性,远离火源

0.2.2　操作

操作是整个实验中采集原始实验数据和分析素材的唯一时期,决定了实验能否达到预期结果。操作更是培养我们严谨的科学态度和良好工作习惯的关键时期。任何部门都不会容忍一个常损坏仪器、编造数据和乱下实验结论的员工,因为这些行为将给生产带来不可估量的损失。由于实验项目的性质和原理的不同,操作过程可以有差异,但仍然有规律可循。以下是任何实验中都必须注意的一些问题。

(1)实验装置的装配和拆卸

· 根据实验原理分析,选择合适的仪器、设备、器材,检查它们是否完好、清洁、匹配,必要时需清洗或调试。

· 按实验装置图安装、固定、检查密封性;调整热源、光源、搅拌振荡等设备,要求既符合实验原理,便于操作和保证安全,各部件又匀称、协调、美观。

·实验完毕关闭水电,依次拆卸各部件,清洗并放回原处。

(2)规范操作

·正确加入固体、液体、气体反应物,对于逐渐加入的反应物,需注意加入的速度。

·开启和关闭热源等物理设备的顺序、时间、强度。

·防止实验中气体、液体泄漏并及时处理,易燃易爆剧毒药品的加入和临时放置的安全。

·生成物的收集、净化、干燥、储藏。

·废弃物的处理、回收、利用。

(3)观察与记载

·反应物数据,如纯度、投入量、速度、顺序等。

·反应条件数据,如加热或冷却、搅拌或振荡、催化剂与量等。

·生成物数据,如外观、生成速度、平衡等。

·异常数据,如形态、色泽、烟、泄漏等。

0.2.3 总结

实验结束需进行总结,并撰写实验报告。必须指出,总结不是单纯的结果分析,而是对实验原理、装置、材料、条件等予以重新评价,找出不足和改善措施,在新的高度上提出建设性的意见或科学假设,因而是升华、提高和创新。由此可见,实验报告具有鲜明的个性特点,反映了撰写者的道德、学识和思维水平。

一般而言,实验报告应包含如下内容:

·绘制最终的装置图。装置图是实验原理的体现,是总结时的重要分析依据,所以要求绘制清晰、准确,尊重事实。

·过程评价。根据原始数据,实事求是地用文字、图、表给出实验结果,分析实验原理、装置、条件控制是否合理、匹配。特别是实验中出现的意外现象,需分析出现的原因、对预期实验进程的影响、是否可消除及消除过程,从而分析它是操作不当所致还是反映了一个自然规律。

·发展评价。运用类推、演绎、归纳等方法,探讨本实验遵循的化学原理、反映的现象、实验材料、装置、条件等选择的代表性、合理性和扩充性。

0.3 思维训练

实验不仅仅是动手能力的训练,更重要的是思维的训练;也不仅仅是帮助我们理解现有的化学知识,更重要的是要用它去发现新的自然规律。

思维在实验的各个环节都起着主导作用,是一切创新之源。可以说,实验室不同于教室的根本之处，就在于它是训练思维、培养习惯的场所。所以，“照方抓药”式的实验只能是人力、时间、物资的浪费。

实验的无穷尽性为我们提供了广阔的思维空间。我们可以运用定向思维方法，根据现有过程与目的，分析其缺陷和改善措施，使之装置更加简单、更易于控制、精度更高、功能更强；运用发散思维方法，从一个基点出发，运用演绎、联想等方法向深度和广度推理；运用逆向思维方法，用违背常规因果关系、先后关系等反方向探求问题的另一种解决方案；运用归纳思维方法，从个别总结为一般，形成科学假设；甚至当对特定事物高度关注，在积累了丰富表象储备、思维极其活跃和敏锐的情况下，可以在外界某种刺激时产生瞬间快速选择的直觉思维。

0.4 科学道德

实验是学习和探索自然规律的手段和过程，但是，实验是由人设计和实施的，每时每刻都体现了人的道德与素养。树立良好的人格是科学地进行实验研究的基础。所以，加强实验中的修养应成为实验教学的重要任务。

· 实事求是。一切以事实为依据是实验的根本要求。因此，一丝不苟客观地观察记载实验现象、据实分析实验结果是对自然的尊重，是一个科学工作者最起码的道德要求。任何改数据、编造结果的行为都是伪造事实、误导别人，得到的不是自然规律，而是对科学的亵渎、对人类的犯罪。

· 尊重守信。科学是人类智慧的结晶，是不同个人合作劳动的产物。实验教学在强调独立思考、独立操作的同时，提倡相互探讨、共同研究的合作学习方式。尊重对方是合作的基本前提。事实上，任何人永远都需要生活在社会上，都必须随时随地与人合作。在合作中得到启发，在合作中完成实验，当然也是实验教学的基本需要。合作并不与独立工作矛盾。任何不经自己观察而抄袭别人的数据、结果不仅是不道德的行为，也是对自己的不负责任。特别是在较为复杂的实验中，分工是必然的，而抄袭将导致整个实验组的结论产生不可弥补的错误，严重侵犯了其他组员的利益。

· 承担责任。正如公民必须为自己的行为承担民事和刑事责任一样，对自己的数据负责、对自己的错误负责是一个科学工作者的基本道德规范。强烈的责任感是探索自然、与人相处的基础。我们须对科学负责，保证每一个数据的真实可靠，每一个结论都绝对以事实为依据；须对集体负责，尽职尽责，以科学的态度保质保量按时完成任务并承担过失；须对自己负责，锲而不舍、坚持不懈地完成实验，取得真实可信的数据。

0.5 化学实验室安全与环境保护的统一

0.5.1 实验室安全

化学实验中，经常需要使用各种药品、电器、热源，需要构造高（负）压、高速转动等实验条件，这些都潜伏着一定的危险因素。因此，能够诱发实验室发生安全事故的因素可以分为以下三类：

· 物质与装置因素。实验药品或反应产物常常具有易挥发、易燃、易爆、腐蚀或有毒的性质；实验装置设计或安装不合理会发生泄漏、炸裂；构成反应条件的加热、震荡、电场、压力等设备可诱发药品燃烧爆炸或直接伤害人体。

· 环境因素。实验室的通风、温度、湿度、供电不良会使设备发生故障、损坏甚至人身伤害。

· 操作因素。实验中的错误操作不仅不能达到实验目的，更是发生安全事故的主要原因。实验室安全事故的类型可以简单归纳如表 0-1。

表 0-1 实验室事故类型

	类型	原因举例
事故性质	火灾	可燃物与助燃物混合接触、可燃物过热、强放热反应
	爆炸	可燃物与助燃气体接触、密闭反应装置内压过高
	泄漏	药品储存器损坏、反应器炸裂、有毒反应产物逸出
事故范围	个人	取用药品、玻璃加工、使用电器、实验操作等过程中的烧（烫）伤、中毒、腐蚀、割伤、触电
	局部	火灾、爆炸、溢水引起的室内大范围破坏和人身伤害
	发散	火灾、爆炸和有毒危险药品流出实验室引起的范围更大、甚至不能准确确定范围的社会危害
事故后果	损坏设施	误操作、火灾、爆炸、漫水引起仪器、设备、管线、房屋毁损
	人身伤害	本人或他人的各种伤害

实验室安全事故总是因为实验者对上述某个因素的忽视而发生的。不仅伤害个人，还会危及周围的人们。可以说，保证安全是实验室最重要的工作，没有安全就没有一切。

0.5.2 环境保护

化学作为一门对生产实际具有重大应用价值的学科，集中体现在它的实验技术能够解决生产问题。众所周知，技术的本质是自然规律的反映，也是人类与自然协调的体现。技术本身并不存在污染，污染是技术的不完备或滥用技术的结果。

化学实验室的污染主要是化学污染(表 0-2)。

表 0-2　化学实验室的污染物类型

	类型	举例
物理形态	气态	HCN，H_2S，NO_x，SO_2
	液态	各种有机溶剂、有机废液、无机废液
	固态	沉淀物、废滤纸、废吸水纸、破损玻璃器皿
化学性质	有机	易燃、易爆有机溶剂、致癌芳香烃
	无机	重金属、腐蚀性卤素单质、强酸碱
生物毒性	急性低毒且易降解或排出	碱金属和碱土金属离子、乙醇、醋酸、糖、油脂
	急性高毒但易降解或排出	氰化物、硫酸、盐酸、环氧乙烷
	急性低毒但难降解或排出	重金属离子、芳香族化合物

化学实验室中，污染物具有如下特点：

· 种类齐全品种繁多。与工厂排污相比，由于学校化学实验室的实验项目多，因而污染物构成不仅十分复杂，而且性质也常常难以区分。

· 排放量小浓度高。尽管实验室排放的废弃物的量大大低于工厂，但是废弃物产生的集中性往往形成局部高浓度。

· 间歇性产生。实验时间并非连续，也不是整个实验过程都在产生废弃物。

· 与人接触机会多。实验室内人员密度高，局部污染物浓度高，反应装置距离人体近，因此，一旦出现污染或泄漏更容易伤害到人。

0.5.3　避免安全事故和防止污染的途径

可以说，实验室安全与环境保护从本质上讲是一事两面。安全事故造成人身伤害，也造成更严重的泄漏和环境破坏；储物不善和反应失控造成了污染、破坏了环境，往往也是发生安全事故的原因。所以，二者的防止也是一致的。而且，不能等到伤害已经发生才想到怎么补救，珍爱生命、尊重他人、爱护环境、防患于未然是实验室安全的根本要求。

(1)树立高度的安全意识和良好的实验习惯

实验室事故必然导致公私财产损失、人身伤害、丢失实验资料和中断教学活动。因此，没有安全就不可能有真正意义上的探索。安全地探索是分析问题、解决问题的能力和热爱真理、追求真理的科学素质不可分割的一部分。实际上，任何工作都存在危险因素，关键是怎样面对和处理。化学实验更是如此。

养成良好的实验习惯是安全的有效保障。安全事故总是发生在漫不经心时，因此一丝不苟、严肃认真的工作作风是实验习惯最基本的内容。实验室安全无小事，就是指实验室中所有行为都关系到安全。

实验室操作和安全规程(附录一)是人们在长期工作中的经验教训总结,其中付出了许多血的代价。它是我们规范实验室工作行为、保护自身和他人安全、养成良好实验习惯的准绳。实验室操作和安全规程是化学专业学生的必修课。

(2)用科学规律设计、操作化学实验

实验是获取感性信息的手段,但实验却是一个充满理性的智力活动,这是辨证的统一。因此,尊重科学规律,认真观察和分析每一个细节,才能采集到科学的素材,才能及时消除危险苗头以保证安全。

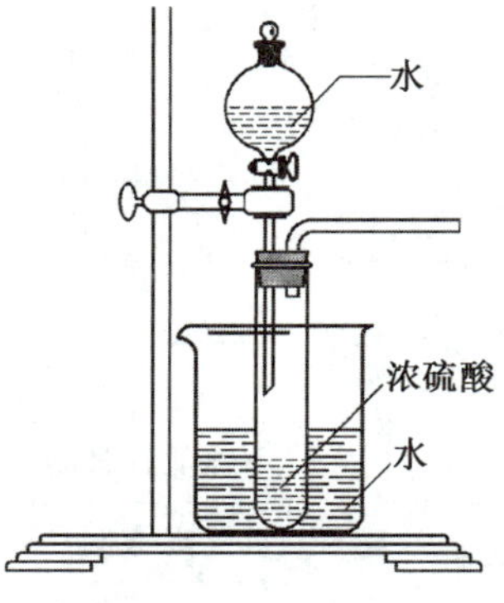

图 0-2　水加入浓硫酸

①科学设计

正确的实验装置是实现实验目的和实验安全的保证(图0-2)。合理的装置设计还可以延伸实验功能,从而可以用较少的实验次数取得更多的科学数据,达到节约时间、材料,减少污染的效果。例如,许多定性的实验都可以改造成为定量实验,参见图 0-1 及其讨论。

②减污少污

化学实验总要使用药品试剂,难免产生废弃物。但是,通过实验设计可以尽量避免或尽可能少地使用危险试剂和挥发性有机物;通过优化反应条件,能提高反应的转化率、尽量减少副产物;实验的微型化也可大大降低污染、缩短实验时间。

③循环回收利用

由于实验的反应物、反应原理是已知的,因而产物基本上也是已知的,从而为化合物的循环回收利用创造了条件。其实,这本来就是化合物制备的正常思路,许多化工产品都是通过一系列的反应生产出来的。

一般而言,如果废弃物或产物中已知成分纯度较高、含有贵金属或分离提纯方法简便都需要回收。

④废弃物处置

由于实验室实验项目多,性质复杂,即使回收利用后仍然难免还有废弃物,因此,仍需进行最终处理。

实验室废弃物必须按要求分类倾倒在指定的收集容器中,然后针对不同类型处理。处理的最终目的是无害化。一般说来,无机废弃物通过化学反应使之转化为难溶的形态后填埋;有机废弃物则可通过氧化等化学方法使之无机化或利用植物对之吸收代谢;对于一些必然要排放的有毒气体,设置尾气吸收装置是常用的处理方法,吸收液再与废液合并处理。

(3)人身伤害处置

实验室中常发生的人身伤害有烧(烫)伤、中毒、腐蚀、割伤、触电等几种。发生伤害应立即进行处置,若伤势较重,还应及时送医院救治。下面是一些简单处置的方法。

①非化学伤害

·烧(烫)伤。实验中的热源、加热器、间接加热的介质材料、液体反应体系和易燃药品的使用不当都有可能烧(烫)伤实验者。不慎烧(烫)伤使皮肤发红时,可用酒精棉球涂擦或将伤处浸在冷水里,至不觉疼痛时为止;起泡时不要弄破水泡,抹上獾油或烫伤膏对伤处可起到润皮、止痛作用。

·割伤。化学实验要用到许多玻璃仪器,像试管、玻璃导管等。玻璃制品易破碎,一旦破裂常常容易割伤皮肤,如果伤口渗入药品,更不易痊愈。发生割伤,需先挑出伤口内的玻璃碎片,轻伤可涂以红汞或紫药水,必要时撒些消炎粉包扎。若流血不止,应对伤口洗净处理后用手指压住伤口止血。

·触电。首先切断电源,必要时进行人工呼吸。

②化学伤害

几乎人人都知道,化学试剂都有一定的毒性和腐蚀性,除非故意,通常少有经口中毒者。所以,药剂急性伤害一般为接触灼伤和呼吸吸入中毒。化学接触灼伤与一般的烧伤、烫伤不同,其特殊性在于:即使脱离了致伤源,如果不立即把污染在人体上的腐蚀物除去,这些物质仍会继续腐蚀皮肤和组织,直至被消耗完为止。化学物质与组织接触时间越长、浓度越高、处理不当、清洗不彻底,烧伤也越严重。因而,化学品伤害的处置越快,治疗效果越好(详见附录三)。

思考题

1. 阅读教材和课外书,用其中的实例说明实验在化学理论产生和发展中的作用。

2. 阅读教材和课外书,用其中的实例说明思维在促进实验改进和实验结果解析中的作用。

3. 分析图 0-1 叙述中加(*)的命题,看这些命题涉及哪些知识点,是否可以通过这种思考得出改进实验装置或实验控制的思路。

4. 在教学楼中各处走走,熟悉楼层结构和通道、各种消防设施的布局和类型。

5. 查阅文献,了解实验室废水的处理方法,试用所学知识对这些(某种)方法给予评价。

6. 某些化学品并不引起急性伤害,而是对人体产生慢性毒性。阅读文献,了解有哪些化学品具有慢性毒性,它们的致毒机理如何,怎样防范中毒。

参考文献

[1] 李天安. 论实验的思维和人格教育功能. 中国教育理论杂志,2002(11A):9～10

[2] 陈金莲,冯征. 化学实验课与大学生科学素质教育. 学校党建与思想教育,1998(3):30～31

[3] 吴海建. 从培养科学素养的角度看化学实验教学. 化学教育,1999(6):14～17

[4] 郑长龙,林长春.论化学实验的教育教学功能.中学化学教学参考,1996(3):1～4

[5] 胡启恒.科学的责任与道德:一个值得重视的问题.科学学研究,2000,18(1):1～5

[6] 学部主席团.中国科学院院士科学道德自律准则.中国科学院院刊,2002(1):2

[7] 李志强,戴艳军.论科技时代的科技道德教育.求实,2004(2):86～88

[8] 李天安.化学实验室安全与环境保护的统一.中国教育理论杂志,2003(01A):128

[9] 徐春放,刘义杰.在化学实验教学中培养学生的环保意识.化学教育,1999(2):32～34

[10] 鲍正荣.化学实验的绿色化改造.四川师范学院学报(自然科学版),2000,21(3):287～290

[11] 彭彬.化学实验室"三废"的处理方法.四川环境,2004,23(6):118～121

[12] 宋学省.高校分析测试实验室中废液处理方法的研究.实验室科学,2005(3):44～46

[13] 郑凤英,李顺兴.化学实验绿色化研究.漳州师范学院学报(自然科学版),2001,14(3):56～59

(李天安)

[上篇]

知识与训练

第1章　化学实验基本操作

学习目标

1. 掌握常用玻璃仪器的洗涤与干燥方法，并能针对实验要求和不同仪器判断及选择适宜的方法。

2. 明确试剂的正确取用方法在化学实验中的重要性，掌握正确估计试剂用量、取用固体试剂和液体试剂的方法。

3. 学会常用玻璃仪器的使用和校准方法。

4. 掌握常用溶液的配制和标定方法。

5. 了解滴定管的分类和使用，熟练掌握滴定操作技术。

学习指导

化学实验是科学实验的重要组成部分，科学实验是科学研究和教育的基础和重要途径，所以对实验的每一个环节都要求严谨、细致、严密、准确和客观真实，这样获得的实验结果与结论才能真实可靠。

走进大学化学实验室，首先看到和接触的是琳琅满目的化学实验仪器和试剂，因此，学习化学实验，总是从认识和洗涤仪器开始的。化学实验中使用最多的是玻璃仪器，玻璃仪器的洁净与否直接影响对实验现象的观察及结果，不洁仪器带入的杂质产生异常现象将会导致错误的实验结论。所以学会认识仪器，知道各种化学仪器的构成、功能和用途之后，还要学会科学地洗涤与干燥各种玻璃器皿以及懂得洗净与否的判断标准。量筒、量杯、移液管、吸量管、容量瓶等实验量器的使用、校准，固体和液体化学试剂的正确取用及估量，也是化学实验最基本的技术和方法。这些内容学习的质量高低直接关系到以后更为复杂实验的学习，因为它们是整个化学实验的基础。因此在本章的学习中，不仅要掌握玻璃仪器的各种洗涤与干燥的方法，而且要思考如何根据具体的实验要求运用这些方法，自觉养成既有严谨科学态度又有灵活经济观念的研究品质。

为了综合练习这些基本技术与方法，本章安排了最基本的溶液配置、标定和酸碱中和滴定，并配套了几个相应的实验。滴定分析是将一种已知准确浓度的标准溶液滴加到被测试样的溶液中，直到达到化学计量点为止，根据达到计量点时标准溶液的浓度和体积求得被测试样中组分含量的一种方法，是一种定量分析方法。这个准确的“量”包括两个方面，一方面是要能配制标准溶液（如 1.4 所述），另一方面要能准确测量滴定过程中所消耗的滴定剂的体积。在本章中主要体现为能正确地使用已校正的酸（碱）式滴定管，并能熟练完成滴定操作。学习时需要认真预习，正确操作、练习，仔细观察、思考，认真处理实验结果和书写实验报告。

建议课外 16 学时。

1.1 器皿洗涤

为了保证实验结果的正确，实验仪器必须洗涤干净。毋庸置疑，仪器附着物无一例外都是实验设计中未知的成分，它们与反应物之间发生的反应都是无法估计的，势必干扰预期现象的观察。这些“异常”现象将导致得出错误的结论。玻璃仪器附着的水对于必须在干燥条件下进行的反应显然也是不允许的。不洁附着物甚至会导致安全事故。而且，任何严密的思维、创新的设计都必须通过严格的实验来证实，才可能转化为科学发现和应用技术，因此，从基本的仪器洗涤开始，养成一丝不苟的工作作风是成就事业的看家本领，将受用终身。

1.1.1 实验玻璃仪器的类型

玻璃仪器是实验室使用最广泛的一类实验器具，具有质地晶莹剔透、化学性质稳定、造型丰富且价格低廉的特点。根据玻璃和陶瓷仪器在实验中的用途，大致可以分为如下几类（参见附录五）。

（1）反应仪器

一般用硬质玻璃制成，在反应装置中作为物质发生反应的容器，烧瓶、烧杯、试管、锥形瓶、坩埚是最常见的类型。尽管反应器可以较长时间加热，是各类玻璃陶瓷仪器中唯一一类可加热器具，但和所有的玻璃仪器一样，仍然应当避免骤冷、骤热，以防炸裂。加热时必须在器皿底部垫上石棉网使之受热均匀。

（2）计量仪器

用于量取液体体积的玻璃仪器，其材质要求不在于耐受温度，而在于热膨胀系数较小。仪器在出厂时都经过标定，上面都有刻度线表示体积，一般是毫升标度。具体种类和使用方法见 1.1.3 节。

（3）贮物仪器

用于盛放药品、样品、溶液等的器具，实验室常见的有各种试剂瓶、用于盛装样品的称量瓶等。

干燥器（图 3-10，3-11）是特殊的贮物器，下部放有干燥剂，并配有磨砂口的盖，磨口面涂有少量凡士林，盖上后密闭得很好，保证器内有效的干燥环境。一些物品，如易潮解的药品，称量瓶等必须保持干燥的器皿放置在搁板上被干燥。打开干燥器时须一手稳住器身，另一手持盖顶小球水平推开器盖。千万要注意拿稳器盖，以防掉落打碎！

(4) 专用仪器

在反应装置、过程中有特殊用途的仪器，如各种漏斗、抽滤瓶、冷凝器、气体干燥瓶或干燥器(图 4-43 和 4-44)、比色管以及黏度测量计等可以独立使用的仪器。

(5) 其他仪器

表面皿、蒸发皿、点滴板等若干难以明确归类的仪器。它们在实验中常作为辅助仪器。

1.1.2 仪器的洗涤

仪器附着污物一般来说主要有灰尘、可溶性物质、不溶性物质以及一些有机物质和油污等。因此，根据实验要求以及仪器上所黏附的污物的性质、玷污的程度通常有以下两类洗涤方法。

1.1.2.1 水洗法

水洗法包括冲洗和刷洗。可溶性污物和灰尘可直接用水冲洗，污物被溶解而除去。振荡可以加速溶解。其操作方法是先往仪器中注入不超过容积量 1/3 的水，手持器颈用力来回振荡，保持器底振幅大于器颈，注意不能把水洒出(如图 1-1 所示)，而后把水倾出。如此反复冲洗数次直至洗净。

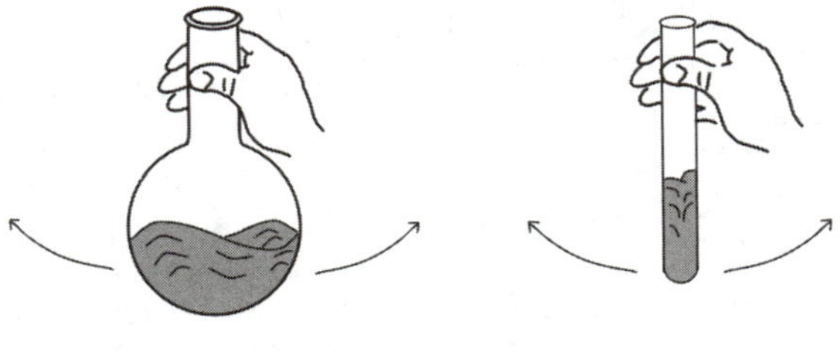

图 1-1 振荡冲洗

仪器内壁污物不易用水冲洗时，可用毛刷对器壁的摩擦将污物刷洗去掉。实验室备有不同规格的仪器刷，使用时需根据仪器的形状、大小，选择不同形状和大小的刷子。如洗涤试管可根据试管的大小选择不同的试管刷，洗涤烧瓶可根据烧瓶的大小选择不同的烧瓶刷。凡端头无直立竖毛的秃头毛刷不可使用。洗涤方法如图 1-2 所示。刷洗后，再用水连续冲洗、振荡几次，视需要用蒸馏水冲洗 2～3 次，每次蒸馏水的用量要少，遵循“少量多次”的原则，注意节约用水。

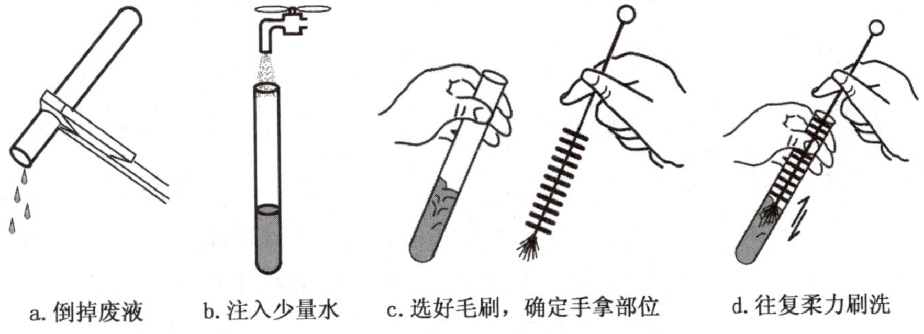

图 1-2 刷洗试管

对于水不溶(如油脂等有机物)及用水也刷洗不掉的污物，应当用去污粉或洗涤剂来加强洗涤。最常用的是用毛刷蘸取肥皂液、洗涤剂或去污粉来刷洗，然后用自来水冲洗，最后用蒸馏水冲洗 2～3 次。

1.1.2.2 洗液法

对于用上述方法都无法洗净的仪器，或容积精确、形状特殊、不能用刷子刷洗的仪器(如容量瓶、移液管、滴定管等)，或进行精确的定量实验时，对洁净程度要求较高的仪器，这时就要考虑选用适当的洗涤液进行清洗。

(1) 常用洗液

铬酸洗液是一种有毒洗液，因其具有强酸性、强氧化性、强腐蚀性，能够消化多种污物而成为实验室最常用的洗液。配制时取 20 g 重铬酸钾研细，溶于 40 mL 水中，搅拌下缓慢加入 360 mL 浓硫酸即可，用于除油垢或还原性污物。用后的铬酸洗液应倒回原瓶，重复使用，直至溶液的颜色变成绿色后，则失效不能再用。

失效的铬酸洗液可以再生。其方法是：将失效洗液加热浓缩、冷却至室温后，以 1 L 浓缩液加 10 g 高锰酸钾粉末的比例，边加边搅拌至微紫色为止；再加热至有三氧化硫出现；停止加热，稍冷后用玻砂漏斗过滤；滤液冷却后出现红色的三氧化铬沉淀，在此溶液中加入适量浓硫酸，使其溶解成洗液即可继续使用。

实验室常用的其他洗液见表 1-1。

表 1-1 实验室一些常用的洗液

名称		适用对象	配制方法
强酸洗液	盐酸洗液	碱性及大多数无机污物	浓盐酸和水各半
	硝酸洗液	重金属离子沉积物	50%硝酸
	混酸洗液	微量的金属离子	1∶1 或 1∶2 的盐酸与硝酸
碱性高锰酸钾洗液		油污及其他有机污物	高锰酸钾 4 g 溶于水中，加入 10 g 氢氧化钠，加水稀释至 100 mL
氢氧化钠洗液		油污	10%氢氧化钠
氢氧化钠-乙醇洗液		油污和某些有机物	120 g 氢氧化钠溶于 150 mL 水中，加入 95%乙醇至 1 L
有机溶剂		溶解有机残留物	汽油、丙酮、乙醇、二甲苯、乙醚等

其实，“洗液”是指那些能够利用化学反应清洗掉器皿污物的溶液，洗液洗涤的本质是化学洗涤。所以，针对具体问题，充分运用已有的化学知识来配制“洗液”是常有的事。如用石灰水煮沸洗脱沉积有硫黄的仪器、用 $Na_2S_2O_3$ 溶液洗涤难溶银盐和装过碘溶液的试剂瓶等。

除以上常规洗涤方法外，化学实验室中还有一些特殊的洗涤方法：如过热水蒸气清除器皿表面吸附的气体分子；高温灭菌或灼烧可除去器皿表面微生物和有机污染物等。超声波清洗器更是一些复杂、贵重仪器洗涤的必需手段，只要将用过的仪器放在配有合适洗涤剂的溶液中，接通电源，利用超声波产生的振动，即可将仪器清洗干净，既省时又方便。

(2) 基本操作

一般而言，洗液有浸泡法和直接洗涤法两种使用方法。

· 浸泡法。适用于不急用的、污物厚重难除去的玻璃仪器。当然，被洗涤的仪器还应当较短，能够放入洗液缸中。为了加速污物的消化和溶解，可以视情况采用冷或热浸泡，如上述氢氧化钠洗液，往往将洗液倒入待洗仪器中加热至沸腾。

· 直接洗涤法。往仪器中注入少量洗液（其用量约为仪器总容量的 1/5），然后将仪器倾斜并慢慢转动，使仪器内壁全部被洗液润湿。反复操作，使洗液在内壁流动几圈后，把洗液倒回原瓶。对玷污较严重的仪器可再注入少量新鲜洗液，如此反复洗涤。最后用自来水冲洗、再少量蒸馏水淌洗 2～3 次。对玷污较严重的仪器可用洗液浸泡一段时间或用微热的洗液洗涤，效率更高。

洗液一方面可以清洗器皿污物，另一方面它本身也是器皿的“污染”物，所以，有时需要用另一种洗液再洗。如碱性高锰酸钾洗液浸泡后有二氧化锰析出，常用草酸洗液再洗。

(3) 特殊量器的洗涤

移液管、酸（碱）滴定管等是用于定量分析的量器，对洗涤的要求很高，一般均需经过洗液洗涤、自来水冲洗和蒸馏水淌洗（2～3 次）的洗涤程序。

洗液洗涤移液管前先用自来水冲洗一次，然后插入洗液中，用 1.3.1.2 节中的“取液”方法，用洗耳球将洗液慢慢吸至管容积约 1/4 处，食指按住管口将移液管横放后松开，边缓缓转动边使管口降低，让洗液流布全管，然后将洗液放回原瓶；再用自来水冲洗，蒸馏水淌洗；最后用洗瓶吹洗外壁，用滤纸擦去管外的水。

洗液洗涤酸式滴定管时，先关好活塞，倒入洗液。两手分别拿住滴定管的上、下两端无刻度部分，平端，边转动边向管口倾斜，使洗液流遍全管。完成后竖立滴定管，打开活塞让洗液从下端尖嘴放出流入洗液瓶。必要时重复操作一次。

碱式滴定管的洗涤方法与酸式滴定管基本相同，只是为了防止铬酸洗液腐蚀乳胶管，可先取下带尖嘴的乳胶管，换上一小段带玻璃棒的橡皮管，按洗酸式管的方法进行洗涤；再将滴定管内大部分铬酸洗液倾倒出后，换回尖嘴乳胶管，快速并不断改变方向用手指捏乳胶管玻璃球，洗液则流遍玻璃球的四周，使玻璃球下方各处均洗到。

为了避免水冲稀试剂，造成分析数据不准确，在使用前还应用少量的将要移取或盛装的溶液淌洗器壁 2～3 次。具体操作见 1.5 节。

使用洗液时，应注意以下几点：

· 为节省洗液和时间，洗涤前应尽量把仪器内残留液体、固体倒掉。

·应根据洗液的性质，尽量重复使用，如确已失效，则不能继续使用。

·大多数洗液都具有强烈的腐蚀性，会灼伤皮肤、破坏衣物，使用时应特别小心！也不能将毛刷伸入洗液中！若不慎将洗液洒在皮肤、衣物和桌面上，应立即用大量水冲洗。

·铬酸洗液中的Cr(Ⅵ)有毒，清洗残留在仪器壁上的洗液时，第一、二遍的洗涤水不能直接倒入下水道，应统一回收处理。简单的处理方法是向废液中加入硫酸亚铁，使Cr(Ⅵ)还原成无毒的Cr(Ⅲ)再排放。

·凡能用其他方法洗涤干净的仪器，就不要用洗液洗，以便降低成本和减少危险性。

1.1.2.3 仪器洗净的检查

仪器洗净的标志是清洁透明、倒置时水沿器壁流下能形成均匀水膜而不挂水珠，如图1-3所示。否则，则必须重新洗涤。已洗净仪器的干燥须用下文介绍的方法，决不可用布或纸擦拭洗净的仪器内壁，以免布或纸上掉下的纤维玷污仪器。

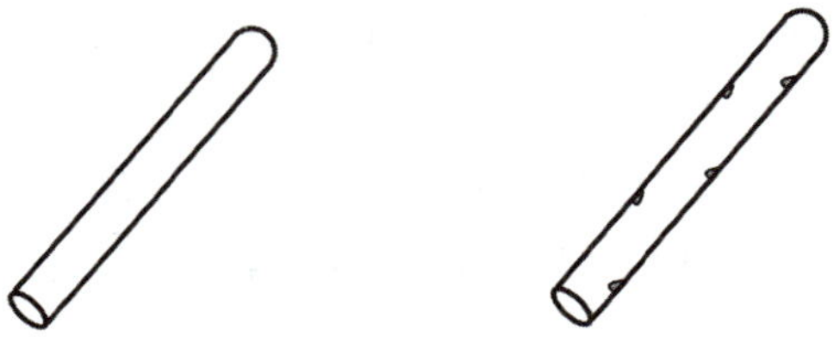

a. 洗净：水均匀分布，不挂水珠　　b. 未洗净：器壁挂水珠

图1-3　仪器洗净的检查

1.1.3 仪器的干燥

实验室中经常用到干燥的仪器，尤其是在有机实验中，水是大多数有机反应的有害杂质，极微量的水都有可能完全阻止反应，这些反应的成败往往取决于仪器的干燥程度。因此洗净的仪器还需干燥。通常根据仪器类型、使用迫切性以及对无水的要求选择干燥的方法，其中最重要而基本的原则是，量器具一律不能用加热的方法干燥，以免影响体积的准确度。一般而言，实验室有以下5种干燥仪器的方法。

(1) 晾干

适用于量器具和不急用的仪器。洗净后倒置在干净的实验柜里或仪器架上让其自然干燥(如图1-4)。

(2) 烘干

适用于非量器且可一次快速干燥多件仪器。常用的有电烘箱和红外灯干燥箱，前者可以烘干较大仪器，后者只能烘干小件仪器。仪器放进去之前应尽量把水倒净，倒置在烘箱架上，倒置不稳的仪器要平放，且应尽可能使开口朝下。温度控制在105 ℃左右。打开循环风扇可以加快烘干速度。

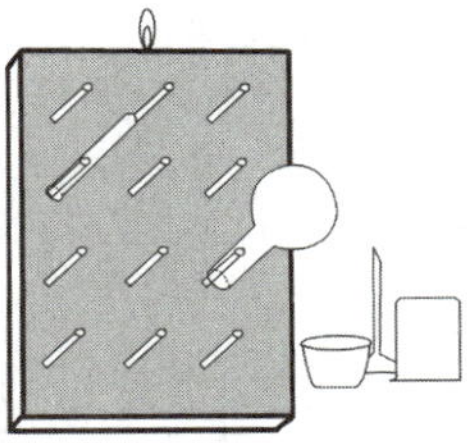

图 1-4 晾干

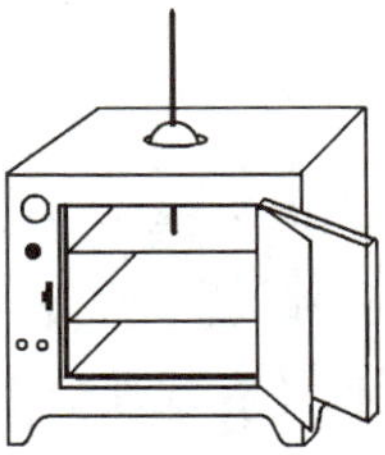

图 1-5 烘干

(3) 吹干

适用于急用的或某些严格要求无水的实验所用的仪器。把仪器倒套在玻璃仪器气流烘干器(图 1-6)上,开启冷风或热风吹干。对于较大件的仪器,也可以用电吹风吹干。

(4) 烤干

适用于急用且可加热或耐高温仪器(如烧杯、蒸发皿、试管等)的干燥。烤之前应将仪器的外壁擦干,烧杯、蒸发皿等一般放在石棉网上小火烘烤。试管则可直接用酒精灯小火烤干:用试管夹夹住试管,手持试管夹,始终保持试管口下底上,向下倾斜(如图 1-7),以免管口的水珠倒流而使试管炸裂。从试管底部开始加热,逐渐下移向管口,并不断地来回翻转试管,以赶走水蒸气。

图 1-6 气流烘干

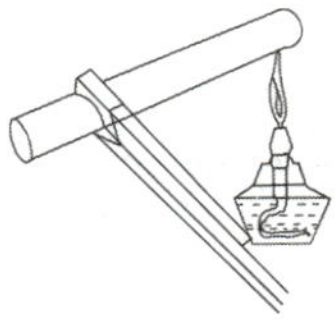

图 1-7 烤干

(5) 溶剂脱水干燥

适用于不能加热的量器、特殊形状(如毛细管)或急用的仪器。常用的溶剂有乙醇、丙酮及其二者按体积比为 1∶1 的混合液。先将仪器水尽量沥干,加入一些具有挥发性且与水可以互溶的有机溶剂,倾斜并转动仪器,使器壁上的水与有机溶剂充分混合,然后倒入回收瓶,少量残留在仪器壁上的含水溶剂很快挥发而使仪器干燥。吹风可使溶剂挥发得更快。挥发性有机溶剂蒸气易燃、易爆,因此,必须注意安全。

必须指出,器皿洁净程度的要求与实验精度是正相关的。因而,应当根据反应原理、实验目标来分析干扰因素和仪器洁净要求,从而选择适宜的清洗、干燥方法,力求兼顾科学性和经济性。

思考题

1. 观察比较实验室中的玻璃陶瓷仪器专用去污粉和家用洗衣粉有何不同，并根据其性质讨论去污粉的洗涤原理，哪些仪器不能用去污粉洗涤？

2. 为什么说倒置时仍挂有水珠的仪器没有洗净？

3. 使用铬酸洗液应注意哪些问题？新配制的铬酸洗液应是什么状态和颜色？观察实验室的铬酸洗液，看是否已经失效。

4. 观察实验室中的仪器刷，思考如何根据仪器的不同来选择使用。

5. 向教师索取几件待洗涤的玻璃仪器，思考应该用什么方法洗涤和干燥，并实际操作。

6. 对照实物，阅读超声波清洗器的使用方法，并尝试用它来清洗仪器。

7. 为什么移液管、滴定管等计量仪器用加热的方法干燥会影响体积的准确度？可以先加热、浸泡、洗涤再晾干吗？

参考文献

[1] 蔡维平主编. 基础化学实验(一). 北京：科学出版社，2004

[2] 古凤才等主编. 基础化学实验教程. 北京：科学出版社，2005

[3] 崔学桂，张晓丽主编. 基础化学实验(Ⅰ)—无机及分析化学部分. 北京：化学工业出版社，2003

[4] 张开诚，李建芬，张瑞华主编. 实验化学教程. 武汉：湖北科技出版社，2003

（周娅芬）

1.2 化学试剂的取用与粗略量取方法

化学试剂是化学实验中最基本、最常用的实验材料，化学试剂的取用是化学实验者首先应掌握的最基本操作。在本节的学习中不仅应当反复练习，牢固掌握各种试剂的正确取用方法，而且要充分理解这些基本操作与实验原理的密切关系，即把试剂取用与实验的反应原理、装置原理和操作原理联系起来，养成良好的试剂取用习惯。

1.2.1 概述

1.2.1.1 试剂取用在化学实验中的意义

(1)正确的试剂取用方法是取得良好实验结果的根本保证。无论实验设计得如何科学、先进，对实验原理理解得如何透彻，不正确的试剂取用方法和技术造成的试剂污染都有可能导致实验的失败。所以，只有采取正确的方法取用试剂才能保证试剂的纯度、用量的准确度，从而保证实验现象正常、正确的显现。

(2)正确的试剂取用方法是实验室安全的需要。化学试剂具有的毒性、腐蚀性、易燃、易爆等性质使得它成为实验室人身伤害的重要因素。而且，实验室人员集中，取用试剂一般近距离操作，错误操作引发化学伤害的安全隐患就异常严重。所以，养成正确的试剂取用习惯是保护他人也是保护自己的需要。

(3)正确的试剂取用方法是降低环境污染的要求。试剂是实验室最根本的化学污染源，只有严格按反应原理确定试剂种类和取用量，才能尽量减少废液、废渣，从而减少对环境的污染。

1.2.1.2 取用准确度

化学试剂的取用可分为准确取用和粗略取用两种。准确取用固体试剂，根据实验要求，一般用天平(台秤、分析天平和电子天平)进行；准确取用液体试剂，在实验室通常是用量筒、量杯、移液管等专用量具来进行的。有关准确取用试剂的方法在后面的章节里将详细介绍。本节重点介绍和学习固体、液体试剂的粗略取用和估量方法。

1.2.1.3 取用试剂的一般要求

实验室中分装化学试剂时，一般将固体试剂装在广口瓶中，液体试剂或配制的溶液盛放在细口瓶或带有滴管的滴瓶中，见光易分解的试剂或溶液盛放在棕色瓶内。每一试剂瓶上都必须贴有标签，以标明试剂的名称、规格、浓度或日期，在标签外面涂上一薄层蜡以保护它。取用试剂的一般要求是：

(1)取用试剂前，应看清试剂瓶上的标签。取用时，先打开瓶塞倒放在实验台上。如果瓶塞顶不是扁平的，可以用食指和中指将瓶塞夹住(或放在清洁的表面皿上)，绝不可以将它横置在桌上，以免玷污。取后要及时盖好瓶塞，否则试剂可能因接触空气而变质，或因吸水、蒸发而使溶液的浓度改变，特别是很容易使瓶塞“张冠李戴”，使药品受污染而失效。药瓶要放回原处，以保持实验台整齐、清洁。

(2)取用试剂要注意安全，特别是取用具有强腐蚀性和易燃、易爆的试剂时更要谨慎。取药时不能用手接触药品，严禁用鼻子凑到容器口去闻试剂的气味，更不能去尝试剂的味道。

(3)取药量要严格按照实验设计规定的用量，不要多取，这样既能保证取得好的实验结果，又能节约试剂，避免浪费和污染。过量投入试剂会影响实验结果，甚至造成人身伤害。

(4)不慎多取的试剂不能倒回原瓶中，以免使原瓶中的试剂受污染，应按要求倒入指定的容器中供他人使用，不允许私自带出实验室。

1.2.2 化学试剂的估量

在非定量的化学实验中，对试剂的用量通常没有很准确的要求，不必用天平称量或用量具量取，常常估量即可。

1.2.2.1 固体试剂的估量

实验中常遇到要求取“少量”固体试剂的情况，这里的“少量”一般指黄豆至绿豆大小的量，用药匙小头取一匙即可；遇到实验中要求取米粒、绿豆或黄豆体积大小的固体，则按叙述的大小取之即可。

1.2.2.2 液体试剂的估量

(1) 取几支小试管，用量筒分别取 1 mL，2 mL，5 mL 水注入这些干燥的试管中，对比并记住水的体积占试管体积的几分之几，就可粗略估量出所取液体试剂的体积。例如：往一支小试管(约 10 mL)中倒入 1/5 体积的液体，则液体的量大约是 2 mL。

(2) 用滴管取用液体试剂时，要学会粗略地估量 1 mL 相当于一支滴管滴出多少滴，则可以事先用滴管向一支干燥的量筒中滴加液体，滴至 1 mL 时记下滴数，算出 1 滴液体的毫升数，以后即可据此取用。必须注意：不同的液体由于黏度不同，用同一支滴管滴出的每一滴液体的体积会有差异。另外，在使用滴管时，必须垂直地握持，否则每滴液体的体积也会有所不同。

1.2.3 固体试剂的取用

(1) 取用固体试剂要用清洁、干燥的药匙

实验室常用的药匙有塑料、骨制(角质)、金属及瓷质等几种，其中以瓷质的最好，因为它不被药品腐蚀，而且容易擦洗，但需注意它易碰碎。药匙的两端为大、小两个匙，分别取用大量固体和少量固体。应专匙专用，用过的药匙必须洗净、擦干后才能再使用。

(2) 固体试剂的定量取用

要求取用一定质量的固体试剂时，可将试剂放在干燥、光滑的纸上称量。对于具有强腐蚀性或易吸潮的固体药品，必须将药品放在表面皿或玻璃容器内称量。

(3) 粉状固体试剂的取用

往试管(特别是湿的试管)中加入粉末状固体试剂时，可用药匙或将取出的药品放在对折的纸片上，伸进平放的试管约 2/3 处，然后直立试管，使药品全部倒入试管底部，如图 1-8 所示。若取用两种以上需要混合的粉末状试剂，应在玻片或表面皿(或烧杯)里混匀后，再放入试管里，以保持试剂的纯度和保证实验的安全。切忌在纸上混合。例如，若在纸上混合氯酸钾和二氧化锰，万一有纸毛混入，则在加热时，有可能引起爆炸。

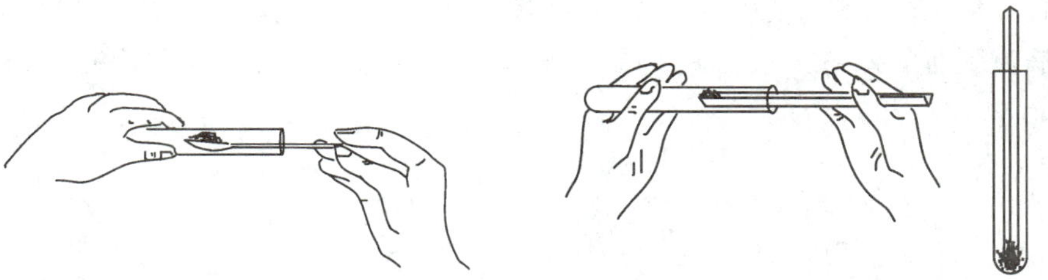

a. 用药匙往试管里送入固体试剂　　b. 用纸槽往试管里送入固体试剂

图 1-8　粉末固体试剂取法

（4）块状固体试剂的取用

取用块状的试剂时常用镊子或药匙。取用时，应将试管倾斜，使其沿管壁慢慢地滑下去，不得垂直悬空投入，以免击破管底。当固体较大时，可在洁净、干燥的研钵中捣碎（研钵所盛固体的量不能超过研钵容量的 1/3～2/3），然后再取用，如图 1-9 所示。

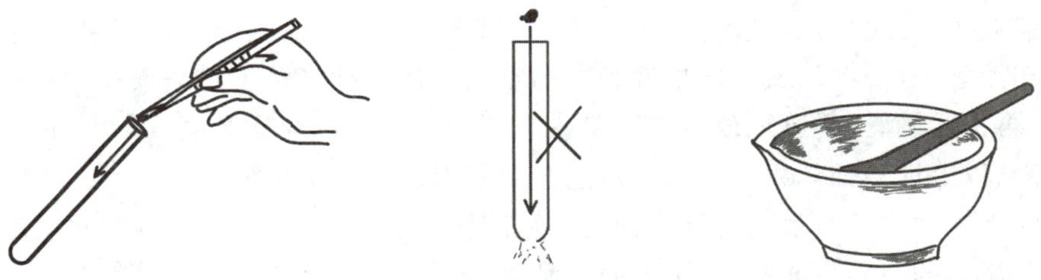

a. 块状固体沿管壁慢慢滑下　　b. 错误操作，碰破管底　　c. 研钵

图 1-9　块状固体试剂取法

（5）特殊固体药品的取用

特殊固体药品主要是指那些易燃、易爆、具有强腐蚀性和有毒的固体药品。这些药品的取用根据药品的性质，用不同的方法。如钾和钠，由于它们的化学性质比较活泼，所以通常都把它们储存在煤油里。取用时要用镊子将其从煤油里取出，放在玻璃片上用小刀切割。切割时应特别注意安全，尤其是钾。因为钾与空气接触时，表面会生成一层过氧化钾，过氧化钾是强氧化剂，而金属钾是强还原剂，若不小心，使刚切的金属钾与钾表面的过氧化钾接触，两者剧烈反应而引起猛烈的爆炸。同时，在切割时还要注意避免接触到水，也不能用手去接触钾或钠。另外，白磷的取用也要小心谨慎，由于它在空气中易燃，通常将其保存在水中，在取用时常常要将其切小，而且切割要在水中进行。

1.2.4　液体试剂的取用

（1）从细口试剂瓶中取用

从细口试剂瓶取用液体试剂时，用倾注法，如图 1-10 所示。先将瓶塞倒放在桌面上，把试剂瓶上贴有标签的一面握在手心中，逐渐倾斜瓶子，让试剂沿着洁净的试管壁流入试管或沿着洁净的玻璃棒注入烧杯中，以防试剂飞溅伤人。加入试管中的试剂要控制在

1/4 或 1/3 内。取用所需要的量后在接受容器上靠一下，再逐渐竖起瓶子，以免遗留在瓶口的液滴流到瓶的外壁。悬空倾倒试剂、瓶塞底部与桌面接触的操作都是错误的，如图 1-11 所示。

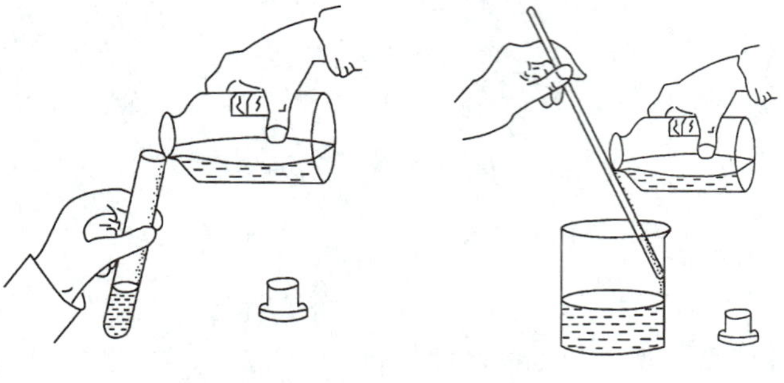

图 1-10 倾注法取液体试剂

图 1-11 错误的取液操作

(2)从滴瓶中取用少量试剂

从滴瓶中取用少量试剂时，应用滴瓶中的滴管。取用时提起滴管，使管口离开液面，用手紧捏滴管上部的橡胶头，赶出滴管中的空气。然后把滴管伸进滴瓶中，放松手指，吸入试剂，再提起滴管，垂直地放在试管口或烧杯的上方将试剂逐滴滴入。滴加试剂时，滴管要垂直，以保证滴加体积的准确。从滴瓶中取用试剂时应注意以下几点：

· 滴加试剂时绝对禁止将滴管伸进所用的接受容器中，以免接触器壁而玷污试剂。

· 滴瓶上的滴管只能专用，不要插错滴瓶，因此取完后，应立即将滴管插回原来的滴瓶中，不得乱放，以免试剂被污染。

· 装有药品的滴管应保持橡皮头在上，不能平放或滴管口向上斜放，更不能将橡皮头朝下，以防液体试剂流入橡皮头而腐蚀胶头，污染试剂。

(3)特殊液体药品的取用

特殊液体药品种类繁多，如有毒的液溴、苯，易燃的乙醚、乙醇，强挥发性的盐酸、硝酸，腐蚀性的硫酸等等。许多特殊液体还具有多种危险性质。总的来说，易燃试剂取用现场应禁止火源，挥发性试剂取用应在通风橱里进行。有毒、腐蚀性试剂严禁接触人体。强氧化试剂不得与还原物质，特别是纸张、火柴等接触。例如，液溴既有很强的挥发性又有很强的腐蚀性，通常是在液溴的上面加水储存，以减少液溴的挥发。因此，在取用液溴时需要在通风橱里进行。操作时还要特别小心，将接受器的口靠在储存液溴的瓶口上，用长滴管吸取液溴后迅速地移入接受器中，避免在空气中暴露和与手接触。切忌从瓶口直接倾倒，那样会把瓶内的液溴蒸气倒出。

思考题

1. 取用固体和液体试剂时，应注意哪些事项？为什么？
2. 什么情况下用估量法取用试剂？如何粗略地估量化学试剂？
3. 从滴瓶中取用试剂时应注意什么？

4. 用滴管取用液体试剂时，如果滴管不是垂直滴加液体，会出现什么问题？

参考文献

[1] 柯以侃主编. 大学化学实验. 北京：化学工业出版社，2005

[2] 李铭岫主编. 无机化学实验. 北京：北京理工大学出版社，2002

[3] 崔学桂，张晓丽主编. 基础化学实验（Ⅰ）—无机及分析化学部分. 北京：化学工业出版社，2003

[4] 蔡炳新，陈贻文主编. 基础化学实验. 北京：科学出版社，2001

（周娅芬　卢一卉）

1.3　量液器的使用及校正

在科学研究和生产实际中，常常用到液体试剂，取用液体时，往往用某种量液器量取一定体积的液体，即用体积来反映用量，因为体积乘以密度即为其质量，因此液体量取准确与否直接影响实验结果的准确性。

量取液体的基本玻璃仪器包括：量筒、量杯、移液管、吸量管、容量瓶、刻度试管、刻度离心试管和自动加液器等。移液管、吸量管和滴定管属于流出的量具，量筒、量杯和容量瓶则为量取液体的量具。不同的实验目的，量取液体的要求不同，所以在选择量液器时要考虑其量程和精确度，根据反应或实验本身的特点和要求进行选择。

1.3.1　量液器及其使用

1.3.1.1　量筒和量杯

量筒和量杯（图 1-12）是化学实验室中最常用的度量液体的仪器，有各种不同的容量规格，如 5 mL，10 mL，25 mL，50 mL，100 mL，250 mL，500 mL，1000 mL 等，可根据不同需要选用。例如，需要量取 8.0 mL 液体时，为了提高测量的准确度，应选用 10 mL 量筒（测量误差为±0.1 mL）；如果选用 100 mL 量筒取 8.0 mL 液体体积，则至少有±1 mL 的误差，因此切勿用大容量的量杯和量筒量取小体积，这样会使精度下降。

量杯和量筒是一种精度要求不太高的量取液体体积的度量仪器，但一般来讲，量筒比量杯精度高一些。

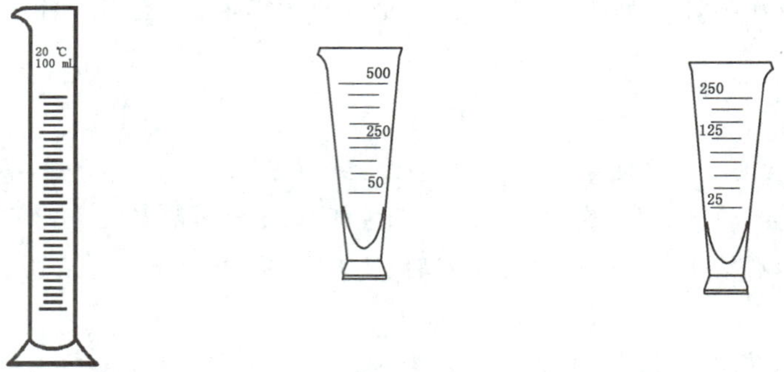

a. 量筒　　b. 左执式量杯　　c. 右执式量杯

图 1-12　量筒和量杯

量取液体时，应让量筒放平稳，且停留 15 s 以上。待液面平静后，使视线与量筒(杯)内液体的弯月面最低处保持水平，偏高或偏低都会因读数不准而造成较大的误差(见图 1-13)。

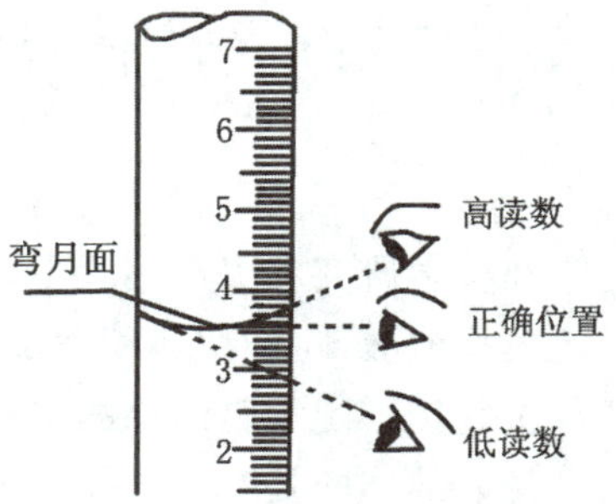

图 1-13　量筒刻度的读法

使用量杯和量筒的注意事项：

· 量取液体应在室温下进行。读数时，视线应与液体弯月面底部相切。

· 量筒和量杯不能加热，也不能盛装热溶液，以免炸裂。

· 当物质溶解时，其热效应不大者，可将其直接放入量杯内配制溶液。

· 量筒和量杯不能作反应器用。

1.3.1.2　移液管和吸量管

移液管和吸量管是用于准确移取一定体积的液体量出式的玻璃量器。移液管是中间有一膨大部分(称为球部)的玻璃管，膨大部分标有它的容积和标定时的温度。球部的上和下均为较细窄的管颈，上端管颈刻有一条标线，亦称“单标线吸管”(见图 1-14a)。常用的移液管有 2 mL，5 mL，10 mL，25 mL，50 mL 等规格。吸量管是具有分刻度的玻璃管(见图 1-14b)，亦称分度吸量管，用于吸取所需的不同体积的液体。常用的吸量管有 1 mL，2 mL，5 mL，10 mL 等规格。应该了解，吸量管只是为了量取小体积用的，吸量管吸取溶液的准确度不如移液管，所以如果需要量取 5 mL，10 mL，25 mL 等整数较大体积的液体时，则应该用相应大小的移液管。

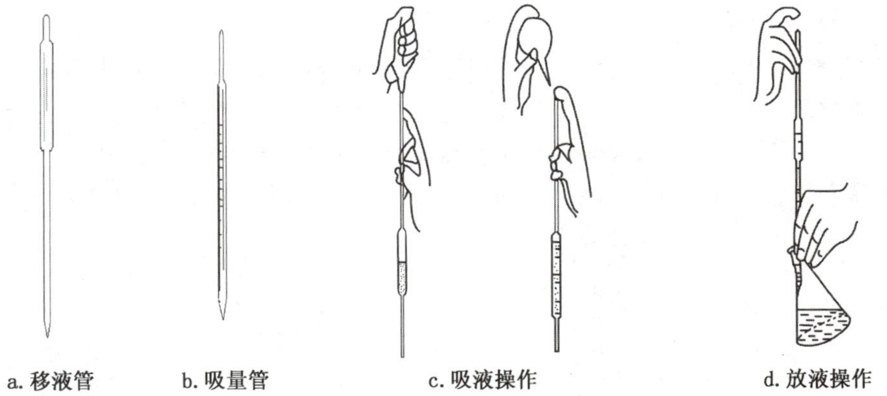

图 1-14　移液管和吸量管的使用方法

移液管和吸量管的使用方法：

(1)润洗。用左手持洗耳球，将食指或拇指放在洗耳球的上方，其余手指自然地握住洗耳球，用右手的拇指和中指拿住移液或吸量标线以上的部分，无名指和小指辅助拿住移液管，将洗耳球对准移液管口，将管尖伸入溶液或洗液中吸取，待吸液吸至球部的 1/4 处(见图 1-14c)，移出、荡洗、弃去。如此反复润洗 3 次。润洗很重要，它是保证移出溶液与待吸溶液处于同一体系浓度状态的关键。吸量管的润洗操作与此相同。

(2)取液。移取溶液时，用右手的大拇指和中指拿住管颈上方，下部的尖端插入溶液中 1～2 cm，左手拿洗耳球，先把球中空气压出，然后将球的尖端接在移液管口，慢慢松开左手使溶液吸入管内。当液面达到刻度以上时，移去洗耳球，立即用右手的食指按住管口，将移液管下口提出液面，管的末端仍靠在盛溶液器皿的内壁上，稍微放松食指，用拇指和中指轻轻捻转管身，使液面平稳下降，直到溶液的弯月面与标线刚好相切时，立即压紧管口，使液体不再流出(见图 1-14c)。取出移液管，以干净滤纸片擦去移液管末端外部的溶液，然后将其移入接液器皿中，使管的末端靠在器皿内壁上。此时移液管应垂直，接液器皿稍倾斜，松开食指，让管内溶液自然地全部沿器壁流下(见图 1-14d)。流完后等待 10～15 s，取出移液管。(注意：有一种 0.1 mL 的吸量管，管口上刻有“吹”字，使用时，末端的溶液必须吹出，不得保留。)

使用移液管和吸量管的注意事项：

• 使用前需用移取液润洗 2～3 次，在取溶液时一定不要使溶液流回，以免稀释溶液。

• 移取溶液时，管尖不宜伸入太浅，以免液面下降后造成吸空；也不应伸入太深，以免移液管外部附有过多的溶液。

• 用干净滤纸片擦去移液管末端外部的溶液时，滤纸片绝不能接触下口。

• 放出液体时，除“吹出式”吸管外，残留在管尖的液滴均不能借外力使之移入容器内。

1.3.1.3 容量瓶

容量瓶是常用的测量容纳液体体积的一种容量器皿。它是一种细颈梨形的平底玻璃瓶，带有玻璃磨口塞或塑料塞，可用橡皮筋将塞子系在容量瓶的颈上。颈上有标度刻线，一般表示在 20 ℃时液体充满至标度刻线时的准确容积。它主要用来配制准确浓度的溶液，常和移液管配合使用，有 10 mL，25 mL，50 mL，100 mL，200 mL，250 mL，500 mL，1000 mL，2000 mL 等各种规格。

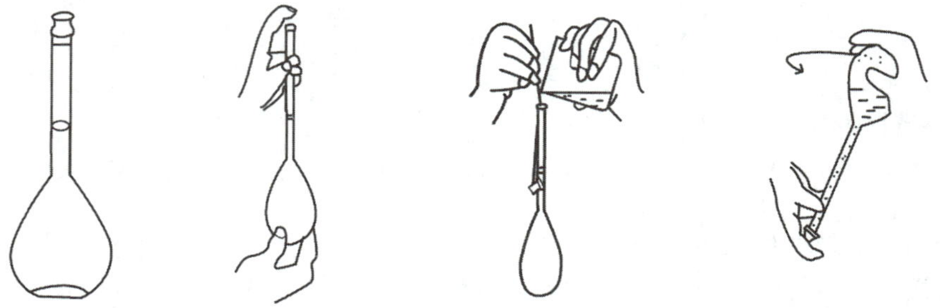

a. 容量瓶　　b. 检漏、混匀　　c. 溶液转移　　d. 震摇混匀

图 1-15　容量瓶及其使用

容量瓶的使用方法：

(1)检漏。在瓶中加水至标度刻线附近，塞紧塞子，左手拿瓶，右手顶住塞子，将瓶倒立 2～3 min，观察瓶塞是否有漏水或渗水现象。若不漏也不渗，则将瓶塞旋转 180°，再塞紧。重复上述操作，仍不漏也不渗，则此瓶可用。

(2)洗涤。用重铬酸钾洗液、自来水、蒸馏水将容量瓶及塞子洗净。

(3)溶解。将称好的固体或量好的液体放在洁净的烧杯中，倒入少量水或其他溶剂使其溶解，然后，转移到容量瓶中(见图 1-15c)。

(4)转移。定量转移溶液时，右手拿玻璃棒，左手拿烧杯，使烧杯嘴紧靠玻璃棒，而玻璃棒则悬空伸入容量瓶口中，棒的下端应靠在瓶颈内壁上，使溶液沿玻璃棒和内壁流入容量瓶中。烧杯中溶液流完后，将玻璃棒和烧杯稍微向上提起，并使烧杯直立，再将玻璃棒放回烧杯中。然后，用洗瓶吹洗玻璃棒和烧杯内壁，再将溶液定量转入容量瓶中。如此重复多次，保证样品完全转移。

(5)定容。加水至容量瓶的容积 3/4 时，用右手食指和中指夹住瓶塞的扁头，将容量瓶拿起，按同一方向摇动几周，使溶液初步混匀。继续加水至距离标度刻线约 1 cm 处后，等 1～2 min 使附在瓶颈内壁的溶液流下后，再用细而长的滴管滴加水至弯月面下缘与标度刻线相切。应注意，勿使滴管接触溶液。也可用洗瓶加水至刻度。无论溶液有无颜色，其加水位置均为使水的弯月面下缘与标度刻线相切为标准。当加水至容量瓶的标度刻线时，盖上干的瓶塞，用左手食指按住塞子，其余手指拿住瓶颈标线以上部分，而用右手的全部指尖托住瓶底边缘，将容量瓶倒转，使气泡上升到顶部，振荡混匀溶液，再将瓶直立，又倒转，如此反复 10 次左右。

使用容量瓶的注意事项：

·不要将其玻璃磨口塞随便取下放在桌面上，这样会玷污瓶塞或搞错。应用橡皮筋或细绳将瓶塞系在瓶颈上。

·不要选择标度刻线位置距离瓶口太近的容量瓶，若标线离瓶口太近，不便混匀溶液。

·吹洗、转移操作，一般应重复5次以上，以保证定量转移。

1.3.2 量液器的校正

实验室中使用的玻璃量器都具有刻度和标准容量，各种量器上标出的刻度和容量，称为在标准温度20 ℃时量器的标称容量。然而，它们的实际容积与标称容积之间总有或多或少的差值，因为在玻璃仪器的使用过程中，随温度变化发生胀缩，或由于不正确的洗涤方式造成量器刻度不准确。如果实验对精度的要求很高时，有必要对所用的滴定管、移液管以及容量瓶等进行校准。

通常校准量液器的方法有两种，即称量法（也叫绝对校准）和相对校准法。

(1) 称量法。用分析天平称量被校量器中量入或量出的纯水的质量 m，根据纯水的密度 ρ，计算出被校量器的实际容量 V：

$$V=m/\rho$$

(2) 相对校准法。利用两种容器之间存在的一定的比例关系进行校正。经常配套使用的玻璃量器，如移液管和容量瓶采用相对校准更为方便和实用。

思考题

1. 怎样洗涤吸量管和移液管？水洗干净的移液管在使用之前为什么要用待吸溶液润洗？
2. 用移液管取用溶液时，移液管下端应伸入液面下什么位置为宜？为什么？
3. 怎样保证溶液从烧杯中定量转移至容量瓶？
4. 所有的量液器是否可以放在烘箱中烘烤干燥？为什么？

参考文献

[1] 北京师范大学无机化学教研室．无机化学实验．第3版．北京：高等教育出版社，2003

[2] 武汉大学主编．分析化学实验．第4版．北京：高等教育出版社，2002

（蒋晓慧）

1.4 溶液的配制方法

溶液在科研和生产中有着重要意义，绝大多数化学反应都是在溶液中进行的，因此溶液知识非常重要。按照溶剂的不同，可将溶液分为水溶液和非水溶液；根据溶液使用的需要，可将溶液配制成一般（或粗略）溶液和精密溶液。不同的化学研究目的对溶液浓度的准确性要求不同，一般的定性无机化学反应或有机反应对溶液的准确性要求要低些，而定量化学分析所用的溶液需要的准确性则非常高。不同准确性的溶液对反应的结果也有较大的影响。

1.4.1 溶液的组成量度

溶液的组成量度，表示在一定量溶液或溶剂中所含溶质的量。溶液的组成量度旧称溶液的浓度。从 1983 年 7 月 1 日开始贯彻实施国家法定计量单位以后，单独使用"浓度"一词已有它特定的含义，它不能再作为一般的概念使用，应改称为溶液的组成量度。

在化学、化工和医学界过去根据不同的需要，曾用物质的量浓度、质量浓度、当量浓度、比例浓度、百分比浓度、ppm 浓度和波美浓度等表示。现在应使用法定的计量单位。例如，世界卫生组织建议：①凡是已知相对分子质量的物质在人体内的含量，都应当用物质的量浓度单位取代旧单位制所表示的质量浓度单位。②人体体液中有少数物质的相对分子质量还未精确测得，因此不能用物质的量浓度表示其在人体内的含量，可以仍暂用质量浓度表示。③统一用升（L）作为单位的分母，以避免过去用其他作不同分母时的混乱，更不宜使用计量单位的"%"来表示每百毫升（/dL））。

溶液的组成量度，实质上是个比例。根据溶液的精密程度，也可以定义为粗略浓度和准确浓度。由于历史的原因和人们的习惯，"浓度"的概念还在一定范围内被使用，所以下面简单介绍这些浓度的区别和联系，并分类简介这几种溶液的配制和使用方法。

表 1-2 对几种常用的浓度进行了比较。

表 1-2 几种常用的浓度

浓度	物质的量浓度	分数浓度		比例浓度	质量浓度
		质量分数浓度	体积分数浓度		
溶质单位	物质的量（mol）	质量单位（g）	体积单位（mL）	液体：体积单位（L） 固体：质量单位（g）	质量单位（g）
溶剂单位	体积单位（L）	质量单位（g）	体积单位（mL）	液体：体积单位（L） 固体：质量单位（g）	体积单位（L）

比例关系	1 升溶剂中所含的溶质的物质的量	100 份质量溶液里含有的溶质的份数	100 份体积溶液里含有的溶质的份数	一定比例的溶质或溶剂	1 L 溶剂中所含的溶质的质量
举例	1 mol/L 氯化钠溶液	10%氯化钠溶液	70%酒精	5：1 的硫酸 3：1 的氨水	5 g/L 三氯化铁

1.4.2 物质的量浓度

物质的量浓度在化学中使用非常广泛，利用物质的量浓度能非常迅速地计算出一定物质的量溶液的体积，这在化学反应中非常方便。物质的量浓度是用 1 L 溶液中所含溶质的物质的量(单位是 mol)来表示的溶液浓度。比如，1 L 硫酸溶液中含有溶质硫酸 1 mol(即 98 g 硫酸)，则其溶液浓度是 1 mol/L。

1.4.2.1 由固体物质配制物质的量浓度溶液

同分数浓度溶液配制一样，配制物质的量浓度溶液也需要知道溶质的质量和溶剂的体积，下面以 1 000 mL1 mol/L 氢氧化钠为例介绍物质的量浓度溶液的配制。

在分析天平上准确称取 1 mol(即 40 g)氢氧化钠放在干净的烧杯中，加适量的溶剂水溶解。冷却至室温下将溶液转移至 1 000 mL 容量瓶中，用少量蒸馏水洗涤烧杯，洗涤液也转移至容量瓶中(确保溶质完全转移至容量瓶)。然后加入蒸馏水至容量瓶刻度线，将容量瓶盖上摇匀即成 1 mol/L 的氢氧化钠溶液。最后将溶液转移至试剂瓶中，贴上标签备用。实验步骤为：

计算质量→称量→溶解(回温)→移液→洗涤→振荡→定容→摇匀→(储存)

实验所用主要仪器是天平、烧杯、容量瓶和试剂瓶等。其中天平的使用参见 2.2 节，容量瓶的使用方法见 1.3.1.3 节和图 1-15。

注意在配制溶液前，将容量瓶洗净待用。在分析天平上称好的溶质用适量溶剂(主要是蒸馏水)溶解在一个小烧杯中，然后将烧杯中的溶液小心地沿玻璃棒转移至容量瓶中，再从洗瓶中挤出少许水淋洗烧杯内壁和玻璃棒，并将淋洗液也用同样方法转移至容量瓶中。最后加入蒸馏水到标线处，开始时可加得快些，到液面快到标线处时改用滴管小心滴入，至凹液面的最低处与标线相切时即完成，切不可超出标线。如果溶质溶解时放热，则在烧杯中溶解后要放置冷却至室温才能转移至容量瓶中，在最后加水至标线时也要等到容量瓶中的溶液冷却至室温时才能进行。

1.4.2.2 用较浓的溶液配制较稀溶液的方法

(1)算出配制准确浓度溶液所需已知浓度溶液的用量(体积)。

(2)用移液管或吸量管准确移取所需溶液转移至一定体积的容量瓶中，再加蒸馏水至标线处，摇匀后倒入试剂瓶中，贴上标签待用。

吸量管和移液管的使用方法见 1.3.1.2。

吸量管的使用与移液管相同。

1.4.3 浓度的其他表示方法

除物质的量浓度之外，行业上还用其他的一些浓度表示方法，实验室也偶尔使用，在一些较旧的文献中使用则非常频繁。

1.4.3.1 质量分数浓度

质量分数浓度在化学中应用广泛，质量分数浓度是以100份溶液中所含溶质的份数来表示的浓度，通常用百分数表示。这里所指的溶液也不局限于液体。试样和试剂的纯度也经常用质量分数来表示。

配制一定质量分数浓度的溶液时，首先要计算出所需溶质的质量和溶剂的体积。溶质的质量 $m_{溶质}$、溶液的质量 $m_{溶液}$、质量分数 $x\%$之间的关系是：

$$m_{溶质}=m_{溶液}\times x\%$$

$$V_{溶剂}=(m_{溶液}-m_{溶质})/\rho$$

ρ 为溶剂的密度。

比如：配制16%的氢氧化钠水溶液1 000 g，则需要氢氧化钠的质量为1 000 g×16% =160 g，溶剂水的体积为(1 000−160)g/1(g/mL)=860 mL。即在天平上称取160 g氢氧化钠放入烧杯中，在搅拌下慢慢加入860 mL蒸馏水，搅拌溶解冷却至室温即成。

溶质是纯液体时，要配制一定质量分数浓度的溶液相对而言稍微复杂些，需要根据溶质和溶剂的密度分别算出所需溶质和溶剂的体积。进行这类计算需要遵循的原则是，溶质在稀释前后其质量不变。

溶质的体积：

$$V_{溶质}=m_{溶液}\times x\%/溶质的密度$$

溶剂的体积计算与上述基本相同：

$$V_{溶剂}=(m_{溶液}-m_{溶液}\times x\%)/溶剂的密度$$

如果溶质本身是溶液，体积分数为 $a\%$，则配制 $x\%$的溶液所需溶质的体积：

$$V_{溶质}=(m_{溶液}\times x\%/溶质的密度)/a\%$$

所需要溶剂的体积为：

$$V_{溶剂}=(m_{溶液}-m_{溶质})/溶剂的密度$$

体积分数浓度的使用比较少，其配制方法比较简单，比如300 mL60%的酒精溶液，即需要无水乙醇300 mL×60% = 180 mL，水为300 mL−180 mL=120 mL。

1.4.3.2 比例浓度

比例浓度的使用比较广泛，其单位可以用质量，也可以用体积，一般而言，如果各组分为固体，则单位为质量单位；若各组分为液体，则常用体积单位作为单位。比如10∶1的石油醚∶乙酸乙酯溶液则需要取10份石油醚和1份乙酸乙酯混合即可。

1.4.3.3 ppm 浓度

ppm浓度，实质也是分数浓度的一种表现形式，即以溶质的质量占溶液质量的百万分数表示的浓度，常用于溶液中溶质含量极低的情况下。如土壤速测和植物生长刺激素的检测就使用这种浓度。

1.4.3.4 质量浓度

工业上也使用在每升溶液中含有溶质的克数来表示溶液的浓度，即质量浓度，如电镀中的电镀液、钝化液等都运用这种浓度。

1.4.3.5 波美浓度

溶液的分数浓度直接测定比较麻烦，在工业生产中，常需要密度计或波美密度计来测量溶液的浓度。用波美密度计测出的溶液浓度为波美浓度，用波美度(°Be′)表示。波美密度计的波美度是整数，使用和计算都很方便。波美密度计分重液表和轻液表。重液表从 0～70 °Be′，密度从 1.000 0～1.933 3 g/mL，轻液表从 10～100 °Be′，相当于密度从 1.000 0～0.608 7 g/mL。一般的波美密度计刻有密度刻度，因此可以两用，同时在溶液表中读出波美浓度和密度。

密度、波美浓度、质量分数浓度之间的关系如下：

· 同一溶质的溶液，密度越大，波美浓度就越大，质量分数浓度也越大。

· 波美浓度和密度除可以直接读外，还可以从下表中算出。

表 1-3 波美浓度和密度之间的关系

种类	刻度根据	标准温度	比水重的液体	比水轻的液体
方法一	水(密度为 1.000 0)作 0 °Be′，10% NaCl 作 10 °Be′(重液表)	17.5 ℃	密度＝146.78/(146.78－波美浓度)	密度＝146.78/(146.78＋波美浓度)
	10% NaCl 作 0 °Be′，水作 100 °Be′(轻液表)	15 ℃	密度＝146.3/(146.3－波美浓度)	密度＝146.3/(146.3＋波美浓度)
方法二	水(密度为 1.000 0)作 0 °Be′，1.842 9 的硫酸作 660 °Be′	15 ℃	密度＝144.3/(144.3－波美浓度)	密度＝144.3/(144.3＋波美浓度)

1.4.4 标准溶液的配制

标准溶液是化学分析中重要的溶液，所谓标准溶液即指配制好后可以放置一段时间，其浓度保持恒定，可以用来滴定分析其他物质的溶液。同时由于标准溶液在配制中本身易吸收空气中的二氧化碳，或配制标准溶液的溶质如一些酸、碱、EDTA 等组成本身不固定，因此标准溶液须首先配制成一定浓度的溶液，再用基准物质进行标定。这一节主要以酸碱标准溶液为例讨论标准溶液的配制，其他溶液的配制和标定在相关章节进行讨论。

常用的酸标准溶液主要有盐酸或硫酸标准溶液。由于盐酸不与大部分酸碱指示剂作用，盐酸盐绝大部分溶于水，稀盐酸也相对比较稳定，因此广泛用来配制酸标准溶液。但是盐酸溶液尤其在浓度比较大时受热有一定的挥发性，因此当用过量酸标准溶液和试样加热煮沸处理时，硫酸标准溶液就是最好的选择了。

碱标准溶液一般用 NaOH 和 KOH 来配制，尤以 NaOH 应用广泛。碱标准溶液容易与空气中的 CO_2 反应而造成浓度的改变，也能与玻璃器皿作用，因此碱标准溶液最好用塑料容器盛放，并隔绝空气。一般情况下，可以用带有软木塞或橡皮塞的玻璃瓶储存碱标准溶液。

基于浓盐酸、浓硫酸和碱的化学性质，直接用它们配制标准溶液就不现实了，酸碱标准溶液的配制先是配成近似浓度的溶液(0.01～1.00 mol/L)，然后再用基准物质进行标定。其配制方法见 1.4.2。

1.4.5 准确浓度溶液的获得

根据不同精确性的要求和配制方法，可以把溶液配制成粗略浓度溶液和准确浓度溶液。

一般情况下，准确浓度溶液是用“间接法”获得的。即用上述直接法得到的标准溶液滴定已知粗略浓度的物质，根据滴定和被滴定物质的性质选择滴定管和指示剂，通过二者反应后指示剂的颜色改变确定终点，记录所消耗滴定物质的量，计算出被滴定物质的准确浓度，所以这种溶液准确浓度的获得是间接计算得到的。

由于有些溶液不稳定，在实验室存放时间太长容易发生浓度改变，所以要求经常标定并计算其准确浓度。

1.4.5.1 酸准确浓度溶液的标定

作为基准物质，必须要求其化学式能真实表示其化学结构，用作标定酸标准溶液的基准物质有无水碳酸钾和硼砂。无水碳酸钾在使用前须在 180 ℃干燥 2～3 h，然后盛放在干燥器中备用。无水碳酸钾与盐酸发生标定反应如下：

$$K_2CO_3 + 2HCl = H_2O + 2KCl + CO_2\uparrow$$

反应在化学计量点时，溶液 pH 值为 3.89。指示剂可用甲基橙或者甲基红，但须注意空气中二氧化碳的影响，终点附近要剧烈振摇，也可以采用加热驱除二氧化碳，必要时进行校正。

硼砂化学式为 $Na_2B_4O_7 \cdot 10H_2O$，在空气能失去结晶水，为了确保其化学式与其组成一致，使用前将商品硼砂在蒸馏水中低于 50 ℃条件下重结晶，晶体在 60%～70%的相对湿度的空气中干燥 24 h 以上，然后保存在密闭的器皿中待用。硼砂与盐酸发生标定反应如下：

$$Na_2B_4O_7 + 2HCl + 5H_2O = 4H_3BO_3 + 2NaCl$$

终点时 pH 为 5.1，常用的指示剂为甲基红。

1.4.5.2 碱准确浓度溶液的标定

碱溶液可用基准物质邻苯二甲酸氢钾或草酸直接标定，同时也可以用 1.4.5.1 节标定的标准酸溶液来进行间接标定。邻苯二甲酸氢钾由于以下特点而成为标定碱溶液的常用基准物质：易纯化，在空气中不和水形成水合物，容易保存，使用时只需在 125 ℃干燥 2 h 即可；它与碱反应时物质的量之比为 1∶1，同时由于其分子量较大，称量误差相对较小。若碱的溶液为 0.1 mol/L，终点时溶液为弱碱性（pH=9.1），可用酚酞作指示剂。

草酸也可以标定碱溶液，其化学式为 $H_2C_2O_4 \cdot 2H_2O$，在空气中相对稳定，不会失去结晶水。终点时溶液为弱碱性，可用酚酞作指示剂。

思考题

1. 配制 400 g 20%的硝酸溶液（浓硝酸的密度为 1.49 g/mol，质量分数为 90%），需要浓硝酸和水各多少 mL？

2. 实验室用 2.4 g 氢氧化钠，可以配制 60%的氢氧化钠溶液多少 g？

3. 若用具有强烈腐蚀性的试剂（如氢氧化钠）或在溶解过程中能放出大量热量的试剂（如浓硫酸）配制一定物质的量浓度的溶液，需要注意哪些问题？

4. 为什么不能用氢氧化钠和浓硫酸直接配制标准溶液而要采用标定的方式间接配制？

5. 基准物质必须具备哪些条件？

参考文献

[1] GB/T 601—2002　化学试剂　标准滴定溶液的配制

[2] GB/T 602—2002　化学试剂　杂质测定用标准溶液的制备

（刘全忠）

1.5　常用滴定方法

滴定一般包括滴定准备、操作程序及方法两个主要部分。

1.5.1　滴定管的类型和准备

1.5.1.1　滴定管的类型

常用滴定管一般分为两种。下端带有玻璃旋塞的带刻度的玻璃管为酸式滴定管。另一种带刻度的玻璃管为碱式滴定管，其特点是：下端连接一段橡皮管，内置一玻璃珠以控制滴液流速，橡皮管下端再连接一个尖嘴玻璃管。由两种滴定管结构特点可知，酸式滴定管主要用于盛放酸类溶液或氧化性溶液，而碱式滴定管不能盛放能与橡皮管起反应的氧化性溶液，如 $KMnO_4$，I_2 等，主要用于盛放碱类溶液。

除常用的 50 mL 容积的滴定管外，还有容积为 25 mL 的滴定管，它们的最小刻度为 0.1 mL，因此读数可以估计到小数点后第二位，一般读数误差为±0.02 mL。此外还有容积为 1 mL，2 mL，5 mL，10 mL 的半微量、微量滴定管，最小刻度为 0.05 mL，0.01 mL 或 0.005 mL。滴定管有无色和棕色两种，棕色滴定管用于盛放见光易变质的溶液。

1.5.1.2 酸式滴定管准备

(1) 检查活塞与活塞套是否配套。

(2) 清洗。使用之前应进行充分清洗，一般首先用自来水冲洗，零刻度以上部位可用毛刷蘸洗涤液刷洗，零刻度线以下部位，则采用洗液淌洗。淌洗过程中，双手平托滴定管的两端，不断转动滴定管，使溶液润洗滴定管内壁。操作时管口对准洗液瓶口，以防洗液洒出。洗完后，一部分洗液由管口放出，少部分洗液由出口管排出，这样可将管尖部分"死角"充分洗净。最后用自来水、蒸馏水洗净，并将外壁擦干，洗净后的滴定管内壁应被水均匀润湿而不挂水珠。

(3) 酸式滴定管使用前应检查活塞转动是否灵活，然后进行试漏。方法是：先将活塞关闭，在滴定管内充满水，将滴定管垂直夹在滴定管架上，放置 2 min，观察管口及活塞两端是否有水渗出；将活塞转动 180°，再放置 2 min，观察是否有水渗出。若前后两次均无水渗出，活塞转动也灵活，即可使用，否则应将活塞取出，重新涂抹凡士林后再使用。

(4) 为了使活塞转动灵活并克服漏水现象，需将活塞涂抹凡士林。方法如下：首先取下活塞小头处的橡皮圈，再取出活塞，用滤纸将活塞和活塞套擦干，然后用手指蘸少许凡士林在活塞的两头涂上很薄的一层。凡士林涂得太少转动不灵活，且易漏水；涂得太多，活塞孔易被堵塞。注意在涂抹时不要将凡士林涂在活塞孔上、下两侧，以免旋转时堵塞活塞孔。最后将活塞插入活塞套中，按紧，活塞孔应与滴定管平行，并向同一方向转动活塞柄，直到活塞中油膜均匀透明。至此，套上小橡皮圈。如发现转动不灵活或活塞上出现纹路，表明凡士林涂得不够；若有凡士林从活塞缝内挤出，或活塞孔被堵，表明凡士林涂得太多。在上述情况下都必须把活塞和活塞套擦干净后，将其插入热水中温热片刻，然后打开活塞，使管内的水突然流下，将转化的油脂冲出，或将一根直径小于出口管尖的细铁丝插入凡士林中，转动后取出，将管尖插入热的洗涤液或有机溶剂中，此时附在壁内的凡士林随即溶解，稍待片刻后用自来水洗净，重新再涂凡士林，涂好后，用小橡皮圈套好，以防活塞脱落而破损，影响滴定操作。

1.5.1.3 碱式滴定管的准备

(1) 清洗。碱管的洗涤方法与酸管相同。在需要用洗液洗涤时，可取下乳胶管，用橡胶乳头堵塞碱管下口进行洗涤，若需用洗液浸泡，可将玻璃球往上捏，使其紧贴在碱管下端，然后直接倒入洗液浸泡。在用自来水或用蒸馏水清洗碱管时，应特别注意玻璃球下方死角处的清洗，所以在捏乳胶管时应不断改变方位，使玻璃球四周都洗到。

(2) 使用前应检查乳胶管和玻璃球是否完好，胶管是否已老化，玻璃球大小是否合适，若玻璃球过大，不易操作，溶液流出速度太慢，玻璃球过小，易漏水，应予更换。

1.5.2 操作程序及方法

1.5.2.1 操作溶液的装入

装入操作溶液之前，应先将试剂瓶中试剂摇匀，混匀后将操作溶液直接倒入滴定管中，不得用其他容器（如烧杯，漏斗等）来转移。此时，右手前三指持滴定管上部无刻度处，稍微倾斜，左手拿住细口瓶慢慢倾斜，让试剂缓缓沿滴定管内壁流下。用摇匀的操作溶液将滴定管洗 3 次，第一次约 10 mL，大部分可由管口放出，第二次、第三次约各 5 mL，可以从出口管放出。在润洗过程中，一定要使操作液洗遍全部内壁，并接触管壁 1～2 min，若是酸管，每次要打开活塞冲洗出口管，并尽量放出残留液，若是碱管，应注意玻璃球下方的洗涤。

1.5.2.2 排气

装好标准溶液后，应检查滴定出口管尖嘴处是否有气泡。酸管有时活塞孔中暗藏着气泡，需要从出口管放出溶液才能看见；碱管则需观察出口管尖内是否有气泡或有未充满的地方。如有气泡，在滴定中会逸出，影响溶液体积的准确测量。对于酸管，可用右手拿住滴定管无刻度部分使其倾斜约 30°，左手迅速打开活塞使溶液冲出，而将气泡带走。若气泡仍未排出，可用手握住滴定管，用力上下抖动滴定管，若仍不能使溶液充满，可能是出口管未洗净，须重洗。对于碱管，左手拇指和食指拿住玻璃球所在部位并使乳胶管向上弯曲，出口上斜，挤压玻璃球，使溶液从尖嘴快速喷出，即可排出气泡，再一边捏乳胶管，一边把乳胶管放直，注意放直后再松开拇指和食指，否则出口管仍会有气泡。

1.5.2.3 读初值

排除气泡后加入标准溶液或操作液，使之在“0”刻度上，再调节“0.00”mL 刻度处，如液面不在“0.00”mL 刻度处，应记下初读值。

读数时，视线在弯月面下缘最低处，且与液面成水平（参见图 1-13）；对深色溶液，可读液面两侧的最高点，视线应与该点成水平。若为乳白板蓝线衬背滴定管，应当取蓝线上下两尖端相对点的位置读数。注意初读数与终读数采用同一标准。

由于滴定管读数不准确而引起的误差，常常是定量分析误差的主要来源之一，所以在滴定前应进行多次读数练习，为了正确读数，注意以下几点：

· 每次滴定最好都从 0.00 开始，或从接近 0 的任一刻度开始，这样可以减少滴定误差。

· 必须读到小数点后第二位，即要求估计到 0.01 mL，正确掌握估计 0.01 mL 读数方法很重要。如液面在两个小刻度之间时，即为 0.05 mL；若液面在两个小刻度的 1/3 处，即为 0.03 mL 或 0.07 mL；当液面在两个小刻度的 1/5 时，即为 0.02 mL 等。

· 读数时必须静置 1～2 min，待液位稳定不变才读，同时要检查一下管壁是否挂水珠，管尖内是否有气泡，尖嘴处是否有液滴。

· 滴定管垂直夹在滴定管架上，也可以用手拿滴定管上部无刻度处。

·限于无色或浅色溶液。

·为了便于读数，可使用读数卡。对于无色或浅色溶液，可选择黑色读数卡，读数时，将读数卡衬在滴定管背后，使黑色部分在弯月面下约 1 mm 左右，弯月面的反射层即全部为黑色，读此黑色弯月面下缘的最低点。反之，若对深色溶液可采用白色读数卡。

1.5.2.4 滴定操作

（1）滴定管的操作方法

① 酸式滴定管的操作。如图 1-16，使用酸管时，左手握滴定管，其无名指和小指向手心弯曲，轻轻贴着出口管，用其余三指控制活塞的转动，但要注意不要向外拉活塞以免推出活塞造成漏液，也不要过分往里用太大的回力，以免造成活塞转动困难。

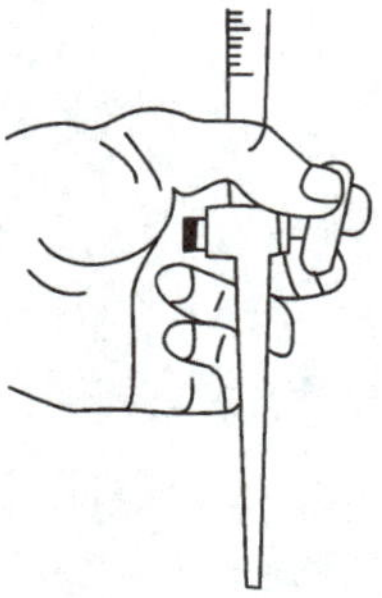

图 1-16 酸式滴定管操作

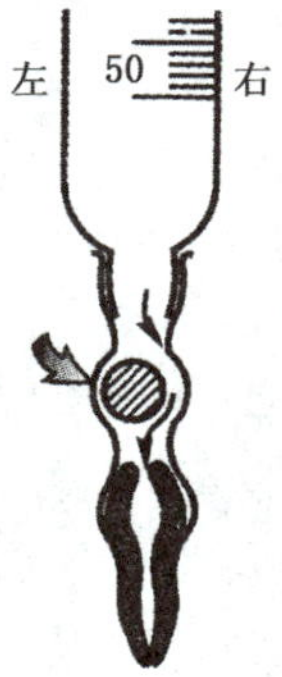

图 1-17 碱式滴定管操作

② 碱式滴定管的操作。如图 1-17，使用碱管时，仍用左手握管，其拇指在前，食指在后，其他指辅助夹住出口管。用拇指和食指捏住玻璃珠所在部位，往一旁（左右均可）捏乳胶管，使溶液从玻璃球旁空隙处流出。必须注意：不要用力捏玻璃珠，也不要使玻璃球上下移动，不要捏到玻璃球下部的乳胶管，停止加液时，应先松开拇指和食指，最后才松开无名指和小指。

（2）滴定姿势

要求保持自然状态（立、坐均可）。

（3）操作方法

滴定操作可在锥形瓶或烧杯内进行。

在锥形瓶中进行滴定时，用右手的拇指、食指和中指拿住锥形瓶，其余两指辅助在下侧，使瓶底离滴定台高约 2～3 cm，使滴定管下端伸入瓶口内约 1 cm，左手握住滴定管，按前述方法滴加溶液。注意右手摇动锥形瓶时，应微动腕关节，使溶液向同一方向做圆周运动（左右旋转均可），但瓶口不能接触滴定管，溶液亦不得溅出。滴定时，左手不能离开活塞而任溶液自流。快到滴定终点时，要一边摇动，一边逐滴、半滴滴入。要观察滴落点周围颜色的变化，不要去看滴定管上刻度的变化。开始时，滴定速度可稍快，即 3～4 滴/s 左右，“成点，不成线”，接近终点时，应为一滴一滴地加入，即加一滴摇几下，再加，再摇。最后是每加半滴摇几下锥形瓶。用酸管时，可轻轻转动活塞，使溶液悬挂在出口管嘴上，形成半滴，用锥形瓶内壁将其沾落，再用洗瓶吹洗，使附着的溶液全部流下，然后摇动锥形瓶，继续滴定至准确到达终点为止。用碱管时，加半滴溶液时，应先松开拇指与食指，将悬挂的半滴溶液沾在锥形瓶内壁上，再放开无名指和小指，如对酸管操作。

在烧杯中滴定时，首先调整好滴定管的高度，使其下端伸入烧杯内 1 cm 左右。滴定管下端位置应在烧杯中心左后方处，右手持搅棒搅拌溶液时应做圆周运动，但不得接触烧杯壁和底部。在近终点的半滴操作中用搅棒下端承接悬挂的半滴或一滴溶液于烧杯中混匀。但要注意，搅棒可接触液滴，不能接触管尖。左手及终点操作类似在锥形瓶中滴定。

1.5.2.5　读终点

按 1.5.2.3 所述方法读数。

1.5.2.6　滴定结束工作

滴定结束后，滴定管内剩余溶液应弃去（不得倒回原瓶），随即洗净滴定管，并用蒸馏水充满全管备用。

（陈中兰）

第 2 章　化学实验室常用仪器与使用

学习目标

1. 熟悉实验室常用仪器仪表的分类，电器、电参数测量的常规仪器和常用电源控制设备的简要原理和使用方法；能根据需要选择合适的仪器仪表。掌握安全用电的原则。

2. 养成在使用仪器之前认真观察了解实验设备性能、操作方法，使用完毕妥善拆卸和放置的良好习惯。

3. 学会电光天平和电子天平的使用方法和称量技能。

4. 掌握温度的测量方法，学习温度计的校正。

5. 了解气体钢瓶的颜色、标记识别和使用方法及标准。

学习指导

除第 1 章学习的玻璃器皿之外，化学实验中还经常用到一些用电仪器仪表、参数测定仪器和特殊容器等。物质在变化中的各种物理量可以反映物质世界的客观规律，各种物理量参数的测定，是化学实验研究中重要的科学依据。本章介绍了实验室常用的时间、电学参数的测试仪器、测量方法，以及仪器仪表的分类，电源和安全用电常识。涉及的内容有普通物理、电工学、电子学、电化学等，希望结合学过的化学知识，思考这些参数在描述物质及其反应变化过程中的作用，以及如何在实验中正确选择、使用仪器采集数据。

本章还将重点学习分析天平的使用方法、温度的测量及温度计的校正，学习气体钢瓶的认识和使用方法。这些都是在第 1 章的基本操作的基础上，进一步从质、量和数的角度认识化学物质的变化及其规律。这是化学科学的深化，同时也要求必须以更加严谨的科学精神和精益求精的科学态度去对待和学习这些内容，逐渐养成认真、细致、严谨、求实的科学作风。

建议课外 14 学时。

2.1 实验仪器仪表

2.1.1 概述

物质的性质、组成、结构、变化中的各种物理量反映了物质世界的客观规律,是化学实验研究中随时采集的科学数据。运用现代测量手段从分子、原子、电子等层次研究物质的物理、化学行为,探究其组成、结构、性能间的关系,都离不开仪器仪表。例如,温度是表征物体冷热程度的物理量。任何一种化工生产过程,都伴随着物质的物理和化学性质的改变,都必然有能量的转化和交换,而热交换则是这些能量转换中最普遍的交换形式。此外,有些化学反应与温度有着直接的关系,比如某些化学反应过程在未达到反应温度以前是根本不能进行的。在化工生产过程中,为了有效地进行生产操作和自动调节,需要对工艺生产中的压力、流量、物位、温度、物质成分等参数进行自动测量。用来测量这些参数的仪表称为化工测量仪表。

仪器仪表作为人类认识物质世界、进行科学研究和工程技术开发的最基本工具,应用广泛,覆盖了人类活动的所有领域,而且随着高分子化学、分子生物学、生命科学、临床医学、药学、材料、环境监测与控制等高新科技的发展,正从传统的化学成分分析、物理检测、机械测量、天文地理观测、工业生产过程自动控制、产品质量测控等应用领域,向更广阔的领域拓展。以科学仪器中的分析仪器为例,分析仪器正在经历一场革命性的变化,传统的光学、热学、电化学、色谱、波谱类分析技术都已从经典的化学精密机械电子结构、实验室内人工操作应用模式,转化为光、机、电、算(计算机)一体化、自动化的结构,并正向智能系统发展(带有自诊断、自控、自调、自行判断决策等高智能功能)。由于以信息技术为代表的高新科学技术突飞猛进,使科学仪器的工作原理、设计思想、设计方法发生了明显的变化,主要表现在:

· 生物、化学传感器,包括新型传感器技术在分析仪器中的应用,如将生物芯片技术、新型化学传感器技术、智能传感器技术应用于分析仪器的研制。

· 微分析技术即分析仪器的微型化和微量化,如微控技术、微加工技术、微检测技术等。

· 成像技术,包括广义成像、纳米级超高分辨成像、信息处理,具体的领域有核磁共振技术、图像自动分析及综合技术、成像光谱技术等。

· 仪器的联用技术。通过信息分离、专用软件接口技术,实现多种科学技术间的联用,实现复杂系统的痕量成分分析、结构分析、形态分析等综合分析,例如色谱-质谱联用、色谱-光谱联用等。多台仪器、多个实验室结合的综合分析管理系统也已经得到应用。

仪器仪表的发展趋势是:传统的仪器仪表将仍然朝着高性能、高精度、高灵敏、高稳定、高可靠、高环保和长寿命的方向发展。新型的仪器仪表与元器件将朝着小型化(微型化)、集成化、成套化、电子化、数字化、多功能化、智能化、网络化、计算机化、综合自动化、光机电一体化等方向发展。占主导地位、起核心或关键作用的是微型化、智能化和网络化。

2.1.1.1 仪器仪表分类

按照国家新的国民经济分类标准，仪器仪表行业有20小类，按其应用领域和自身技术特性大致划分为几个大类，即工业自动化仪表与控制系统、科学测试仪器仪表、电子与电工测量仪器仪表、常用仪器仪表、各类专用仪器仪表、传感器与仪器仪表元器件及材料。

(1)工业自动化仪表和控制系统

主要指工业，特别是流程产业生产过程中应用的各类检测仪表、执行机构与自动控制系统装置。这在国外一般简称为PA，FA，PA叫过程自动化，FA叫工厂自动化。在过程自动化和工厂自动化里所用的仪表和控制系统都属于这一类。

自动化仪表根据不同原则又可以进行相应的分类。例如，按仪表所使用的能源分类，可以分为气动仪表、电动仪表和液动仪表(很少见)；按仪表组合形式，可以分为基地式仪表、单元组合仪表和综合控制装置；按仪表安装形式，可以分为现场仪表、盘装仪表和架装仪表。随着微处理机的蓬勃发展，根据仪表是否引入微处理机(器)又可分为智能仪表与非智能仪表；根据仪表信号的形式又可分为模拟仪表和数字仪表。

表2-1 自动化仪表分类

<table>
<tr><th>按功能</th><th>按被测变量</th><th>按工作原理和结构形式</th><th>按组合形式</th></tr>
<tr><td rowspan="5">检测仪表</td><td>压力</td><td>液柱式，弹性式，电气式，活塞式</td><td>单元组合</td></tr>
<tr><td>温度</td><td>膨胀式，热电阻，热电偶，光学，辐射</td><td>单元组合</td></tr>
<tr><td>流量</td><td>节流式，转子式，容积式，速度式，漩涡式</td><td>单元组合</td></tr>
<tr><td>物位</td><td>直流，浮力，静压，电学，声波，辐射，光学</td><td>单元组合</td></tr>
<tr><td>成分</td><td>pH，色谱，红外，紫外，氧分析</td><td>实验室和流程</td></tr>
<tr><td rowspan="3">显示仪表</td><td rowspan="3"></td><td>模拟和数字</td><td rowspan="3"></td></tr>
<tr><td>指示和记录</td></tr>
<tr><td>自动平衡电桥，电位差计</td></tr>
<tr><td rowspan="3">调节控制仪表</td><td rowspan="3"></td><td>自力式</td><td></td></tr>
<tr><td>组装式</td><td>基地式</td></tr>
<tr><td>可编程</td><td>单元组合</td></tr>
<tr><td rowspan="2">执行器</td><td>执行机构</td><td>薄膜，活塞，其他</td><td rowspan="2">执行机构和阀可进行各种组合</td></tr>
<tr><td>阀</td><td>直通单座，直通双座，套筒，球阀，感阀，隔膜阀，偏心旋转，角形，三通，阀体分离</td></tr>
</table>

(2)科学测试仪器仪表

主要指应用于科学研究、教学实验、计量测试、环境监测、质量和安全检查等各个方面的仪器仪表。科学仪器可以细分为14个小类，即电子光学仪器、离子光学仪器、X射线仪器、光谱仪器、色谱仪器、波谱仪器、电化学仪器、生化分离分析仪器、气体分析仪器、显微镜和成像系统、化学反应及热分析仪器、声学振动仪器、力学性能测试仪器(材料试验机)和光电测量仪器。其中,发展最快,应用最广的是各类光学仪器和分析仪器。

(3)电子与电工测量仪器仪表

主要指低频、高频、超高频、微波等各个频段测试计量专用和通用仪器仪表。

(4)常用仪器仪表

主要指的是供应用仪表及其他通用仪器仪表。供应用仪表我们平日里接触的也很多,比如家用电度表、煤气表等。还有一些常用的我们也把它抽出来归为这一类,像衡器、医疗仪器(主要指用于生命科学研究和临床诊断治疗的仪器)、计时仪器和部分常用的光学仪器。

(5)专用仪器仪表

指农业、气象、水文、地质、海洋、核工业、航空、航天等各个领域应用的专用仪器。

现代仪器仪表虽然作了大致分类,实际上存在着许多交叉,比如各类专用仪器仪表中许多都是科学仪器。

2.1.1.2　仪表主要性能特征

(1)范围和量程

范围是指测量仪器的误差处在规定极限内的一组被测量的值,也就是被测量可按规定的准确度(精确度)进行测量的范围,量程是指测量范围的上限值和下限值的代数差。

(2)测量仪表的准确度(由于习惯的原因,准确度常被称为精确度)

在测量中,由仪表引起的误差,我们叫做仪表的误差。它也常用绝对表示法和相对表示法来表示。

$$绝对误差=a-b$$

$$相对误差=\frac{a-b}{b}$$

式中:a—测量仪表的示值;b—标准仪表的示值。

表 2-2　我国常用仪表的准确度等级

←高	仪表准确度等级	低→
0.005,0.02,0.05	0.1,0.2,0.35,0.5	1,1.5,2.5,4.0
Ⅰ级标准仪表	Ⅱ级标准仪表	一般工业用仪表

必须注意:仪表的绝对误差在测量范围内的各点上是不同的。因此,我们常说的“绝对误差”指的是绝对误差的最大值。评价一台仪表准确与否,单凭绝对误差或相对误差是不够的。因为每台仪表的标尺范围(量程)不同,因此,两台仪表纵然有同一绝对误差,亦可能有不同的准确度。

(3)测量仪表的恒定度

测量仪表的恒定度常用变差来表示。它是在外界条件不变的情况下,用同一仪表对某一参数值进行正反行程(即逐渐由小到大和逐渐由大到小)测量时,仪表正反行程指示值之间存在的差值即为变差。

变差的大小,用仪表测量同一参数值时正反行程指示值间的最大绝对差值与仪表标尺范围之比的百分数表示,即:

$$变差=\frac{绝对最大差值}{标尺上限值-标尺下限值}\times 100\%$$

造成变差的原因很多,例如传动机构的间隙,运动件的摩擦,弹性元件的弹性滞后的影响等。随着仪表制造技术的不断改进,特别是微电子技术的引入,许多仪表全电子化了,无可动部件,模拟仪表改为数字仪表等等,所以变差这个指标在智能型仪表中显得不那么重要和突出了。

(4)测量仪表的灵敏度与灵敏限

测量仪表的灵敏度,用仪表输出的变化量(如指针的线位移或角位移)Δa 与引起此变化的被测参数的变化量 Δx 之比来表示,即:

$$灵敏度=\frac{\Delta a}{\Delta x}$$

仪表的灵敏限(也叫始动灵敏度)是指能引起仪表指针发生动作的被测参数的最小变化量。

(5)测量仪表的反应时间

当用仪表进行测量时,可以看到这样一种现象:仪表指示的被测值总要经过一段时间后,才能准确地指示出来,这是因为仪表本身存在一个“反应时间”的缘故。

第一种情形,当参数在 t_0 时刻突然变化后,仪表不能立刻指示出被检参数,而是慢慢增加,经过足够长的一段时间后,才指示出参数的准确值。如用玻璃温度计测量体温就是这种情形。

第二种情形,当参数在 t_0 时刻突然变化后,仪表指示迅速改变,但需经过几次摆动后,才指出参数的准确值。如用电流表测量电流时,即可见到此种情形。

一台仪表能不能尽快反应出参数的变化情况,是仪表性能好坏的重要指标。我们常常把它叫做仪表的动态特性。仪表的反应时间长短,表明了仪表动态特性的好坏。

(6)复现性(重复性)

测试复现性是在不同的测量条件下,如不同的方法、不同的观测者、在不同的检测环境对同一被检测的量进行检测时,其测量结果一致的程度。测量复现性作为仪表的性能指标,表征仪表的特性尚不普及,但是随着智能仪表的问世、发展和完善,复现性必将成为仪表的重要性能指标。

2.1.1.3 测量仪表的构成

(1)测量仪表的构成要素

测量仪表品种多,类型复杂,结构各异。但是,它们都肩负着共同的任务——测量出被测参数的值。所以,它们在构成上,就有明显的共性。它们大致都由感受(测量)元件部分、中间传送(包括放大)部分和显示(包括变换成其信号)部分构成。各部分之间的关系如下所示：

被测参数→感受元件部分→中间传送部分→显示部分→测量值

在生产实际中,有的仪表把三部分组装在一起,如弹簧管压力表。也有的则把三部分分别制成各自独立的仪表,如热电偶温度计,在这种情况下,人们又习惯把感受元件部分叫做“一次仪表”,把显示部分叫做“二次仪表”。

实验室用仪器仪表与实际生产测量仪表有一些区别。如检测与过程控制仪表中的成分分析器,是一种定性和定量分析物质组成的仪器,能直接指示物质的成分和含量。从广义上讲,成分分析器也包括酸度、密度、黏度等性质的测量仪器,它有实验室用和工业自动分析用两种基本形式。后者用于工业生产工艺流程中,也称流程分析器,是在生产线上用的,与生产线连在一块。而实验室用的科学测试仪器是独立的,它只是把样品拿到实验室在做试验时候用。

(2)化工生产中对仪表稳定性和可靠性的要求

·稳定性。在规定工作条件内,仪表某些性能随时间保持不变的能力称为稳定性。仪表稳定性是化工仪表的一个性能指标。由于化工企业使用仪表的环境相对比较恶劣,被测量的介质温度、压力变化也相对比较大,在这种环境中使用仪表,仪表的某些部件随时间保持不变的能力会降低,仪表的稳定性会下降。衡量或表征仪表稳定性现在尚未有定量值,化工工业通常用仪表零点漂移来衡量仪表的稳定性。如仪表投入运行1年之中零位没有漂移,说明这台仪表稳定性好;相反,仪表投入运行不到3个月,仪表零位就变了,说明仪表稳定性不好。仪表稳定性的好坏直接关系到仪表的使用范围,有时直接影响化工生产。仪表稳定性不好造成的影响往往比仪表精度下降对化工生产的影响还要大。

·可靠性。仪表可靠性是生产部门所追求的另一个重要性能指标。可靠性和仪表维护量是相辅相成的,仪表可靠性高说明仪表维护量小;反之,仪表可靠性差,仪表维护量就大。对于化工工业检测与过程控制用的仪表,大部分安装在工艺管道、各类塔、釜、罐、器上,存在生产的连续性、易燃易爆的环境,这些恶劣条件给仪表维护增加了很多困难。一是考虑生产安全,二是关系到仪表维护人员人身安全,所以生产部门使用检测与过程控制仪表要求维护量越小越好,亦即要求仪表可靠性尽可能的高。

2.1.2 仪器仪表的使用常识

2.1.2.1 实验仪器仪表正确使用的一般常识

·仪器、仪表应放置平稳,轻拿轻放,防震,防压;保持干燥和清洁,防潮,防酸雾,防有机溶剂。

·使用之前应对照仪器仔细阅读说明书,正确识别和理解仪器面板上的各种符号、按钮,明确仪器性能、使用条件、操作程序与注意事项,特别是易损部位和零件。

·检查电源、插头、开关,连接外部设备,接地,确认一切正常后才能插上电源,打开电源开关。

·轻轻转动按钮,切忌用力过猛。

·实验完毕,关闭仪器,拆卸并清洁之后,仪器归位妥善放置。

2.1.2.2 仪器仪表的维护

仪器仪表一般都由电学或光学系统、机械传动零件和金属外壳构成,应放置在干燥、通风、无酸碱性、腐蚀性气体侵蚀的房间内。

(1)仪器的防霉、防雾

霉菌会使仪器尤其使仪器的光学系统受到损害,从而影响仪器的性能。霉菌一般在12 ℃以下40 ℃以上时,几乎停止生长,在12 ℃～17 ℃时生长缓慢;而霉菌的孢子即使在－50 ℃以下也不致冻死,在170 ℃干热或110 ℃湿热条件下则会死亡。可见,霉菌的生长是有一定条件的。所以只要设法破坏和控制霉菌的生长条件,就可以达到防霉的目的。

当发现生霉征兆时(如霉孢、霉丝等)可用二甲苯、乙醚或无水乙醇和乙醚的混合物轻轻擦拭。

空气中的水汽、含油的水汽、溢散的气体以及附着在仪器上的“水雾”状液滴,对仪器和光学玻璃零件都会发生侵蚀作用。这是因为光学玻璃零件中氧化钠、氧化钾等碱金属氧化物的含量较高,化学稳定性较差,当与空气中的上述物质发生作用时,容易发霉生雾。因此,防雾也是维护仪器性能的重要措施之一。一般说来,只要保持仪器清洁,干燥防潮,就可以减少仪器的生雾机会。

(2)仪器的防锈

造成金属锈蚀的因素很多,其中最主要的是温度、湿度和酸、碱等雾气的影响。在空气中,由于金属受到氧气、湿气、二氧化硫或其他逸散的腐蚀性气体的侵蚀,仪器的金属部件会慢慢失去光泽,产生锈蚀斑痕,严重时能损害仪器的精度,缩短仪器的寿命。

一般认为,温度越高,金属越易生锈。相对湿度越高,金属在大气中也越易生锈。随着金属种类的不同,不生锈的相对湿度也不同。这种能保持某种金属不生锈的相对湿度称为临界相对湿度,超过临界相对湿度时金属就会生锈。

不仅盐类、酸雾等对仪器能产生锈蚀作用,而且汗液(例如手上的汗)也能锈蚀仪器。光学零件(透镜、棱镜、反射镜、光栅和测微器等)切忌用手触摸,落上的灰尘要用镜头软毛刷轻轻拂拭,或用吹气球吹净。

(3)使用仪器仪表时的注意事项

·使用仪器仪表前,要详细阅读说明书,并对仪器仪表线路及其性能作全面了解。

·按照操作规程要求进行操作,不要随意按动、拨动旋钮。仪器发生故障时,要用通用仪器进行测试。判明故障后,进行简单修理时,要尽量避免大拆大卸,以免影响仪器仪表的精度。

·仪器仪表不能曝晒于日光下,也不要在曝光照射下进行工作,这对装有光敏元件的仪器尤为重要。

2.1.3 实验室电源与安全用电

2.1.3.1 实验室电源

(1) 概述

电源包括电子电源和化学物理电源。电源的任务就是为电器系统中的各种电路提供电能。在理化实验室中，使用的设备和实验电路种类比较多，由于电路的类型各异、功能有别，因此对电源供给也有不同的要求。

根据电源电压的高低，电源可以分高压电源和低压电源两种。高压一般是指 36 V 以上的电压，低压是指 36 V 以下的电压。一般认为 36 V 以下的直流电压是安全电压。

我们最容易获得的，而且最廉价的电能是 220 V 工频的交流电，因此多数的电器都被设计成为能够使用这种交流电。但是，电器中几乎全部的电子电路，都只能在特定电压的直流供电状态下工作。因此，这就带来了交流电(AC)与直流电(DC)之间的转化问题，以及交流电压、直流电压的高低变换问题，按照电源的输入输出电量类型关系，可以把电源分为以下类型：

· 普通电源(AC/DC)。输入非稳定的 220V 工频交流电，输出为较低电压的稳定直流电。

· 直流变换器(DC/DC)。输入非稳定的直流电，输出为稳定的更高电压，或者更低电压的直流电。

· 交流逆变器(DC/AC)。输入非稳定的直流电，输出稳定的 220 V 工频交流电。此类电源常用在交通工具上，用于蓄电池对常规电器设备(电视、录像机等)供电。

· 交流稳压器(AC/AC)。输入非稳定的 220 V 工频交流电，输出稳定的 220 V 工频交流电。

· 组合电源。以上类型电源的组合。比如应急电源 UPS 就是 AC/DC 电源与 DC/AC 电源的组合。

(2) 电源的基本参数

电子系统中，常用以下参数描述电源特性，这些特性是选择电源、判断电路故障的基本依据。

· 电源性质。指交流电源和直流电源，以输出电压或电流幅度(大小)是否有极性变化来区分。交流电源输出的电压幅度波形为正弦波，具有固定的频率(周期)；直流电源的输出电压幅度可以是一个稳定的电压值，也可能是一个随时间变化的波动电压，但不具有极性变化。

· 电压幅度。指电源所输出电压的大小，通常以伏特(简称伏)为单位，单位符号是 V，kV，mV，μV。对于交流电源，电压幅度的描述通常还使用最大值、有效值和平均值。

· 输出电压频率。是交流电源的基本参数。我国规定工业标准交流电源为正弦波，频率是 50 Hz，周期为 20 ms。

·输出电压极性。是相对电压参考点提出的电压幅度性质的描述方法，分正、负两种，正极性的电压幅度大于零，负极性的电压幅度小于零。交流电源输出的电压幅度不断地在正、负极性之间变化，直流电压则只存在一种极性。

·电源功率。指所能提供的最大输出电流与电压的乘积。

(3) 化学电源

化学电源又称电池，是一种能将化学能直接转变成电能的装置。化学电池品种繁多，按照使用性质可分为干电池、蓄电池、燃料电池。按电池中电解质性质分为碱性电池、酸性电池、中性电池。

·性能指标

衡量化学电源的性能主要有化学电源的容量、质能比(理论质量与能量之比)和寿命等3个指标。

·容量——是指1 A电流持续通过1 h所输出的电量。

·质能比——是指1kg反应物所转化的电能。

·寿命——包括使用寿命、充放寿命和贮存寿命。其中充放寿命是指二次电池的充放周期次数。

② 干电池

干电池也称一次电池，即电池中的反应物质在进行一次电化学反应放电之后就不能再次使用了。常用的有锌锰干电池、锌汞电池、镁锰干电池等。

如锌锰电池，是日常生活中常用的干电池。

电池符号可表示为：

$$(-)\ Zn\ |\ ZnCl_2, NH_4Cl(\text{糊状})\ \|\ MnO_2\ |\ C(\text{石墨})\ (+)$$

锌锰干电池的电动势为1.5 V，因产生的NH_3气被石墨吸附，引起电动势下降较快。如果用高导电的糊状KOH代替NH_4Cl，正极材料改用钢筒，MnO_2层紧靠钢筒，就构成碱性锌锰干电池，由于电池反应没有气体产生，内电阻较低，比较稳定。

③ 蓄电池

蓄电池是可以反复使用、放电后能充电使活性物质复原、以便再重新放电的电池，也称二次电池。虽然它们的质能比是目前生产的电池中比较低的，但是它具有能反复充放电的特点而深受人们的欢迎。根据所用电解质的酸碱性质不同分为酸性蓄电池和碱性蓄电池。

酸性铅蓄电池的生产已有一百多年的历史，具有充放电可逆性好、放电电流大、稳定可靠、原料来源丰富、价格便宜等优点，但也存在比较笨重、防震性差、自放电较强等缺点。电池主要用于汽车和内燃机车的启动电源，坑道、矿山和潜艇的动力电源，以及备用电源。电池的构成如下：

$$Pb\ (s)\ |\ H_2SO_4(aq\ ,b)\ |\ PbO_2(s)\ |\ Pb(s)$$

电极反应是：

负极：$Pb + HSO_4^- - 2e^- \rightarrow PbSO_4 + H^+$

正极：$PbO_2+3H^++HSO_4^-+2e^- \rightarrow PbSO_4+2H_2O$

电池反应：$Pb+PbO_2+2H^++2HSO_4^- = 2PbSO_4+2H_2O$

正常情况下，酸性铅蓄电池的电动势是 2.1 V，随着电池放电生成水，H_2SO_4 的浓度要降低，故可以通过测量 H_2SO_4 的密度来检查蓄电池的放电情况。

日常生活中使用的充电电池就属于碱性蓄电池。它的体积、电压都和干电池差不多，携带方便，使用寿命比铅蓄电池长得多，使用得当可以反复充放电上千次，但价格比较贵。商品电池中有镍-镉(Ni-Cd)和镍-铁(Ni-Fe)两类，它们的电池反应是：

$$Cd+2NiO(OH)+2H_2O \underset{充电}{\overset{放电}{\rightleftharpoons}} 2Ni(OH)_2+Cd(OH)_2$$

$$Fe+2NaO(OH)+2H_2O \underset{充电}{\overset{放电}{\rightleftharpoons}} 2Ni(OH)_2+Fe(OH)_2$$

反应是在碱性条件下进行的，所以叫碱性蓄电池。

④ 燃料电池

燃料电池与前两类电池的主要差别在于：它不是把还原剂、氧化剂全部贮藏在电池内，而是在工作时不断从外界输入氧化剂和还原剂，同时将电极反应产物不断排出电池。燃料电池直接将燃烧反应的化学能转化为电能，是一个敞开的电化学系统，与环境既有能量的交换，又有物质的交换。能量转化率高，可达 80%以上，具有节约燃料、污染小的特点。因此它在化学电源中占有特殊重要的地位。

燃料电池以还原剂（氢气、煤气、天然气、甲醇等）为负极反应物，以氧化剂（氧气、空气等）为正极反应物，由燃料极、空气极和电解质溶液构成。电极材料多采用多孔碳，多孔镍、铂、钯等贵重金属以及聚四氟乙烯，电解质则有碱性、酸性、熔融盐和固体电解质等数种。

以碱性氢氧燃料电池为例。它的燃料极常用多孔性金属镍，用来吸附氢气。空气极常用多孔性金属银，用它吸附空气。电解质则由浸有 KOH 溶液的多孔性塑料制成，其电池符号表示为：

$$Ni|H_2|KOH(30\%)|O_2|Ag$$

电池的工作原理是：当向燃料极供给氢气时，氢气被吸附并与催化剂作用，放出电子而生成 H^+，而电子经过外电路流向空气极，使氧气还原为 OH^-，H^+ 和 OH^- 在电解质溶液中结合生成 H_2O。氢氧燃料电池的标准电动势为 1.229 V。氢氧燃料电池目前已应用于航天、军事通讯、电视中继站等领域。

⑤ 高能电池

具有高“比能量”和高“比功率”的电池称为高能电池。所谓“比能量”和“比功率”是指以电池的单位质量或单位体积计算电池所能提供的电能和功率。高能电池发展快、种类多。

锌银电池主要用于电子、航空、航天、舰艇、轻工业等领域。扣式锌银电池早已为人们所熟悉，它具有质量轻、体积小等优点，广泛应用于石英手表、照相机、助听器等小型、微型用电器具。它们的电极材料是 Ag_2O 和 Zn，所以叫银锌电池。

以锂为负极的非水电解质电池有几十种，其中性能最好、最有发展前途的是锂-二氧化锰非水电解质电池。这种电池以片状金属为负极，电解活性 MnO_2 作正极，高氯酸及溶于碳酸丙烯酯和二甲氧基乙烷的混合有机溶剂作为电解质溶液，以聚丙烯为隔膜，电池符号可表示为：

$$Li \mid LiClO_4 \mid MnO_2 \mid C(石墨)$$

该电池的电动势为 2.69 V，重量轻，体积小，电压高，比能量大，充电 1 000 次后仍能维持其能力的 90%，贮存性能好，已广泛用于电子计算机、手机、无线电设备等。

2.1.3.2 安全用电

化学实验室使用电器较多，违章用电常常可能造成人身伤亡、火灾、损坏仪器设备等严重事故。表 2-3 给出了 50 Hz 交流电在不同电流强度时通过人体产生的反应情况。

表 2-3 不同电流强度通过人体的反应情况

电流强度/mA	1～10	10～25	25～100	100 以上
人体反应	麻木感	肌肉强烈收缩	呼吸困难，甚至停止呼吸	心脏心室纤维性颤动，死亡

为了保障人身安全和实验的正常进行，一定要遵守实验室安全用电规则，注意事项如下：

(1) 防止触电

· 不用潮湿的手接触电器。

· 电源裸露部分应有绝缘装置(例如电线接头处应裹上绝缘胶布)，所有电器的金属外壳都应接上地线。

· 不能用试电笔去试高压电。使用高压电源应有专门的防护措施。

· 实验时，应先连接好电路再接通电源；实验结束时，先切断电源再拆线路。

· 修理或安装电器时，应先切断电源。

· 如有人触电，首先应迅速切断电源，然后进行抢救。

(2) 防止电器发生火灾及短路

· 使用的保险丝要与实验室允许的用电量相符。不得用其他导线代替保险丝。

· 不能乱拉电线、超负荷用电，要经常检查电气线路，防止老化、短路、漏电等情况。电线的安全通电量应大于用电功率。

· 室内若有氢气、煤气等易燃易爆气体，应避免产生电火花。继电器工作和开关电闸时，易产生电火花，要特别小心。电器接触点(如电插头)接触不良时，应及时修理或更换。

· 如遇电线起火，立即切断电源，用沙或二氧化碳、四氯化碳灭火器灭火，禁止用水或泡沫灭火器等导电液体灭火。

· 电线、电器不要被水淋湿或浸在导电液体中。

· 线路中各接点应牢固，电路元件两端接头不要互相接触，以防短路。

(3) 电器仪表的安全使用

① 连接电源

在将实验仪器与电源连接前应仔细阅读说明书,了解所使用实验仪器的电压、电流允许容量是否在电源提供的电压、电流容量范围之内,否则不安全或导致实验效果不佳。实验仪器使用交流电或直流电,应与电源相符。

实验仪器与电源连接时,极性之间的关系必须正确,不能错接(通常为保证电极性的连接正确,在实验仪器和电源上都已标明极性)。还应将接线桩头、线极柱等接触物上的污垢除净,电器连接处要连接牢固,接触面积要足够大,以保证供电稳定。

在正式供电做实验之前,检查线路连接是否正确,实验仪器和电源是否漏电,保护地线是否正常,有无短路、断路或接触不良现象,经检查后方可接通电源。

② 仪表量程应大于待测量,若待测量大小不明时,应从最大量程开始测量。

③ 在电器使用过程中如发现异常,如闻到异味,听到不正常声响,局部温度升高或冒烟,应立即切断电源,并报告老师进行检查。

2.1.4 时间测量仪器

2.1.4.1 概述

时间是一种能用周期性的物理现象来观察和测量的物理量。时间测量包括两方面内容:时刻的测量和时间间隔的测量。时刻是衡量物质运动过程事件先后顺序的物理量;时间间隔是两个时刻之间的间隔长短的物理量。

随着科学研究的不断深入和测量技术的迅速发展,人们的时间观念越来越强,科学测量的时间精度也越来越高。现在,以秒为时间的基本单位是国际单位制7个基本单位中精度最高的,已达到10^{-14}的数量级。在国际单位制(SI)中,时间的主单位为秒。秒的最新定义是:“秒是在零磁场下,铯-133原子基态的两个超精细能级之间的跃迁所对应辐射的9 192 631 770个周期的持续时间”。时间单位的定义不仅关系到计时仪的改进,而且也影响到其他6个国际单位的基准定义(如1983年国际计量大会重新定义1 m为真空中平面电磁波在1/299 792 458 s内进行路程的长度)。

在化学实验中,反应进行完毕所需时间——即反应的速度,反应随时间进程变化的现象等,都是化学反应研究中必须把握的基本问题,因此准确记录反应时间就成为化学反应研究需要的基础数据之一。

2.1.4.2 常用计时器

时间的测量仪器很多,如古代的圭表,近代的机械秒钟、石英钟,现在的原子钟等。实验室中常用的测时仪有秒表、数字毫秒计、原子钟、电脑计时器等。

(1) 秒表

秒表有机械秒表和电子秒表两种。

机械式秒表分单秒针和双秒针两种,是由频率较低的机械振荡系统、锚式擒纵调速器、齿轮传动装置、有分度的表盘和指针系统组成,具有操纵秒表的启动、制动和指针回零的控制功能。它是利用摆轮游丝系统的振动来计算时间的。

实验室常用的秒表有两个指针，长针为秒针，短针为分针。表盘上也相应的有两圈刻度，分别表示秒和分的数值，秒针转1周为30 s，分针转1周为15 min。这种表可准确读至0.01 s。（现在市面上的秒表分度值有0.1 s，0.2 s，0.01 s，0.02 s等4种。要注意的是，机械式秒表的指针为跳跃式工作，所以最小刻度以下的估计值无意义。）

表的上端有一柄头，用它旋紧发条、控制表的启动和停止。有的表在柄头旁边还有一个暂停装置。

使用机械式秒表时，先顺时针用柄头旋紧发条，然后用手握住表体，用拇指或食指按柄头，按一下，表即走动；需停表时，再按一下柄头，秒针、分针同时停止，便可读数；第三次按柄头时，分针、秒针即返回零点，恢复原状。若有暂停装置，需暂停时，推动暂停钮，则表针立即停止；退回暂停钮时，表针继续走动，连续计时。

使用秒表应当注意：

· 使用前应检查秒针是否正好指向零点，如不准，则应记下差值，对读数进行校正。短时间（几十秒内）的测量，其误差主要来源于按表和读数的误差，其值约为0.2 s。长时间的测量（>1 min），其误差主要是秒表自身存在的快慢误差，即秒表走时快慢与标准时间之差。需要长时间测量时，应用标准钟对秒表进行校准。

· 使用时，发条不能旋得过紧，否则会把发条旋断。

· 按柄头时，有一段空档。在开动或停止秒表时应先按过空档，做好准备。到正式按表时，秒表才会立即开动或停止，不然会因空档而引起误差。

· 用完后，应让表继续走动，使发条完全放松。

· 轻拿轻放，切勿碰撞，避免震动而造成的损坏。

· 不要与腐蚀性药品或磁性物质放在一起，应保存在干燥处。

电子秒表具有精度高、多功能、低功耗、结构简单和易维修的优点。

数字式电子秒表由振荡器、分频器、计数器、译码器和显示电路所组成。振荡器产生的毫秒信号输入计数器进行计数，并把累计结果以min，s，ms的形式显示出来。振荡器是整个秒表的核心，它产生一个频率标准，其精度和稳定度基本决定了秒表的计时准确性。

磁控电子秒表系由液晶显示秒表改装而成的计时装置。磁控开关受到磁铁作用时，电子秒表开始计时，当磁控开关受到磁铁的第二次作用时，电子秒表停止计时。这时电子秒表显示出两次磁铁作用之间的时间。因此，如果在运动物体上装有磁铁，利用磁控电子秒表即可完成物体运动的计时定位。

电子秒表的使用包括两个过程。一是按钮过程：按钮有启动、停止、响闹指示开关，音响开关和调整功能。二是状态选择：可作为计时日历、闹时和秒表3种功能选择。

（2）数字毫秒计

数字毫秒计是用数字显示的电子计时仪器。它用石英晶体振荡分频作为时基脉冲，能产生稳定在10 000 Hz的电脉冲，即每秒准确产生10 000个脉冲，然后通过这些脉冲在开始计数和停止计数的时间间隔去推动计数器计数。一个脉冲计一个数，任何两个相邻脉冲时间间隔为 1/10 000 s，即 0.1 ms。所以，通过计数器所计的数，就很容易测出从“计”到“停”的这段时间长短，并在数码显示器装置上直接显示出来。

数字毫秒计所使用的机件、机芯结构及外观都与上面提到的机械式秒表不同，其精度得到很大提高。用数字式毫秒表计时，实际上是用标准的时间单位使被测时间整量化，并把它以数字形式显示出来。它是通过传感器（如光电门）将被测时间间隔变成电脉信号，经放大、整形成为主控门的启动脉冲，由石英晶体振荡器产生并经过分频而得到标准时基脉冲，加到主控门的输入端直至停止脉冲使主控门关闭为止。显然，计数器的读数与被测的时间间隔成正比。显示器上的小数点和单位，可通过按转换钮（一般有 0.1 ms，1 ms 和 10 ms 三个按钮）。数字毫秒计还有这样的功能：能把自动记录时间值保存在机内。

（3）原子钟

原子钟是利用微观粒子超精细结构能级之间的跃迁，产生高准确度和高稳定度的周期振荡现象。由石英振荡器输出一定的频率，经过受控振荡器得到稳定性高的信号，再经放大、分频、门控电路和液晶显示器，显示所测时间。

此外，常用的计时方法还有电脑计时器、示波器、高压脉冲发生器、频闪装置等。可根据测量要求和精确度选用合适的计时仪器。

2.1.5 电学测量仪器

化学反应中物理变化和化学变化总是紧密联系在一起的，特别是能量变化，如化学能与电能的转变。这些反应的研究离不开电流、电压的测试。实验室常用的基础电学测量仪器有试电笔、万用表、毫安表、毫伏表等。

2.1.5.1 试电笔

试电笔又叫测电笔、电笔。试电笔由笔尖金属体、电阻、氖管、笔身、小窗、弹簧和笔尾的金属体组成。凡是要测试电线、用电器或电气设备是否带电，都可以使用试电笔。常见的试电笔有钢笔式（图 2-1）和螺丝刀式两种。

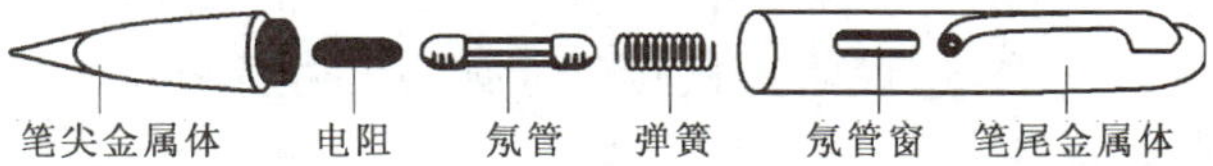

图 2-1　试电笔结构

（1）试电笔的原理和使用

试电笔测试电压的范围通常在 60～500 V 之间，当试电笔测试带电体时，只要带电体、电笔和人体及大地构成通路，并且带电体与大地之间的电位差超过一定数值（例如 60 V），试电笔之中的氖管就会发光（其电流不论是交流还是直流），这就告诉人们，被测物体带电，并且超过了一定的电压强度。

试电笔内部有一只两个电极的灯泡，泡内充有氖气。一极接到笔尖，一极串联一只高电阻后接到笔的另一端。当灯泡的两极间的电压达到一定值时，两极间便发生辉光，辉光的强弱与两极间的电压成正比。当带电体对地电压大于灯泡起始的辉光电压，而将笔的一端碰到它时，则另一端经过人体接地，所以能发光。电阻的作用是限制流经人体的电流，以免发生危险。

使用试电笔时，人手接触电笔的部位一定在试电笔顶端的金属，而绝对不是试电笔前端的金属探头。如果试电笔氖管发光微弱，切不可就断定带电体电压不够高，也许是试电笔或带电体测试点有污垢，也可能测试的是带电体的地线，这时必须擦干净试电笔或者重新选测试点。反复测试后，氖管仍然不亮或者微亮，才能最后确定测试体确实不带电。

(2) 使用试电笔时应注意问题

· 使用试电笔之前，一定要确知试电笔是否完好。最重要的是电笔的氖管是否完好，是否能正常发光。最可靠的方法是在带电开关或插座上预先测试一下，以此检查氖管完好与否。

· 应尽量使氖管背光并且使小窗朝向自己，这样的观察较准确。

· 有些用电器外壳可以感应带电，并且感应电压的数字较大。这时测试的电笔氖管也会发亮。遇有这种情况必须换另外的检测方法，以便确知是否会有触电危险。必须有充分理由和用准确方法弄清用电器或设备外壳带电性质，切不能贸然操作，造成严重后果。

(3) 巧用试电笔

试电笔除能测量物体是否带电以外，无其他仪器时我们可以用它做以下用途：

· 辨别交流电和直流电。试电笔的氖管通电时，只有接负极性的一极发光。在测试时如果电笔氖管中的两个极(管的两端)都发光，则是交流电。如果两个极只有一个极发光，则是直流电。

· 判断直流电的正负极。测试直流时，氖管发亮的一极是负极，不发亮的一极是正极。

· 能判断直流是否接地。在对地绝缘的直流系统中，可站在地上用试电笔接触直流系统中的正极或负极，如果试电笔氖管不亮，则没有接地现象。如果发亮，则说明有接地存在。其发亮如在笔尖一端，这说明正极接地。如发亮在手指一端，则是负极接地。但带接地监察继电器者不在此限。

2.1.5.2 万用表

(1) 指针式万用表的基本使用方法

测试前，首先把万用表置于水平状态，并视其表针是否处于零点(指电流、电压刻度的零点)。若不在零点，则应调整表头下方的“机械零位调整”，使指针指向零点。

根据被测项，正确选择万用表上的测定量程范围，如已知被测量的数量级，则就选择与其相对应的数量级量程。如不知被测量值的数量级，则应从选择最大量程开始测量，当指针偏转角太小而无法精确读数时，再把量程减小。一般以指针偏转角不小于最大刻度的 30%为合理量程。

(2) 电流测试

把万用表串接在被测电路中时,应注意电流的方向。即把红表笔接电流流入的一端,黑表笔接电流流出的一端。如果不知被测电流的方向,可以在电路的一端先接好一支表笔,另一支表笔在电路的另一端轻轻地碰一下,如果指针向右摆动,说明接线正确;如果指针向左摆动(低于零点),说明接线不正确,应把万用表的两支表笔位置调换。

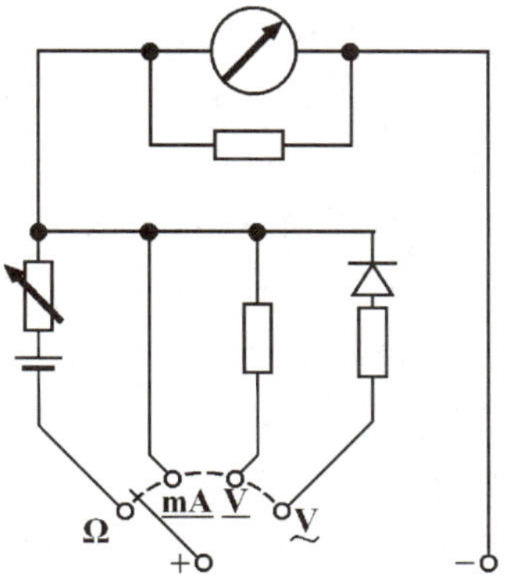

图 2-2 万用表电路原理

在指针偏转角大于或等于最大刻度 30%时,尽量选用大量程档。因为量程越大,分流电阻越小,电流表的等效内阻越小,这时被测电路引入的误差也越小。

在测大电流(如 500 mA)时,千万不要在测量过程中拨动量程选择开关,以免产生电弧,烧坏转换开关的触点。

(3) 电压测试

把万用表并接在被测电路上,在测量直流电压时,应注意被测点电压的极性,即把红表笔接电压高的一端,黑表笔接电压低的一端。如果不知被测电压的极性,可按前述测电流时的试探方法试一试,如指针向右偏转,则可以进行测量;如指针向左偏转,则把红、黑表笔调换位置,方可测量。

与上述电流测试一样,为了减小电压表内阻引入的误差,在指针偏转角大于或等于最大刻度的 30%时,测量尽量选择大量程档。因为量程越大,分压电阻越大,电压表的等效内阻越大,这对被测电路引入的误差越小。如果被测电路的内阻很大,就要求电压表的内阻更大,才会使测量精度更高。此时需换用电压灵敏度更高(内阻更大)的万用表来进行测量。如 MF10 型万用表的最大直流电压灵敏度(100 kΩ/V)比 MF30 型万用表的最大直流电压灵敏度(20 kΩ/V)高。

在测量交流电压时,不必考虑极性问题,只要将万用表并接在被测两端即可。另外,一般也不必选用大量程档或选高电压灵敏度的万用表。因为一般情况下,交流电源的内阻都比较小。值得注意的是,被测交流电压只能是正弦波,其频率应小于或等于万用表的允许工作频率,否则就会产生较大误差。

在测量大于或等于 100 V 的高电压时,必须注意安全。最好先把一支表笔固定在被测电路的公共地端,然后用另一支表笔去碰触另一端测试点。

在测量有感抗的电路中的电压时,必须在测量后先把万用表断开再关电源。不然会在切断电源时,因为电路中感抗元件的自感现象,会产生高压而可能把万用表烧坏。

(4) 电阻测试

测量时应首先将万用表表针调零。即把两表笔直接相碰(短路),调整表盘下面的零欧调整器,使指针指在 0 Ω 处。这是因为内接干电池随着使用时间加长,其提供的电源电压会下降,在被测电阻阻值为 0 时,指针就有可能达不到满刻度,此时必须调整零欧调整器，使表头的分流电流降低，来达到满刻度电流的要求。

为了提高测试的精度和保证被测对象的安全，必须正确选择合适的量程挡。一般测电阻时，要求指针在全刻度的20%～80%的范围内，这样测试精度才能满足要求。

量程挡越小，测试电流越大，否则相反。所以，如果用万用表的小量程欧姆挡 $R\times1$，$R\times10$ 去测量小电阻（如毫安表的内阻），则被测电阻上会流过大电流，如果该电流超过了被测电阻所允许通过的电流，被测电阻会烧毁。因此在测量不允许通过大电流的电阻时，万用表应置在大量程的欧姆挡上。同时量程挡越大，内阻所接的干电池电压越高，所以在测量不能承受高电压的电阻时，万用表不宜放置在大量程的欧姆挡上。如测量二极管或三极管的极间电阻时，就不能把欧姆挡置在 $R\times10$ K 挡，不然易把管子的极间击穿。只能降低量程挡，让指针指在高阻端。但前面已经指出，电阻刻度是非线性的，在高阻端的刻度很密，易造成误差增大。

万用表作欧姆表使用时，内接干电池的负极，黑表笔接干电池的正极。对外电路而言，红表笔接干电池测量较大电阻时，手不可同时接触被测电阻的两端，不然，人体电阻就会与被测电阻并联，使测量结果不正确，测试值会大大减小。另外，要测电路上的电阻时，应将电路的电源切断，否则不但测量结果不准确（相当再外接一个电压），还会使大电流通过微安表头，把表头烧坏。同时，还应把被测电阻的一端从电路上断开，再进行测量，不然测得的是电路在该两点的总电阻。

使用完毕不要将量程开关放在欧姆挡上。

为了保护微安表头，以免下次开始测量时不慎烧坏表头，测量完成后，应注意把量程开关拨在直流电压或交流电压的最大量程位置，千万不要放在欧姆挡上，以防两支表笔万一短路时，将内部干电池全部耗尽。

2.1.5.3 毫安表、毫伏表

磁电式毫安表、毫伏表是用来准确测量低电流、低电压的测量仪表。它的种类型号很多，实验室常用的是磁电式、内磁式结构的毫安表和毫伏表。磁电式电表是利用在线圈通有电流后与磁钢产生的磁场之间的相互作用，使线圈受力带动指针偏转，其指针偏转角与通入线圈的电流成正比。如果转动线圈通入相反方向电流，则电表指针反转，所以在使用直流电表时，必须注意“＋”“－”极性。

使用毫安表、毫伏表时应当注意：

·仪表使用时应放在水平位置，并尽可能远离直流强电流导线和强磁性物质。

·接入仪表前应切断电源，按被测量电流选用相应的导线，将仪表可靠地接入线路中，并应注意接线的极性。对于毫伏表 12 mV，30 mV 两量程需使用 0.035 Ω 的定值导线。

·测量前仪表指针如不在零位时，可利用表盖上的零位调节器将仪表的指针准确地调到标度尺的零位，并将转换开关转到相应于被测量值的量程上，以免使仪表过载。

·接通电源，调节被测量值进行测量，当指针偏小上限量的50%时，可减少被测量值到零，将转换开关转到较小的量限上，再增大被测量值重新测量。

·将多量限的安培表旋钮旋至0.5 mA(45 mV)档,可配用45 mV定值分流器,扩大安培表的测量范围。

·电流表应串联接入线路,同时在接入线路前必须对电路中的电流强度有所估计,以免过载而损坏仪表。

参考文献

[1] 厉玉鸣主编.化工仪表及自动化.北京:化学工业出版社,1981

[2] 杜效荣主编.化工仪表及自动化.北京:化学工业出版社,1992

[3] 刘洪范编.化学实验基础.济南:山东科学技术出版社,1981

(彭秧 赵建茹)

2.1.6 电源控制设备

维持稳定的电学环境是保证实验仪器仪表正常工作的需要。

2.1.6.1 精密直流电阻箱

电阻箱实际上是一种可以读数的可变电阻,根据实际需要,可以选择0~0.9 Ω,0~9.9 Ω和0~99 999.9 Ω档位,通过调整旋钮的倍乘率选择所需要的电阻。

电阻箱的主要参数有:

·总电阻:即电阻箱所能够提供的最大电阻。

·额定电流:电阻箱所允许通过的最大电流。

·准确度等级:一般分为0.02,0.05,0.1,0.2等,若电阻的测量值为R,则测量的基本误差限为测量值乘以准确度等级的百分比。

实验室常用的是旋转式可调电阻箱。如有ZX21型、ZX36型、ZX54型等,它们都具有较低的零值电阻。变换范围:ZX21型为0.1~99 999.9 Ω,ZX36型为1~9 999 Ω。

以ZX21型电阻箱为例介绍电阻箱的使用。ZX21型是供直流回路作调节阻值之用,也可用于不作精度要求的交流电路中,适合学校、科研和计量单位作电测量和其他实验之用。

ZX21型旋转式电阻箱,系采用特殊变换开关结构,按1,2,2,2,2组合,连接于特殊转换开关装置上。通过改变开关电刷位置得到各种阻值,按阻值大小分别从4只接线柱上引出。整个电阻箱为密封式结构,内部元件采用高稳定锰铜合金线于瓷管和瓷片上作无感式绕制,并且经过人工老化处理,故具有稳定的阻值。

电阻箱应放在有遮蔽的房间内,空气温度从+5 ℃~+40 ℃、相对湿度在80%以下,不应含有能引起腐蚀的有害气体。电路对外壳金属之间的绝缘电阻应不小于100 MΩ。电路对外壳金属之间应能耐受频率45~60 Hz,实际正弦交流电压2 000 V,1 min试验而不击穿,无放电现象。

·使用电阻箱时,应旋转一下各组旋钮,可使接触稳定可靠。

·电阻箱在使用中，绝不准超过规定的最大允许电流值。

·使用 ZX21 型电阻箱时，当只需要 0.1～0.9 Ω 或 9.9 Ω 的阻值变化时，则将接线接到"0"和"0.9 Ω"两接线柱，为此可免除电阻箱其余连接部分的导线电阻。

2.1.6.2 调压器

调压器是一种将交流电压在规定数值内作连续性调变电压的装置，其主要功能是将某一电压值的交流电能，转换为同频率的另一电压值的交流电能。实验室常用的是单相调压器。单相调压器实际上是一种自耦变压器，其输入端一般接 220 V 交流电源，输出端的电压可在 0～250 V 之间任意调节。

调压器应当在如下环境条件下工作：

·环境空气温度为－5 ℃～＋40 ℃。

·调压器安装地点海拔高度不超过 1 000 m。

·当空气温度为＋25 ℃时，相对湿度不超过 90%。

·电源电压波形近似一正弦曲线。

·安装场所无严重影响调压器绝缘的气体、蒸气、化学沉积、污垢及其他爆炸性、侵蚀性介质，无严重的震动和颠簸。

·户内使用，不准并联使用。

为了安全使用调压器，须注意：

·电源的地线(中性线)应接至输入与输出的公共端。调压器外壳必须良好接地。

·检查线路中的电压是否符合调压器规定的额定电压。使用调压器时，输出电压应从零逐渐增加，调至所需值。

·工作电流不得超过额定值。

·调压器输出电压的大小，应由实验室较准确的电压表进行测量。手轮刻度盘上的指示值只能作为参考。

·线圈与电刷接触的表面，应经常保持清洁。不允许有水滴、油污、飞尘落入调压器内，需要定期停电除去积存尘土。

·经常检查调压器的使用情况，如发现电刷磨损过多而失去可调节功能时，应调换同样尺寸和同样材料的电刷，然后再使用；如发现线圈表面烧有黑色斑点，用细纱布轻轻擦拭或用酒精(90%)擦拭，直至斑点擦去为止。

·调压器在每次使用完以后，应将手轮指针调回零位，并切断电源。

·搬动调压器时，不可用手轮将整台产品提起移动。

2.1.6.3 直流稳压电源

稳压电源是为电路或负载提供稳定的输出电压的一种电子设备。直流电源是化学研究中经常需要的实验条件，如电解、电镀等。稳压电源由整流滤波电路、稳压电路、输出电压检测与输入电压切换三大部分组成。

整流滤波电路包括电源变压器、整流电路、滤波电路。它是将变压器次级输出的交流电压变成脉动的直流电压,然后经过滤波电路把脉动的纹波滤除,得到平滑的直流电压。

稳压电路包括稳压、电压调节、电流放大以及用于电流放大电路的过流保护4个部分。

根据直流稳压电源的电路结构,目前实验室常用的有晶体管和集成电路两大类。

(1) 晶体管(直流)稳压电源

晶体管直流稳压电源有多种型号和规格,如YJ27-D、WYJ-78、WYJ-9B、JWY-30B、JWY-30C等。当输出电压由于输入电压或负载变化而偏离原来的电压值时,此变化的电压经过比较放大后控制调整器,使调整器电压产生相应的改变,最终使输出电压趋于原来值,起到稳压作用。负载电流在额定数值以内时,保护线路对整个电源不起作用;当过载或短路时,它能控制调整器使其输出电压为零,从而使负载和电源都得到保护。

以JWY-30C型为例,其主要技术指标有:

稳压输出:输出电压0～30 V,连续可调。

稳流输出:输出电流1～3 A,连续可调;过载或短路时自动保护。

使用注意事项:

· 接通电源,应预热5 min,根据使用要求,调节电压至需要值,调压时,“粗调”和“细调”要适当配合。

· 在使用过程中,需变换“粗调”档时,应首先断开负载,待输出电压调至所需值后,方可继续使用。

· 在工作过程中,因短路过载等影响,电源输出处于保护状态时,应关闭电源并排除故障后,再重新启动,保护状态即可解除。

注:在出现故障后,应关闭电源并排除故障后,使负载正常工作,可按动“复原”开关,解除保护状态。

(2) 集成稳压器

常见的集成稳压器有三端正固定输出集成稳压器、三端正可调集成稳压器以及集成稳流电源。实验室常用的是三端正可调集成稳压器,它具有高稳定度、适应性强的可调输出。其外围电路只要两个电阻(电阻选用精度高、温度特性好的金属膜电阻),就可方便地得到不同输出电压。由于集成稳压器的型号较多,每种型号稳压器的具体使用方法详见说明书。

2.1.6.4 UPS简介

UPS(Uninterruptible Power Supply),就是我们经常所说的UPS不间断电源。它是一种集数字和模拟电路,自动控制逆变器与免维护贮能装置于一体的电力电子设备,是能够提供持续、稳定、不间断的电源供应的重要外部设备。广泛应用于精密仪器、医疗设备、通信系统、安全监控、网络系统、自动控制生产线等对电流稳定性要求较高的场合。

(1) UPS电源的类别

常见的UPS电源主要有在线式和后备式两种。

在线式UPS电源的供电方式是市电输入UPS电源后，被其转换成直流电，直流电为电池充电，电池输出的电流通过UPS电源的逆变器转换为交流电输出，为设备供电。在线式的特点是：逆变器一直处于工作状态，电源的切换时间为零；输出的电压和频率稳定，多用在供电质量要求很高的场合；由于无切换时间，用起来可靠；由于在线式可以改善供电质量，所以其价格相对较贵。

后备式UPS电源的供电方式是市电输入UPS电源后分为两路运行，一路为设备直接供电，另一路通过UPS电源将市电转换为直流电为电池充电。当市电发生故障，无电压输出或电压较大时，UPS电源会自动切换，继续为设备供电，确保设备的正常工作不间断。后备式UPS电源的特点是：大多数后备式UPS电源的切换时间为4～8 ms，对于一般的用户能够满足要求；在市电正常的情况下，市电直接为设备供电，所以其结构简单，价格便宜。

(2) UPS电源的正确使用与维护

UPS不间断电源的电力来源是其所配的化学电源，所以UPS不间断电源工作的质量高低主要依赖其化学电源的性能，以及正确使用和维护。使用中应注意以下问题：

· UPS不间断电源在功率选配上要有适当的余量，充分考虑功率因素，所有用电设备的功率之和不得超过UPS电源功率的80%。如为800 W的负载选配UPS电源，其功率应选购1 000 W以上的。

· 新购的UPS不间断电源在使用前要对电池进行补充电。因为UPS在销售过程中电池在不断地自放电，其容量有很大一部分被消耗了，如果不及时进行补充电，不仅会影响正常的使用，还会缩短电池的使用寿命。电池补充电的方法是：将电池串联起来，根据电池使用说明书提供的具体方法进行充电。

· UPS不间断电源在使用后要立即进行恢复充电，即使电池恢复到正常状态。充电方法是：恒定电压为2.35～2.40 V，限制初始电流不得超过0.25CA，在25 ℃的环境下，全放电态的电池充足需要18～24 h。如果未将电能放完，可根据电流的持续不变为终止标志。

· UPS不间断电源应避免频繁地开机、关机，最好长时间地处于开机状态。负载开机时应逐一进行，最好不要同时开机。

· UPS电源在使用中，每月要检查一次浮充电压，单只电池的浮充电压低于2.20 V时，则应对整组电池进行均衡充电。长时间不用的UPS不间断电源要定时进行人为地强制工作，这样不但可以活化电池，还可以检验UPS不间断电源是否处于正常状态，并可以使操作人员熟悉UPS电源供电系统的使用。

· 如果UPS电源的电池为非免维护式电池，还要经常检查溶液的密度及电液量，及时补加电解液或蒸馏水。

· 要保持电池表面清洁卫生，防止灰尘通过电池的缝隙进入电池的电解液中污染电解液，使电池的性能恶化。

总之，UPS电源的问题在很大程度上是电池的问题，只要正确使用电池，并经常对电池进行维护，就能使其保持良好的状态，保证 UPS 电源处于正常工作状态，使设备在安全的环境中工作。

参考文献

[1] 陈子颍. 不间断电源的安全标准. 信息技术与标准化，2002(11)：34～37

[2] 刘亚玲. 不间断电源安装使用注意事项及维修实例. 丽水师范专科学校学报，1998(4)：47～48

[3] 陈文实，许立民. UPS 电源现状及发展方向. 辽宁工学院学报，2002(8)：24～25

(李玲 彭秧)

2.2 天平的种类及使用方法

称量是获得物质质量的唯一手段，是生产实践和科学研究中不可缺少的。天平是化学实验室最常用的称量仪器。由于对质量准确度的要求不同，需要使用不同的天平进行称量。常用的天平种类很多，根据天平工作原理，可分为杠杆天平和电磁力式天平。前者如托盘天平、电光天平等，后者有电子天平。下面将对化学实验室一些常用天平的结构、使用及维护做逐一的介绍。

2.2.1 托盘天平的使用

托盘天平(台秤)，它能迅速地称量物体的质量，但精确度不高。最大载荷为 200 g 的托盘天平，能称准至 0.1 g(即感量 0.1 g)；最大载荷为 500 g 的托盘天平，能称准至 0.5 g(即感量 0.5 g)。粗称(准确度要求不高)样品时常用托盘天平，如图 2-3 所示。

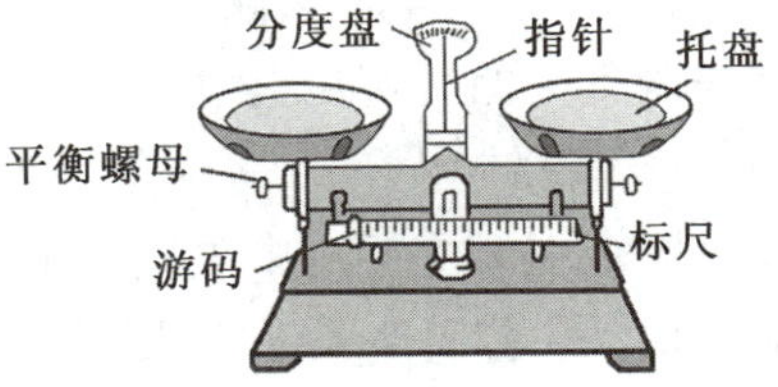

图 2-3 托盘天平

托盘天平的横梁架在天平座上，横梁左右有两个盘子，横梁的中部由指针与刻度盘相对，根据指针在刻度盘左右摆动的情况，可以看出托盘天平是否处于平衡状态。称量前，要先调整托盘天平的零点。将游码拨到游码标尺的“0”位处，检查托盘天平的指针是否停在刻度盘的中间位置。如果不在中间位置，可调节托盘天平托盘下侧的平衡调节螺丝。称量时，左盘放称量物，右盘放砝码。砝码用镊子夹取，10 g 或 5 g 以下质量的砝码，可移动游码标尺上的游码。当添加砝码到托盘天平的指针停在刻度盘的中间位置时天平处于平衡状态，此时指针所停的位置称为停点，零点与停点相符时，砝码的质量就是称量物的质量。

称量时，必须注意以下几点：

·称量物要放在称量用纸或表面皿上，不能直接放在托盘上，潮湿的或具有腐蚀性的药品，则要放在玻璃容器内。

·不能称量热的东西。

·称量完毕应将砝码放回砝码盒中，将游码拨到“0”位处，使托盘天平的各部分恢复原状。

·应保持托盘天平及桌面整洁。

2.2.2 电光分析天平的使用

分析天平一般指能精确称量到 0.000 1 g 的天平。电光分析天平是其中的一类。根据加码方式不同分为全机械加码（全自动）和半机械加码（半自动）两种。图 2-4 为半机械加码电光分析天平。

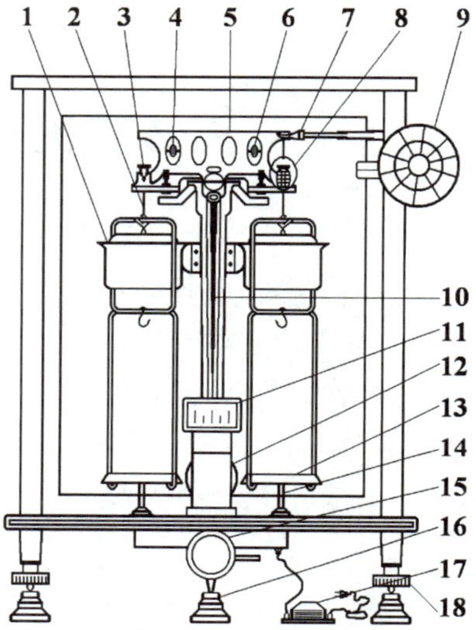

1.阻尼筒 2.挂钩 3.吊耳 4,6.平衡螺丝 5.天平梁 7.圈码钩 8.圈码 9.指数盘 10.指针 11.投影屏 12.光源 13.称盘 14.盘托 15.升降旋钮 16.垫脚 17.变压器 18.螺旋脚

图 2-4 半机械加码电光分析天平

2.2.2.1 电光分析天平的基本构造

（1）天平梁

通常称横梁，是天平的主要部件。梁上装有 3 个三棱形的玛瑙刀。一个装在天平梁的中央，刀口向下，用来支撑天平梁，称为支点刀。它放在一个玛瑙平板的刀承上。另外两个玛瑙刀等距离地装在支点刀的两侧，刀口向上，用来悬挂称盘，称为承重刀。3 个刀的棱边完全平行并且处在同一水平面上。刀口的尖锐程度决定天平的灵敏度，直接影响称量的精确程度。因此在使用天平时务必要注意保护刀口。梁的两端装有两个平衡调节螺丝。用来调整梁的平衡位置（即调节零点）。

（2）指针

固定在天平梁的中央。天平梁摆动时，指针也随着摆动。指针下端装有微分刻度标尺牌，光源通过光学系统将缩微标尺刻度放大，反射到光屏上。光屏中央有一条垂直的刻线，标尺投影与刻线的重合处即为天平的平衡位置。

（3）吊耳

吊耳的中间面向下的部分嵌有玛瑙平板。吊耳上还装有悬挂阻尼器内筒和天平盘的挂钩。当使用天平时，承重刀通过吊耳上的玛瑙平板与悬挂的阻尼器内筒和天平盘相连接。不使用天平时，托蹬将吊耳托住，使玛瑙平板与承重刀口脱开。

（4）空气阻尼器（阻尼筒）

为了提高称量速度，减少称量时天平摆动的时间，尽快使天平静止，在天平盘上部装有两个阻尼器。阻尼器是由两只空铝盒组成，内盒比外盒稍小，正好套入外盒，二者的间隙保持均匀，避免摩擦。当天平梁摆动时，由于两盒相对运动，盒内空气的阻力产生阻尼作用，从而阻止天平的摆动使其迅速地达到平衡。

(5) 升降旋钮

这是天平的重要部件，它连接着托梁架、盘托和光源。当使用天平时，打开升降枢，降下托梁架使 3 个玛瑙刀口与相应的玛瑙平板接触，同时盘托下降，天平处于摆动状态，光源也同时打开，在光屏上可以看到缩微标尺的投影。当不使用天平、加减砝码或取放称量物时，为保护刀口，一定要将升降枢的旋钮关闭。这时天平梁和盘托被托起，刀口与平板脱离，光源切断。

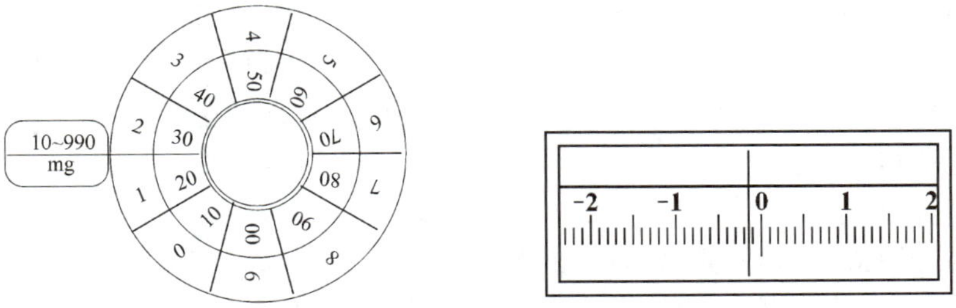

a. 圈码的读数　　b. 投影标尺的读数

图 2-5　圈码及投影标尺的读数

(6) 螺旋足(天平足)

天平盒下面有 3 只足，前方 2 只足上装有螺旋，可使天平足升高或降低，以调节天平的水平位置，天平是否处于水平位置，可观察天平箱内的气泡水平仪。

(7)天平盒(箱)

有木框和玻璃制成，将天平装在盒内，以防止气流、灰尘、水蒸气对天平和称量带来的影响。盒前有一个可以上下移动的玻璃门，一般是不开的，只有在清理和调整天平时才使用。两侧的边门，供取放称量物和加减砝码时用，要随开随关，不得敞开。

(8) 砝码和圈码(环码)

天平附有的砝码装在专用盒内，而圈码是通过机械加码装置来加减的。半机械加码电光天平有一个砝码指数盘旋钮(图 2-5a)，可以将 10～990 mg 范围内的圈码加到承受架上，但 1 g 以上的砝码仍需用砝码盒中的砝码。由于数值相同的砝码间的质量仍有微小的差别，因此数值相同的砝码上均打有标记以示区别。砝码按一定的次序在盒中排列，一般是采用 5，2，2′，1 的组合排列，即 50 g，20 g，20′g，10 g，5 g，2 g，2′g，1 g 等。

2.2.2.2　电光分析天平的使用方法

(1)称前检查

在使用天平之前，首先要检查天平放置是否水平；机械加码装置是否指示 0.00 位置；圈码是否齐全，有无跳落；两盘是否空着，并用毛刷将天平盘清扫一下。

(2)调节零点

天平的零点，指天平空载时的平衡点。每次称量之前都要先测定天平的零点。测定时接通电源，轻轻开启升降枢，此时可看到缩微标尺的投影在光屏上移动。当标尺投影稳定后，若光屏上的刻线不与标尺 0.00 重合，可拨动扳手，移动光屏的位置，使刻线与标尺 0.00 重合，零点即调好。若光屏移到尽头刻线还不能与标尺 0.00 重合，则通过旋转平衡螺丝来调整。

(3)称量物体

在使用分析天平称量物体之前应将物体先在台秤上粗称，然后把要称量的物体放入天平左盘中央，把比粗称质量略大的砝码放在右盘中央，慢慢打开升降枢，根据指针的偏转方向或光屏上标尺移动方向来变换砝码。如果标尺向负方向移动，即光屏上标尺的零点偏向标线的右方，则表示砝码的质量大，应立即关好升降枢，减少砝码后再称量。若标尺向正方向移动，即标尺的零点偏向标线的左方，则说明砝码不足，反复加减砝码至称量物比砝码质量大(不超过 1 g)时，再转动指数盘加减环码，直至光屏上的刻线与标尺投影上某一读数重合为止。

(4)读数

当光屏上的标尺投影稳定后，即可从标尺上读出 10 mg 以下的质量(图 2-5 b)。有的天平标尺既有正值刻度，也有负值刻度。称量时一般都使刻线落在正值范围内，以免计算总量时有加有减而发生错误。标尺上读数 1 大格为 1 mg，1 小格为 0.1 mg。称量时的读数用公式表示为：

$$称量物质量(g) = 砝码质量 + 圈码质量/1000 + 光标尺读数/1000$$

(5)称后检查

称量完毕，记下物体质量，将物体取出，砝码依次放回盒内原来位置，关好边门。圈码指数盘恢复到 0.00 位置，拔下电插销，罩好天平罩。

2.2.2.3 分析天平的使用规则和维护

(1) 分析天平的使用规则和维护

· 天平室应不受阳光直射，保持干燥，并不受腐蚀性气体的侵蚀。天平台应坚固而不受振动影响。

· 天平盒内应保持清洁，并定期放置和更换干燥剂(变色硅胶)。

· 称量前，应检查天平是否正常，是否处在水平位置。不要随意移动天平的位置。

· 应从左、右两门取放砝码和称量物，称量物放在天平的左盘中央，砝码放在右盘中央。决不允许超过天平的负载，也不能称量热的物体，称湿的和腐蚀性的物体时应放在密封容器内。称量时，要把门关严。

· 开启升降钮时，一定要轻启轻放，以免损伤刀口，每次加减砝码、圈码或取放称量物时，一定要先关升降旋钮，加完后，再开启旋钮，进行读数。称量结果必须立即记录在实验记录本上，不得记在其他地方。

· 如发现天平有故障时，不要自己修理，应立即报告教师。尤其是初学者，随便动手可能引起更大的损坏。

(2) 砝码的使用和维护

· 每架天平都有固定的砝码，不能随便借用其他天平的砝码。

· 每个砝码盒中都有固定的位置，用完后应立即放回原处。

· 砝码只能放在砝码盒内及天平盘内。不允许放在实验桌及记录本上。

· 砝码只能用镊子夹取，绝对不允许用手去拿，这会改变砝码的重量。

· 转动圈码读数时，动作要轻而缓慢，以免圈码跳落和变位。

· 称量完毕后，应检查盒内砝码是否完整无缺和清洁。

(3) 天平室内的规则

· 进入天平室后应保持肃静，不得高声谈笑，除称量所需要的药品、仪器及记录本外，不得将其他物品带入天平室。

· 称量完毕后，检查天平梁是否架起，有无物品遗留在天平盘上或天平箱中；检查砝码、圈码是否复原；关闭天平箱，罩好布罩，将坐凳放回原处。最后在使用天平记录簿上记录下本台天平使用的情况，注明使用日期，签名。

2.2.3 电子天平的使用

电子天平是天平中最新发展的一类天平，已经逐渐进入化学实验室为学生们使用。目前使用的主要有顶部承载式和底部承载式电子天平。顶部承载式电子天平是根据磁力补偿原理制造的。最初研制的电子天平是顶部承载式，它的横梁是采用石英管制得的，此梁可保证天平具有极佳的机械稳定性和热稳定性。在横梁上固定着电容传感器和力矩线圈，横梁一端挂有称盘和机械的加码装置。称量时，横梁围绕支承偏转，传感器输出信号，经整流放大反馈到力矩线圈中，然后使横梁反向偏转恢复到零位，此力矩线圈中的电流经放大且模拟质量数字显示。常见的电子天平如图2-6所示。

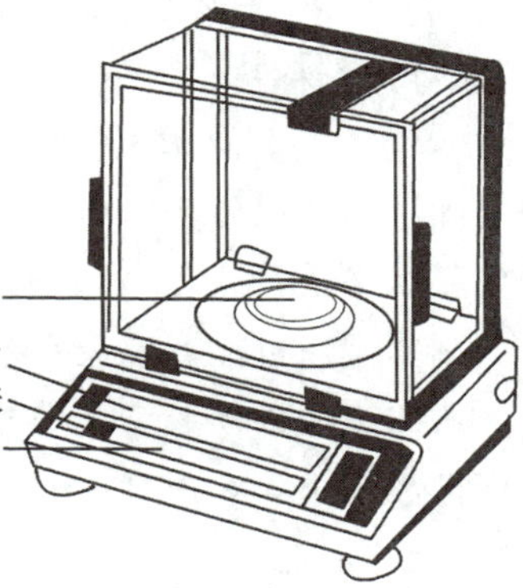

图 2-6　电子天平

目前国内生产的电子天平有：WDZK-1 上皿电子天平，最大载荷 2 000 g，最小读数 0.1 g，数字显示范围 0～2 000 g；QD-1 型电子天平，最大载荷 160 g，最小读数 10 mg，采用 PMOS 集成电路，具有上皿式不等臂式杠杆结构，有磁性阻尼装置，能在几秒内稳定读数；KZT 数字式快速自动天平，最大载荷 100 g，分度值 0.1 mg。除以上介绍的几种外，还有 MD200-1 型、SX-016 型、MD100-1 型、SKT-1 型等上皿式电子天平。

(1) 电子天平的使用方法

· 轻按天平面板上的控制长键，电子显示屏上出现 0.000 0 g 闪动。如果显示不正好是 0.000 0g，则要按一下去皮按键(T 或 TARE 键)调零。待数字稳定下来，表示天平已稳定，进入准备称量状态。

·打开天平的侧门,将样品放到物品托盘的中央位置上(化学试剂不能直接接触托盘)。关闭天平的侧门。待电子显示屏上的数字稳定下来,读取数字,即为样品的称量值。

·连续称量功能。当称量了第一个样品以后,若再轻按控制长键,电子显示屏上又自动重新返回 0.000 0 g 显示,表示天平准备称量第二个样品。重复操作,即可直接读取第二个样品的质量。如此重复,可以连续称量,累加固定的质量。

·称量完毕,取下被称物,如果不久还要使用天平,应暂不按“开/关”键,天平将自动保持零位,或者按一下“开/关”键(但不可拔下电源插头),让天平处于待命状态,即显示屏上数字消失,左下脚出现一个“0”,再称量时按一下“开/关”键即可。如果不再用天平,应拔下电源插头,盖上防尘罩。

(2) 电子天平的使用注意事项

·如果天平长时间没有用过,或天平移动过位置,应进行一次校准。其程序是:首先通电使天平预热 30 min,然后调整水平;按下“开/关”键,显示稳定后如不为零,则按一下去皮按键(T 或 TARE 键)调零;稳定地显示“0.000 0 g”后,按一下校准键(CAL),天平将自动进行校准,显示屏上显示出“CAL”,表示正在进行校准。约 10 s 左右,“CAL”消失,表示校正完毕,应显示出“0.000 0 g”。如果显示不正好为 0.000 0 g,可按一下去皮键,即可进行称量。

·电子天平的体积较小,重量较轻,容易被碰撞移动而造成水平改变,影响称量结果的准确性。所以使用时应注意动作要轻缓,防止开门或放置被称物时动作过重,并应时常检查水平是否改变,及时调整水平。

·要避免可能影响天平示值变动的各种因素,如空气对流、温度波动、容器不够干燥等。热的物品必须放在干燥器内冷却至室温后再进行称量。药品不能直接放在天平盘上称量。

2.2.4 称量技术

(1) 直接法

此法用于称取不易吸水,在空气中性质稳定的物质。如称量金属、合金、器皿等,可将粗称后的称量物置于天平盘的表面皿上直接称量。称量时先调节天平的零点至刻度“0”或“0”附近,把待称物品放在左盘的表面皿中,在右盘按从大到小,折半加入的原则加减砝码(1 g 以上)和圈码(10～990 mg),使天平达到平衡,则砝码、圈码及投影屏所表示的质量(经零点矫正后)即等于该物体的质量。例如,称量一物体时,天平的零点为−0.1分度(相当于−0.000 1 g),达到平衡时,称量的结果为砝码:16 g,指数盘读数:360 mg,投影屏读数:+6.4 mg,则物体质量为:16.3664 g− (−0.000 1)g=16.366 5 g。

若要用直接法称取固定质量的某试样时,应在左盘放已知质量的、洁净而干燥的表面皿或其他容器,右盘加上所需称取质量的砝码,用药匙将试样逐渐加到表面皿或其他容器中,直到天平平衡为止。

（2）减量法

此法用于称取粉末状或容易吸水、氧化、与 CO_2 反应的物质。一般使用称量瓶称出试样。称量瓶使用之前必须清洗干净，在 105 ℃左右的烘箱内烘干后，放入干燥器内冷却。烘干的称量瓶不能用手直接拿取，而要用干净的纸条套在称量瓶上夹取。

称量样品时，把装有试样的称量瓶盖上瓶盖，放在天平盘上，称准至 0.1 mg。从右盘减去称量范围低限质量的砝码，用左手捏紧套在称量瓶上的纸条，取出称量瓶，右手隔着一小纸片捏住盖顶，在接受容器口的上方 2 cm 左右轻轻地打开瓶盖(勿使盖离开烧杯口或锥形瓶口上方)。慢慢地倾斜瓶身，一般使称量瓶的高度与瓶口相同或略低于瓶口，以防试样冲出太多。用瓶盖轻轻敲打瓶口上方，使试样慢慢落入烧杯中，当倾出的试样已经接近所需的量时，慢慢将瓶竖起，同时用瓶盖轻轻敲击瓶口，使附在瓶口的试样落入容器或称量瓶内，然后盖好瓶盖，这时方可让称量瓶离开容器的上方并放回天平盘再进行称量。最后，再由两次称量之差计算取出试样的质量。

参考文献

[1] 北京师范大学无机化学教研室编．无机化学实验．第 2 版．北京：高等教育出版社，1991

[2] 古凤才，肖衍繁主编．基础化学实验教程．北京：科学出版社，2000

（耿志远）

2.3 温度的测试方法

自然界中的生物需要在一定的温度下才能生存，人类的活动可能改变地球表面的温度(如温室气体的排放使温度升高)。化学反应更要控制在一定的温度范围内才能达到预期的目标。因此，温度的测量和控制具有重要的意义。

2.3.1 温度和温标

温度是物质内部分子热运动的具体反映，是物质的冷热程度的量度，同时也是表述宏观物质系统状态的一个基本参数，具有强度性质即不具加和性。为了测量物质的温度，需要有一根能表示温度高低的“尺”——温标，如摄氏温标、华氏温标等。摄氏温标是在 101 kPa 下，以水的冰点(0 ℃)和水的 沸点(100 ℃)为两个定点，定点间分 100 等分，每一等分为 1 ℃来确定的。华氏温标是以水的冰点为 32 ℉，沸点为 212 ℉为两个定点，定点间等分 180 等分，每等分为 1 ℉来确定的。由此可见，温标的确定，要用某一物质的某种特性作为确定温标的基准点(或称参考点)，基准点确定后还需要确定基准点的分隔,然后用外推或内插的方法求得其他的温度。近代常用的摄氏温标,就是假设工作物质的某种特性(如水银的膨胀与收缩)与温度呈线性关系。但实际上,一般所使用的物质的某种特性与温度之间并非严格呈线性关系。因此,用不同的物质做的温度计测量同一体系时,所显示的温度往往不相同。

鉴于上述缺点,1848 年 Kelvin 提出了热力学温标。它是建立在卡诺循环的基础之上的,与测温物质性质无关,是理想的、科学的温标。以冰的熔点 0 ℃和水的沸点 100 ℃为两个定点,其间分为 100 等分,填充温度计的介质为理想气体(实际上可以使用氢气作出定容氢温度计)。由 Gay-Lussac 定律得知,当理想气体的容积一定时,温度每增(减)1°,其压力增(减)0 ℃时的 1/273.15。这样,到 −273.15 时,理论上温度就等于零了,这是个理论上的温度极限。以这一点作为零度的温标叫绝对温标(亦称为热力学温标),以 K 表示。引用绝对温标可得理想气体的状态方程 $pV=nRT$。从此方程可以看出,只须将某一固定点的温度选定即可求得常数 R,而其他任何温度都可由状态方程确定。1954 年第十届国际计量大会规定水的三相点的绝对温度为 273.16 K。

2.3.2 水银温度计的结构与校正

温度计的种类很多,在实验室常用的是水银温度计,因为水银容易提纯,热导率大,比热小,膨胀系数比较均匀,不容易附着在玻璃壁上,不透明便于读数等。常用的玻璃体温度计结构如图 2-7 所示。

2.3.2.1 水银温度计的结构

水银温度计有棒式温度计和双管温度计(封入温度计)两种。前者是将水银封入厚壁玻璃棒中,玻璃表面刻以刻度而成。后者是在透明玻璃管内部封入装有水银的毛细管和刻度板而成,它的价钱贵,易破损,但有耐湿度急骤变化、水银柱和刻度线的间隔小而易读的优点。

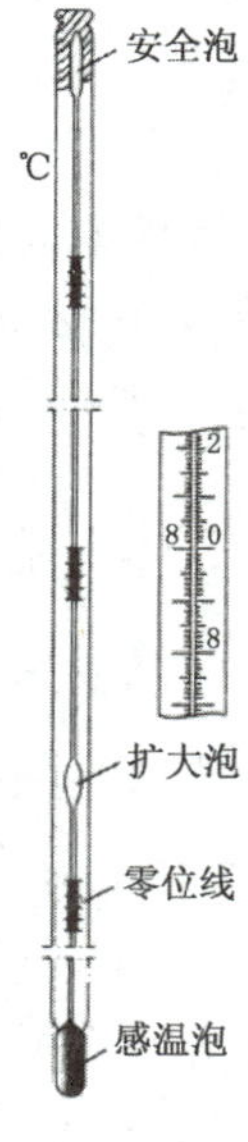

图 2-7 玻璃水银温度计

2.3.2.2 水银温度计的种类和使用范围

(1)一般使用:有 −5 ℃～105 ℃,150 ℃,250 ℃,360 ℃等,每格为 1 ℃或 0.5 ℃。

(2)供量热学用:有 9 ℃～15 ℃,12 ℃～18 ℃,15 ℃～21 ℃,18 ℃～24 ℃,20 ℃～30 ℃等,每格为 0.01 ℃。目前广泛应用间隔为 1 ℃的量热温度计,每格为 0.002 ℃。

(3)测温差的贝克曼温度计:有升高和降低两种,一般供 −6 ℃～120 ℃用,每格为 0.01 ℃。

(4)分段温度计:从 −10 ℃～200 ℃ ,分支为 24 支,每支温度范围为 10 ℃,分格为 0.1 ℃。另外有 −40 ℃～400 ℃,每隔 50 ℃一支,分格为 0.1 ℃。

(5)测量冰点降低用：由－0.50 ℃～0.50 ℃，分格为0.01 ℃。

2.3.2.3 水银温度计的使用方法

·将温度计垂直插在欲测定的物体中，放置适当时间后读数。物体的温度不应因插入温度计而有所变化。

·温度计的玻璃易破损，要避免机械撞击(例如代替搅拌棒等)及急骤的温度变化等。

·读取温度时，眼睛必须在水银柱上端同一高度上。

·水银温度计测定温度时，如果水银柱不全部插入欲测物体中，就不能得到正确的值。假如水银柱的上部露出欲测物体外部时，这段水银的温度不是欲测的温度，因此须校正。

·温度计用久了，玻璃会慢慢收缩而内部容积减少。温度计指示的温度逐渐升高。为此，需加必要的校正值，以求出正确的温度。这时，可与标准温度计作对比来进行校正，或用温度的标准点来校正。

2.3.2.4 水银温度计的校正

水银温度计的缺点是长期使用后由于温度计玻璃的性质有所改变，因而其形状和体积也将发生变化，并且在测温时，由于温度计的玻璃各部分受热不均而使指示的温度发生偏差。所以在精密测量中需要先对温度计进行校正。

(1) 零点的校正

通常用待校温度计测量纯水的温度进行校正。另外，也可以用一套标准温度计进行校正。校正时，把标准温度计与待校温度计捆绑在一起，使它们的水银球一端齐平，然后浸在恒温槽中，逐渐升高槽温，用测高仪同时读下二者的读数，即可作出校正曲线，进行校正。

(2)露茎部分的校正

利用水银温度计进行测温时，应使温度计全部浸没于被测介质中，但实际上是不可能的，所以要对温度计的露茎部分进行校正。校正方法见“基本实验五”，并按下式进行计算：

$$\Delta t = Kn(t_{观} - t_{环})$$

式中：$K=0.000\ 16$ 是水银对玻璃的相对膨胀系数；$t_{观}$ 是测量温度计上的读数；$t_{环}$ 是附在测量温度计上的辅助温度计的读数(辅助温度计的水银球应置于观测温度计露在空气部分的水银柱中间为宜)；n 是测量温度计水银柱露在空气中以温度计度数表示的长度，称为露茎高度。利用上式可得出校正后的温度，即为

$$t_{校} = t_{观} + \Delta t$$

2.3.3 温度传感器

温度传感器是利用导体或半导体的电阻(R)为测温参数来测量温度的，因此也叫做

电阻温度计。电阻温度计的主要指标是电阻的温度系数 α，即每升高 1 ℃电阻的变化值。若用 0 ℃～100 ℃之间的电阻变化定义 α，则：

$$\alpha=\frac{1}{R}=\frac{\mathrm{d}R}{\mathrm{d}t}=\frac{R_{100}-R_0}{100R_0}$$

式中，R_{100} 与 R_0 分别为 100 ℃与 0 ℃下的电阻值。α 越大，测温灵敏度越高。

下面介绍几种常见的温度传感器。

2.3.3.1 金属电阻温度计

最常见的金属电阻温度计为铂电阻温度计。电阻温度计与热电偶一样，使用时需配备电桥基直流电位差计等二次仪表。

为了提高测温精度，在使用时采用如下接法，可以消除外接引线电阻不同对测量结果的影响。

(1)电桥法

测量电路如图 2-8 所示。图中 R_a，R_b 为等阻值桥臂，r_a，r_b，r_c，r_d 为电阻温度计的 4 根引线 a，b，c，d 的电阻。R_1，R_2 是在(1)，(2)两种接线情况下电桥平衡时的可变电阻的阻值。根据电桥平衡条件：

$$R_1+r_a=R_X+r_d$$

$$R_2+r_d=R_X+r_a$$

所以

$$R_X=\frac{R_1+R_2}{2}$$

测得 R_X 值后，通过阻值与温度的换算表，就可求得对应的温度。

(2)电位计法

测量线路如图 2-9 所示。用精密的电位计分别测定标准电阻 R_S 和热电阻 R_X 两端的电势差，设分别为 U_S 和 U_X。若通过串联电路的电流为 I，则

$$R_X=\frac{U_X}{I}=\frac{R_SU_X}{U_S}$$

从 R_X 值即可得到相应的温度。

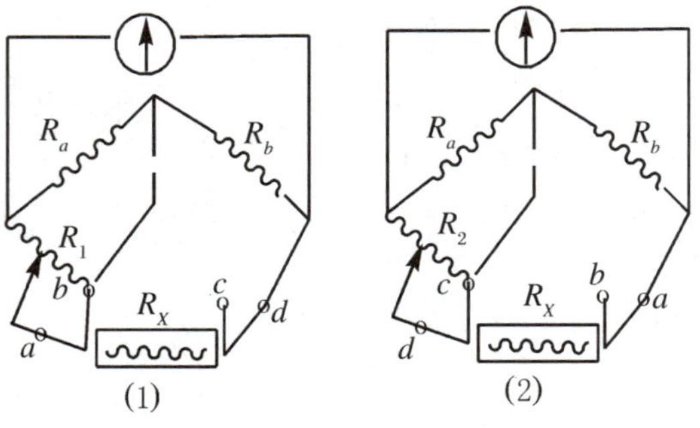

图 2-8 电桥法求 R_X

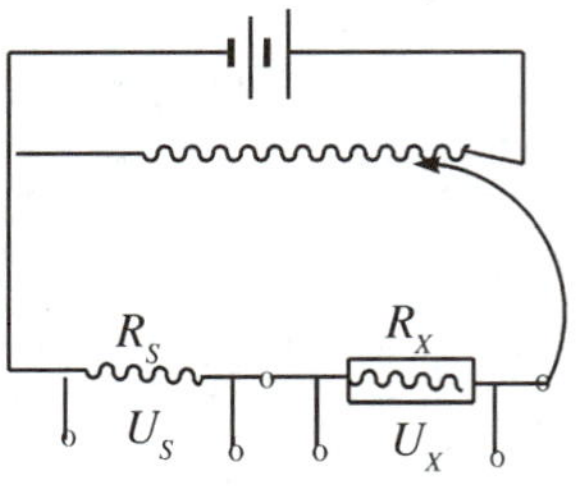

图 2-9 电位计法测 R_X

2.3.3.2 热敏电阻温度计

常用的热敏电阻温度计是由金属氧化物半导体材料制成，具有热容小、灵敏度高、便于自动记录等优点。其基本构造为用热敏材料制成的敏感元、引线、壳体三部分。实验室常用到的是圆珠状的热敏电阻温度计，见图 2-10。

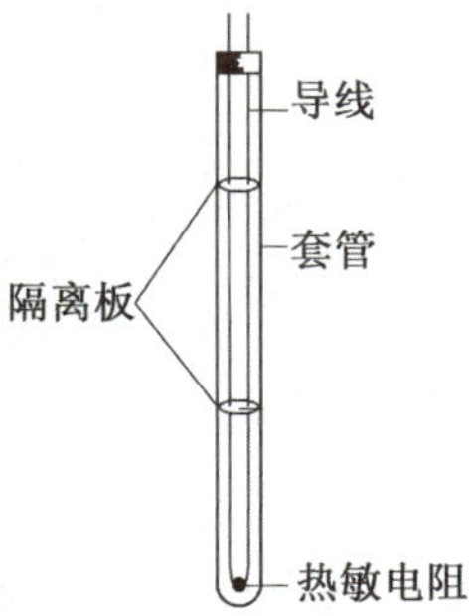

图 2-10 热敏电阻温度计

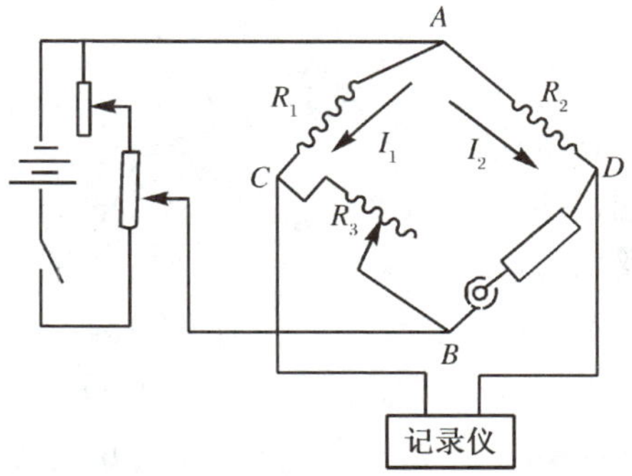

图 2-11 热敏电阻测温线路图

使用热敏电阻进行测温的线路如图 2-11 所示。开始调节桥路平衡，则 C，D 间电位差为零。当温度变化时，引起 R_X 变化，造成了 C，D 间有不平衡电位 U_{CD} 输出，所以 U_{CD} 值即对应于某一温度变化值。根据

$$U_{CD}=U_{CB}-U_{BD}$$

$$U_{CB}=I_1 I_3$$

$$U_{BD}=I_2 R_X$$

所以

$$U_{CD}=U_{AB}\left(\frac{R_3}{R_1+R_3}-\frac{R_X}{R_2+R_X}\right)\qquad(2.3\text{-}4)$$

因此 U_{CD} 的大小取决于桥路工作电压 U_{AB} 与 R_X 变化值，即系统的温度变化与热敏电阻的温度系数。

2.3.4 热电偶温度计的选择与使用

两种金属导体构成一个闭合线路，如果连接点温度不同，回路里将产生一个与温差有关的电势，称为温差电势。这样的一对导体称为热电偶。因此可用热电偶的温差电势测定温度。

几种常用的热电偶温度计的使用范围及室温下温差电势的温度系数($\mathrm{d}E/\mathrm{d}T$)列于表 2-4 中。

表 2-4　几种常用的热电偶温度计使用范围及温差电势

类　型	使用温度的范围/℃	可以短时间使用的温度/℃	dE/dT(mV/℃)
铜-康铜	0～350	600	0.042 8
铁-康铜	200～750	1 000	0.054 0
镍铬-镍铝	200～1 200	1 350	0.041 0
铂-铂铑合金	0～1 450	1 700	0.006 4

合金化学成分：

康铜(constantan)：Cu 60%，Ni 40%；

镍铬合金(chromel)：Ni 90%，Cr 10%；

镍铝合金(alumel)：Ni 95%，Al 2%，Si 1%，Mg 2%；

铂铑合金：Pt 90%，Rh 10%。

这些热电偶可用相应的金属导线熔接而成。应用时一般将热电偶的一个接点放在待测物体中(热端)，而另一接点则放在储有冰水的保温瓶中(冷端)，这样可以保持冷端的温度稳定，见图 2-12。有时为了温差电势增大，增加测量的精确度，可将几个热电偶串联成为热电堆使用，热电堆的温差电势等于各个电偶热电势之和。热电偶温度计包含两条焊接起来的不同金属的导线，在低温时两条线可以用绝缘漆隔离，在高温时则要用石英管、磁管或玻璃管隔离，视使用温度不同而异。温差电势可以用电位计或毫伏计测量。精密的测量可使用灵敏检流计或电位计。

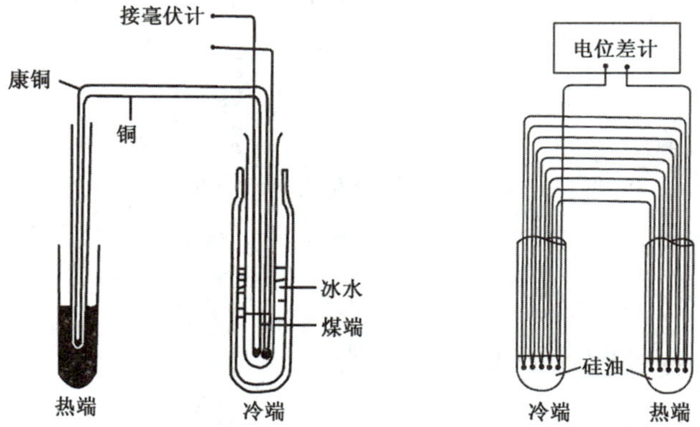

图 2-12　热电偶连接方式

热电偶温度计的使用方法：

(1) 先将低温接点放入盛冰水的杜瓦瓶中固定，并用铜线和毫伏计连接。

(2) 将高温接点与被测物体接触，测定其温度。

(3) 如果毫伏计能直接表示温度刻度，可由指针所指处读取温度。但通常使用毫伏计时，可事先测出毫伏计与热电偶组合时的电动势与温度的关系，制成表或曲线，由此求得温度。

2.3.5 恒温槽及其控温原理

物质的许多物理和化学性质如折射率、黏度、蒸气压、表面张力、化学反应速率等均与温度有关。许多化学实验都需要在一定的温度下恒温进行。获取恒温的方法很多,如利用物质的相变温度的恒定性来控制温度。该法的最大缺点是可选择的温度很有限。实验室中常用恒温槽来控制温度维持恒温。主要是依靠恒温控制器来控制恒温槽的热平衡。当恒温槽因对外散热而使水温降低时,控制器就使槽内的加热器工作,待加热到所需的温度时,它又使加热器停止工作,这样就使槽温保持恒定。恒温槽装置如图 2-13 所示。

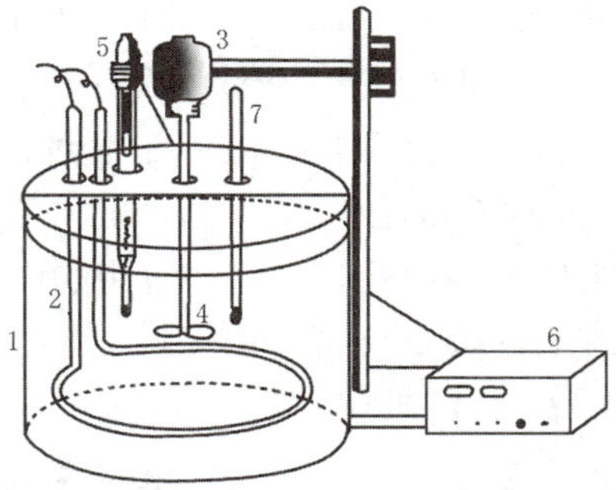

1.浴槽 2.电热棒 3.电机 4.搅拌器
5.接触温度计 6.继电器 7.精密温度计

图 2-13 普通恒温槽装置图

恒温槽一般由浴槽、加热器、搅拌器、温度计、感温元件、恒温控制器等部分组成,现分别介绍如下:

(1) 浴槽

通常采用玻璃槽以利于观察,其容量和形状视需要而定。浴槽内的液体一般采用蒸馏水。恒温超过 100 ℃时可采用油浴等(表 2-5)。

(2) 加热器

常用的是电阻丝加热棒。根据恒温槽的容量、恒温温度以及与环境的温差大小来选择电热器的功率。如容量 20 L、恒温 25 ℃的大型恒温槽一般需要功率为 250 W 的加热器,为了提高恒温的效率与精度,有时可采用两套加热器。开始时,用功率较大的加热器加热,当温度达恒定时,再用温度较小的加热器来维持恒温。

表 2-5 不同油浴的温度范围

介　质	温度范围/ ℃
乙醇或乙醇水溶液	−60～30
水	0～90
甘油,棉籽油,菜油	100～200
液体石蜡,汽缸油,硅油	70～300

(3) 搅拌器

一般采用 40W 的电动搅拌器,用变速器来调节搅拌速度。

(4) 温度计

常用 1/10 ℃温度计作为观察温度用。为了测定恒温槽的灵敏度,可用 1/100 ℃温度计或贝克曼温度计,所用温度计在使用前需进行标化。

(5) 感温元件

它是恒温槽的感觉中枢,是决定恒温程度的关键所在。感温元件的种类很多,如接触温度计、热敏电阻感温元件等。这里仅以接触温度计(又称之为水银导电表)为例说明它的控温原理。接触温度计的构造如图 2-14 所示。它相当于一个自动开关,用于控制浴槽达到所需的温度,控制精度一般在±0.1 ℃。它的下半部与普通温度计相仿,但有一根铂丝(下铂丝)与毛细管中的水银相接触;上半部在毛细管中也有一根铂丝(上铂丝),借助顶部磁铁旋转带动内部螺丝杆转动可控制其高低位置。定温指示标杆配合上部温度刻度板,用于粗略调节所要求调节的温度值。当浴槽内温度低于指定温度时,上铂丝与汞柱(下铂丝)不接触;当浴槽内温度升到下部温度刻度板指定温度时,汞柱与铂丝接通。原则上依靠这种"断"与"通",即可直接用于控制电加热器的加热与否。但由于电接触水银温度计只允许约 1 mA 电流通过(以防止铂丝与汞接触面处产生火花),而通过电热棒的电流却较大,所以两者之间应配继电器以过渡。

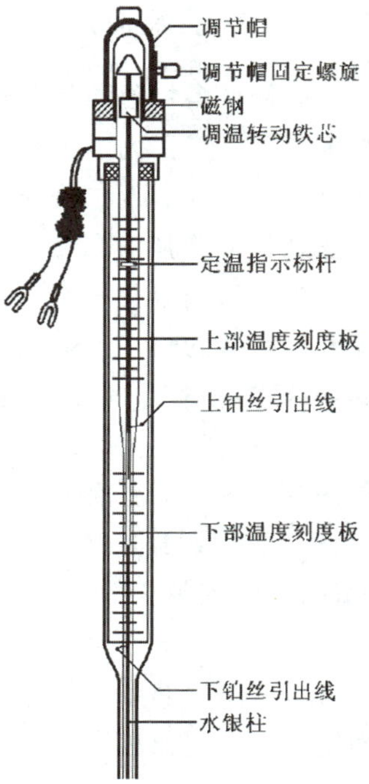

图 2-14　接触温度计

(6) 晶体管继电器

将接触温度计的两根导线接入晶体三极管的基极与发射极之间,由于基极电流甚小,不会因接触温度计的"通"与"断"而在水银面上引起电火花,使水银面氧化,并且通过晶体管的放大作用可在集电极与发射极之间流过较大的电流而启动继电器。

由于这种温度控制装置属于"通""断"类型,当加热器接通后传热质温度上升并传递给接触温度计,使它的水银柱上升。因为传质、传热都有一个速度,因此,出现温度传递的滞后,即当接触温度计的水银触及钨丝时,实际上电热器附近的水温已超过了指定的温度,因此,恒温槽温度必高于指定的温度。同理,降温时也会出现滞后状态。

由此可知,恒温槽控制的温度是有一个波动范围的,而不是控制在某一固定的温度,并且恒温槽内各处的温度也会因搅拌的优劣而不同。控制温度的波动范围越小,各处的温度越均匀,恒温槽的灵敏度越高。灵敏度是衡量恒温槽性能的主要标志。它除与感温元件、电子继电器有关外,还受搅拌器的效率、加热器的功率等因素的影响。

恒温槽灵敏度的测定是在指定温度下,观察温度的波动情况。用较灵敏的温度计如贝克曼温度计,记录温度随时间的变化,最高温度为 t_1,最低温度为 t_2,恒温槽的灵敏度 t_E 为:

$$t_E=\pm\frac{t_1-t_2}{2}$$

灵敏度常常以温度为纵坐标,以时间为横坐标,绘制成温度-时间的曲线来表示。如图 2-15 中,曲线(a)表示恒温槽灵敏度较高;(b)表示加热器功率太大;(c)表示加热器功率太小或散热太快。曲线(b)、(c)灵敏度较低。

为了提高恒温槽的灵敏度,在设计恒温槽时要注意以下几点:

· 恒温槽的热容量要大些,传热质的热容量越大越好。

· 尽可能地加快电热器与接触温度计间传热的速度。因此,感温元件的热容尽可能的小,感温元件与电热器间的距离要近一些;搅拌器效率要高。

· 作调节温度用的加热器功率要小些。

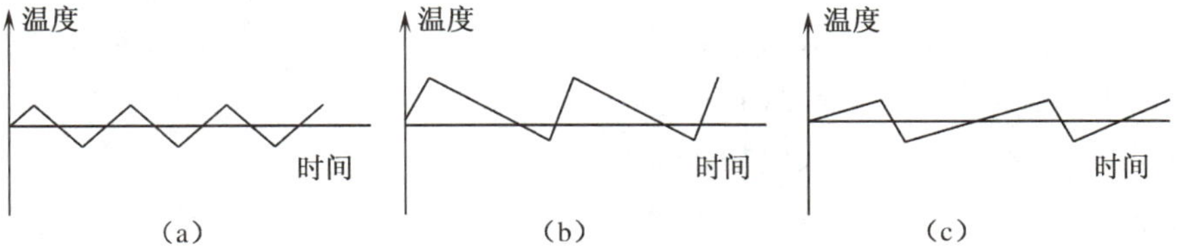

图 2-15　温度-时间曲线

参考文献

[1] 孙尔康,徐维清,邱金恒编. 物理化学实验. 第 1 版. 南京:南京大学出版社,1998

[2] 金丽萍,邬时清,陈大勇编. 物理化学实验. 第 2 版. 上海:华东理工大学出版社,2005

[3] 北京大学化学学院物理化学实验教研组. 物理化学实验. 第 4 版. 北京:北京大学出版社,2002

[4] 东北师范大学等校编. 物理化学实验. 第 2 版. 北京:高等教育出版社,1989

(耿志远)

2.4　高压钢瓶的颜色和使用方法

化学实验和化工生产中,常常用到许多常温常压下为气态的物质,如 H_2,O_2,Cl_2,N_2 等。这些气体物质在常温常压下无固定的形状,密度、黏度都比固体和液体小,还有流动性和扩散性,这就给它们的存储、使用和运输带来极大的不便,不能用盛装固体或液体的常规容器盛装和运输气体,必须用相应的专门的容器盛装和运输。这种专门容器就是高压气体钢瓶,通常是把各种气体分别压缩装入各自的专用钢瓶中。

许多气体物质在常温常压下为气态,但被高压装入钢瓶之后,却成为液态,如氯气、氨气和石油气体等。有的甚至成为固态,如二氧化碳。

钢瓶是压力容器的一种,系指设计压力在 1～300 kgf/cm^2,容积不大于 1 m^3,盛装压缩气体或高压液化气体的可重复充气的移动式气瓶。它是民用、公用福利事业以及工矿企业中较为普遍的一种压力容器。钢瓶亦称气瓶。

气瓶主体系由镇静钢、合金钢或优质碳素钢制造，主要结构包括：瓶体、护罩、底座、瓶嘴、角阀以及易熔塞、防震圈及填料等。

气瓶的特点是内装压缩气体或液化气体，部分内容物为易燃、易爆性介质，可重复充气、移动式工作。因此，如果产品质量不合格或保管、使用不当易发生爆炸性事故，危及人员、设备和财产的安全。所以气体必须装入各自专门的钢瓶中，不得混用和错用。

钢瓶按加工方法和设计压力的不同分为焊接钢瓶和无缝钢瓶。按内盛介质不同分为民用液化石油气瓶、普通工业气瓶和溶解乙炔气瓶。按设计压力分为高压(300，200，150，125 kgf/cm^2)和中低压(80，50，30，20，10 kgf/cm^2)。高压气瓶必须是无缝结构，焊接气瓶用于盛装低压气体。

2.4.1 高压钢瓶的漆色和标记

为了使灌装和使用者容易区别和辨识各种专用高压钢瓶，世界各国都规定了统一辨识标记，如在大小、形状和油漆颜色上区分它们。

我国气体钢瓶常用的颜色标记见表 2-6。

表 2-6 我国气体钢瓶常用的颜色标记

气体类别	瓶身颜色	标字颜色	字样
氮气	黑	黄	氮
氧气	天蓝	黑	氧
氢气	深蓝	红	氢
压缩空气	黑	白	压缩空气
二氧化碳	黑	黄	二氧化碳
氦气	棕	白	氦
液氨	黄	黑	氨
氯气	草绿	白	氯
乙炔	白	红	乙炔
氟氯烷	铝白	黑	氟氯烷
石油气体	灰	红	石油气
粗氩气体	黑	白	粗氩
纯氩气体	灰	绿	纯氩

2.4.2 高压气体钢瓶的使用

2.4.2.1 气体钢瓶减压阀工作原理及使用方法

在化学实验中，经常要用到氧气、氮气、氢气、氩气等气体。这些气体一般都是贮存在专用的高压气体钢瓶中，使用时通过减压阀使气体压力降至实验所需范围，再经过其他控制阀门细调，使气体输入使用系统。最常用的减压阀为氧气减压阀，简称氧气表。

(1) 氧气减压阀的工作原理

氧气减压阀的安装部位及工作原理见图 2-16(1)和(2)。

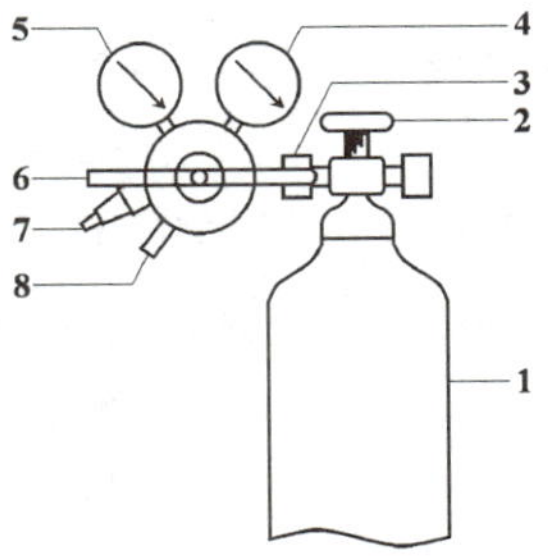

(1) 安装在气体钢瓶上的氧气减压阀示意图

1. 钢瓶 2. 钢瓶开关 3. 钢瓶与减压表连接螺母
4. 高压表 5. 低压表 6. 低压表压力调节螺杆
7. 出口 8. 安全阀

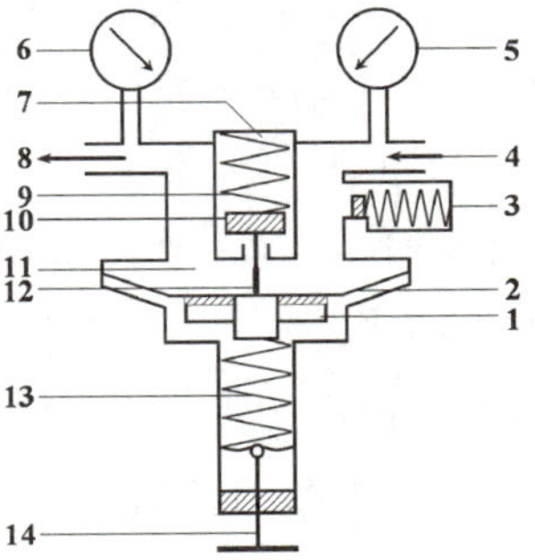

(2) 氧气减压阀工作原理示意图

1. 弹簧垫块 2. 传动薄膜 3. 安全阀
4. 进口(接气体钢瓶) 5. 高压表 6. 低压表
7. 压缩弹簧 8. 出口(接使用系统)
9. 高压气室 10. 活门 11. 低压气室
12. 顶杆 13. 主弹簧 14. 低压表压力调节螺杆

图 2-16 气体钢瓶氧气减压阀

氧气减压阀的高压腔与钢瓶连接，低压腔为气体出口，并通往使用系统。高压表的示值为钢瓶内贮存气体的压力。低压表的出口压力可由调节螺杆控制。

使用时先打开钢瓶总开关，然后顺时针转动低压表压力调节螺杆，使其压缩主弹簧并传动薄膜、弹簧垫块和顶杆而将活门打开。这样进入的高压气体由高压室经节流减压后进入低压室，并经出口通往工作系统。转动调节螺杆，改变活门开启的高度，调节高压气体的通过量并达到所需的压力值。

减压阀都装有安全阀。它是保护减压阀并使之安全使用的装置，也是减压阀出现故障的信号装置。如果由于活门垫、活门损坏或由于其他原因，导致出口压力自行上升并超过一定许可值时，安全阀会自动打开排气。

(2) 氧气减压阀的使用要求

• 根据使用要求的不同，氧气减压器有多种规格。最高进口压力大多为 150 kgf/cm^2，最低进口压力应不小于出口压力的 2.5 倍。出口压力规格较多，最低为 0～1 kgf/cm^2，最高为 0～40 kgf/cm^2。

• 安装减压阀时应确定其连接尺寸规格是否与钢瓶和使用系统的接头相一致，接头处需用垫圈。安装前须瞬时开启气瓶阀吹除灰尘，以免带进杂质。

• 氧气减压阀严禁接触油脂，以免发生火灾事故。减压器及扳手上的油污应用酒精擦去。

• 停止工作时，应将减压器中余气放尽，然后拧松调节螺杆以免弹性元件长久受压变形。

·减压器应避免撞击振动，不可与腐蚀性物质接触。

(3) 其他气体减压阀的使用要求

有些气体，例如氮气、空气、氩气等永久性气体，可以采用氧气减压阀。但还有一些气体，如氨等腐蚀性气体，则需要专用减压阀。市售常见的有氮气、空气、氢气、氨、乙炔、丙烷、水蒸气等专用减压阀。

这些减压阀的使用方法及注意事项与氧气减压阀基本相同。但是，还应该指出，专用减压阀一般不用于其他气体。为了防止误用，有些专用减压阀与钢瓶之间采用特殊连接口。例如氢气和丙烷均采用左牙螺纹，也称反向螺纹，安装时应特别注意。

2.4.2.2 气体钢瓶的使用方法

·在钢瓶上安装配套的减压阀。检查减压阀是否关紧，方法是逆时针旋转调压手柄至螺杆松动为止。

·打开钢瓶总阀门，此时高压表显示出瓶内贮气总压力。

·慢慢地顺时针转动调压手柄，至低压表显示出实验所需压力为止。

·停止使用时，先关闭总阀门，待减压阀中余气逸尽后，再关闭减压阀。

2.4.2.3 气体钢瓶的安全储存、使用规则及注意事项

·钢瓶应存放在阴凉、干燥、远离热源的地方(如阳光、暖气、炉火口)。还应将其固定在稳固的支架、实验桌或墙壁上。氧气瓶和氢气瓶不准存放在同一个实验室内。可燃性气瓶应与氧气瓶分开存放，氧气瓶、可燃性气体与明火的距离不小于 10 m。

·搬运钢瓶要小心轻放，一定要用特殊的担架或小车，同时钢瓶上的安全帽应旋紧，以便保护气门勿使其偶然转动，将钢瓶移放时绝对不能用手执着气门，严防气瓶坠地或互相碰撞。

·使用时应装减压阀和压力表。可燃性气瓶(如 H_2,C_2H_2)气门螺丝为反丝，不燃性或助燃性气瓶(如 N_2,O_2)为正丝。各种压力表一般不可混用，以防爆炸。

·不要让油或易燃有机物污染气瓶(特别是气瓶出口和压力表上)。

·开启氧气瓶总阀门之前，必须首先检查氧气表调压阀门是否处于关闭(调节螺杆旋到最松)状态。

·开启总阀门时，不要将头或身体正对总阀门，防止万一阀门或压力表冲出伤人。

·不可把气瓶内气体用光，剩余残压一般不应少于数百千帕，以资核对气体和防止其他气体进入，以防重新充气时发生危险。

·使用中的气瓶每 3 年应检查一次，装腐蚀性气体的钢瓶每 2 年检查一次，不合格的气瓶不可继续使用。检查必须认真、规范填写检查表，如表 2-7 所示。

表 2-7　高压气体容器钢瓶自动检查表

________编制________年________月________日

院(系)　　　实验室　　　位置　　　每月　次　　　日期:年　月　日

检查重点	是	否	备注
1. 钢瓶的固定措施是否按规定(两条链条或固定架多点固定)直立固定好			
2. 钢瓶成分是否标示清楚			
3. 是否对钢瓶柱塞、高压软管、流量计、调节器进行测漏试验			
4. 钢瓶置放处是否避开易燃物或火源及高热处			
5. 钢瓶未安装于管线系统时是否加装护盖			
6. 气体钢瓶开启后,人员是否在实验室现场			
7. 钢瓶是否以吊牌等标示[空]或[满]			
8. 管线是否以颜色或吊牌等标示内容气体			

检查人员:　　　实验室负责老师签章:　　　院(系)主任签章:

·氢气瓶应放在远离实验室的专用库内,用紫铜管引入实验室,并安装防止回火装置。

为了便于实验室高压钢瓶的管理,钢瓶室有必要制定“安全须知”,贴挂在醒目的位置,以提醒师生及其他操作人员注意。

思考题

1. 气体灌装到钢瓶内后状态是否发生变化?

2. 可燃性气体跟助燃性气体不能混装同一钢瓶,那么可燃性气体与可燃性气体、助燃性气体与助燃性气体能不能混合装在同一钢瓶里?

3. 气体钢瓶运输时减压阀是否应取下?

5. 空瓶的瓶阀为什么也要旋紧?

参考文献

[1] GB 11984-89　中华人民共和国国家标准氯气安全规程.

[2] GB 4962-85 UDC 614.83.661.96　氢气使用安全技术规程

[3] GB 12137-89　气瓶气密性试验方法

[4] GB16804-1997　气瓶警示标签

(鲍正荣)

第3章　化学实验条件及控制

学习目标

1. 掌握常用的加热和冷却方法。
2. 学会化学物质干燥方法和干燥剂的选择。
3. 学会压缩机、真空泵、压力计、真空机和气压计的基本原理与使用方法。
4. 学习固体试样的物理和化学处理方法与技术。

学习指导

化学反应在自然状态下自发进行的并不很多，多数都需要人为地创造条件使其反应能够顺利地进行，特别是现代化学合成新材料、开发新药物、新能源等领域，更需要在十分苛刻甚至是超高温、超高压、微波、激光等极端条件下才能实现。化学实验实际上就是人们根据实验目的，利用化学仪器、设备，人为地控制实验条件，排除干扰，突出主要因素，在有利的条件下去模拟化学现象，研究化学规律。所以，创造和控制实验条件对化学学习与研究而言显得特别重要。

化学实验室常用创造和控制实验条件的方法有：改变温度，改变压力（加压或抽真空），改变物体颗粒的大小（分散或聚集：如溶解、粉碎或结晶），改变电流强度或电压（电解、电镀），改变光照强度（如微波、激光）和核辐射等。

本章重点学习各种冷却和加热器具及其使用方法，学习物质干燥、干燥剂及其适宜范围，学习真空与高压的获得与测量，固体试样的处理等内容。这些都是实现化学实验目的的重要手段和条件，所以要亲自操作，认真练习，熟练掌握各种各样加热器的构造原理、使用方法和适用范围，达到随时都能应用的程度。熟悉常用干燥剂及其适用于干燥哪些物质。熟悉常用真空泵、压缩机的结构、性能和使用方法以及适用范围，弄清楚压强和真空的概念以及参照系，学习用什么方式和方法去获得和测量压强及真空，懂得为什么人们在化学实验中要想方设法去制造高压和真空。弄懂在用固体进行化学实验时试样为什么需要处理，学习用什么方法去选择、粉碎和筛分固体试样。

建议课外12学时。

3.1 加热与冷却

有些化学反应,特别是一些有机化学反应,往往需要在较高温度下才能进行;许多化学实验的基本操作,如溶解、蒸发、灼烧、蒸馏、回流等过程也都需要加热。相反,一些放热反应,如果不及时除去反应所放出的热,就会使反应难以控制;有些反应的中间体在室温下不稳定,反应必须在低温下才能进行;此外,结晶等操作也需要降低温度以减少物质的溶解度,这些过程又都需要冷却。所以,加热和冷却,是化学实验中经常遇到的。

加热与冷却的实质是以室温为参照系而进行的推动温度变化的操作,其目的是有利于反应的顺利进行。从技术上讲,都包括直接和间接两种方法。

3.1.1 加热

3.1.1.1 加热装置及使用方法

在化学实验中,常用酒精灯、酒精喷灯、煤气灯、电炉、电加热套、电热板等加热仪器。

(1)酒精灯的使用

酒精灯由灯罩、灯芯和灯壶三部分组成,如图 3-1 所示。酒精灯一般由玻璃制成,其灯罩带有磨口,不用时,将灯罩盖上,以免酒精挥发。酒精易燃,使用时必须注意安全。灯内酒精不能装得太满,不宜超过其容量的 2/3。应该用火柴点燃,切勿用燃着的酒精灯直接去点燃,否则灯内的酒精会洒在外面,容易引起火灾。添加酒精时,应先将灯熄灭,然后借助漏斗将酒精加入灯内。熄灭火焰时,用灯罩盖上即可,勿用嘴吹。酒精灯的温度通常为 400 ℃~500 ℃。

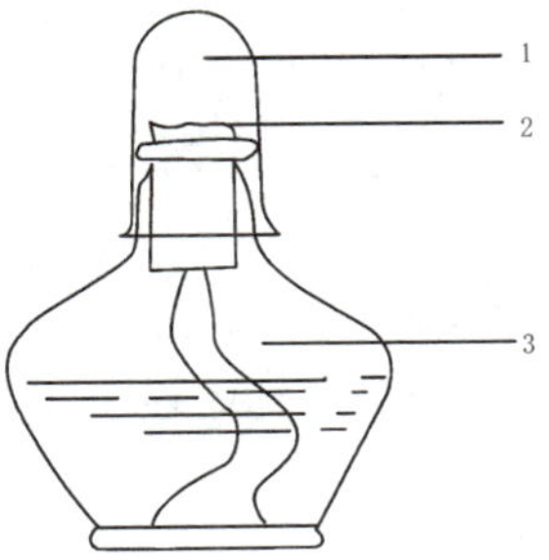

1.灯罩 2.灯芯 3.灯壶

图 3-1 酒精灯

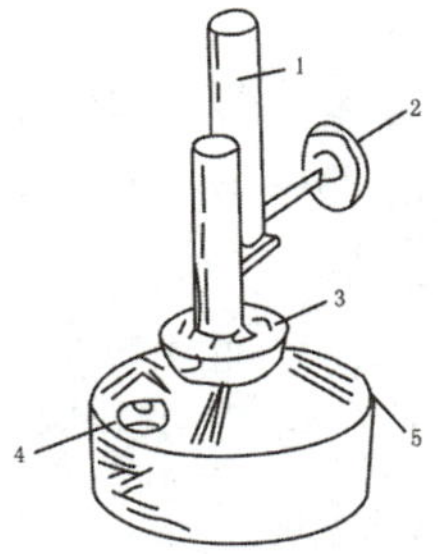

1.灯管 2.空气调节器
3.预热盘 4.壶盖 5.酒精储罐

图 3-2 座式酒精喷灯

(2)酒精喷灯的使用

实验室中常见的酒精喷灯的结构如图 3-2。使用时先在预热盘内注满酒精,然后点燃盘内的酒精,加热铜制灯管,待盆内酒精将近燃完时,打开空气调节器,用火柴点燃。

由于酒精在灼热灯管内气化，并与来自气孔的空气混合，燃着时即可得到温度很高的火焰。

使用喷灯时应先检查储罐中的酒精是否够用，不要在使用中途向储罐中添加酒精，因为外洒的酒精会立即引起火灾。在开启开关点燃管口以前，必须充分灼热灯管，否则酒精在灯管内不会全部气化，将有液体酒精从管口喷出，形成火雨，从而引起火灾。喷灯不用时，将开关关好。酒精喷灯的温度可达 700 ℃～900 ℃。

(3)煤气灯的使用

煤气灯也是实验中常用的加热器具，使用十分方便。它的样式虽多，但构造原理是相同的，由灯管和灯座所组成，灯管的下部有螺旋，与灯座相连，灯管下部还有几个圆孔，为空气的入口，如图 3-3 所示。旋转灯管，即可完全关闭或不同程度地开启圆孔，以调节空气的进入量。灯座的侧面有煤气的入口，可接上橡皮管把煤气导入灯内。灯座下面(或侧面)有一螺旋形针阀，用以调节煤气的进入量。

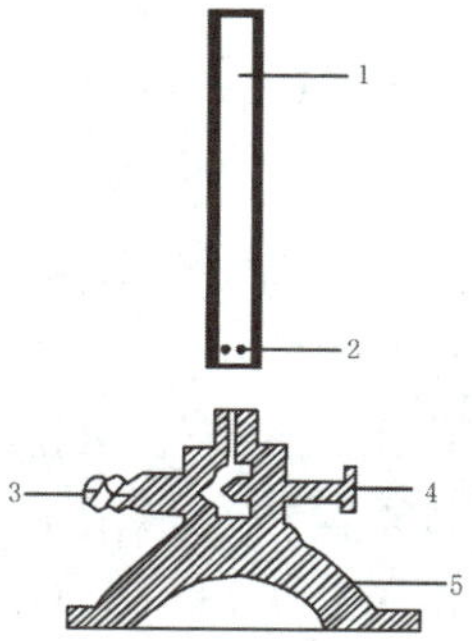

1. 灯管　2. 空气入口
3. 煤气入口　4. 针阀　5. 灯座

图 3-3　煤气灯

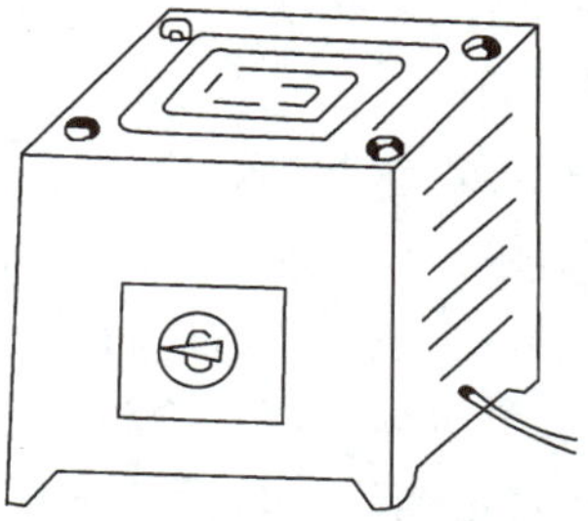

图 3-4　电炉

当灯管圆孔完全关闭时，点燃进入煤气灯的煤气，此时的火焰呈黄色(系碳粒发光所产生的颜色)，煤气的燃烧不完全，火焰温度并不高。逐渐加大空气的进入量，煤气的燃烧就逐渐完全，并且火焰分为 3 层。

· 焰心(内层)。煤气和空气的混合物并未燃烧，温度低，约为 300 ℃。

· 还原焰(中层)。煤气不完全燃烧，并分解为含碳的产物，所以这部分火焰具有还原性，称还原焰。温度较焰心较高。火焰呈蓝色。

· 氧化焰(外层)。煤气完全燃烧。过剩的空气使这部分火焰具有氧化性，称氧化焰。温度在 3 层中最高。最高温度处在还原焰顶端上部的氧化焰中，约为 800 ℃～900 ℃(煤气的组成不同，火焰的温度也有差异)，火焰呈淡紫色。实验时，一般都用氧化焰来加热。

当空气和煤气的进入量调节得不合适时，会产生不正常的火焰。当煤气和空气的进入量都很大时，火焰就临空燃烧，称为“临空火焰”。这种火焰不会持久，很快自行熄灭。

当煤气的进入量很小,而空气进入量很大时,煤气会在灯管内燃烧而不是在灯管口燃烧,这时还能听到特殊的“嘶嘶”声和看到一束细长的火焰,这种火焰叫“侵入火焰”。它将烧热灯管,一不小心就会烫伤手指。遇到临空火焰或侵入火焰时,就关闭煤气门,重新调节和点燃。

煤气中的CO有毒,使用时要注意安全。一般煤气中都含有带特殊臭味的报警杂质,漏气时使人很容易觉察。一旦发现有漏气,应立即关闭煤气灯,查明漏气原因并加以处理。

(4) 电加热装置

实验室中常见的电加热装置种类很多,常用的有电炉、电加热套、管式炉、马福炉、电热板等。它们的加热元件是各种电热丝,这些电热丝中要求升温至950 ℃。一般升温用镍铬丝;升温到1 300 ℃,可用钼丝;升温到1 600 ℃可用硅碳棒;升温到1 800 ℃用铂铑合金丝;升温到2 100 ℃则用铱丝。

① 电炉(图3-4)。根据功率的大小常有500 W,800 W,1 000 W,2 000 W等。电炉的优点是加热面积大,受热均匀;温度的高低可通过调节电阻来控制,因此在实验中广泛使用。使用时必须注意:防止电路短路;防止超越电路所允许的最大负荷;小心触电;严禁通电时操作加热物;不要把加热物品溅在电炉丝上,以免电炉丝损断。

一般电炉使用时,上面应盖一块石棉铁丝网,下面垫一较厚的石棉砖、大理石板,防止烤焦桌面。

② 电加热套(图3-5)。是玻璃纤维包裹着电炉丝织成的碗状电加热器。温度高低由控制装置调节,最高温度可达400 ℃左右。它的容积大小一般与烧瓶的体积相匹配,从50 mL起,各种规格都有。加热有机物时,由于它不是明火,具有不易引起火灾的优点,热效率高。在有机实验中常用作蒸馏、回流等操作的热源。

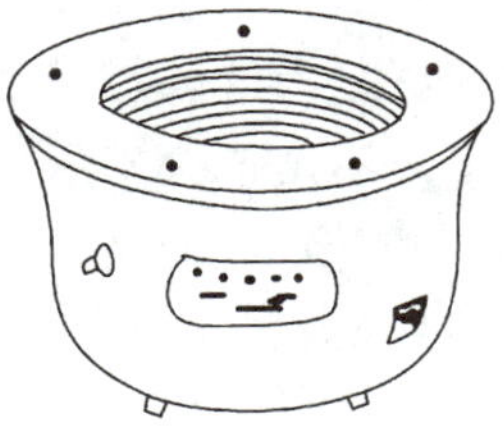
图3-5 电加热套

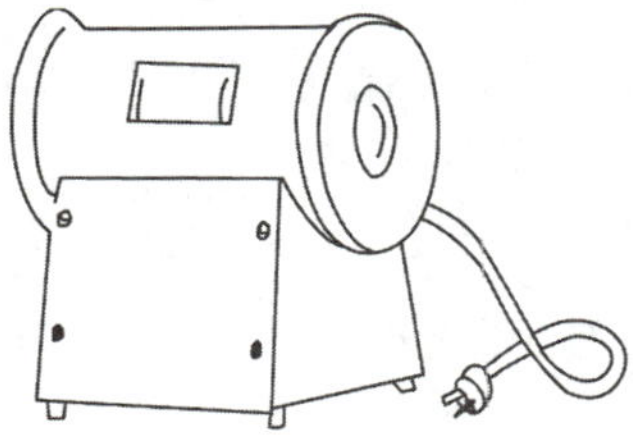
图3-6 管式炉

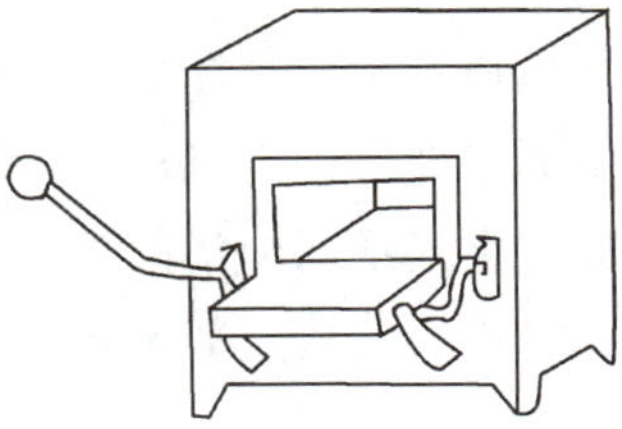
图3-7 马福炉

③ 管式炉(图3-6)和马福炉(图3-7)。它们都属于高温电炉,主要用于高温灼烧或进行高温反应。它们的外形不同但组成相似,均由炉体和电炉温度控制器两部分组成。加热元件是电热丝时,最高使用温度可达950 ℃;如果用硅碳棒加热,最高使用温度可以达到1 300 ℃左右。通常使用热电偶温度计。

管式炉有一管状炉膛,利用镍铬丝或硅碳棒来加热,炉膛中插入一根耐高温的瓷管或石英管,瓷管中再放入盛有反应物的瓷舟。反应物可以在空气气氛或其他气氛中受热。

马福炉的炉膛是一长方体，前有一炉门，打开炉门很容易放入要加热的坩埚。马福炉内不允许加热液体和其他易挥发的腐蚀性物质。如果有灰化滤纸或有机物成分，加热过程中适当打开炉门若干次以使氧气进去。

有时需要控制炉温在某一温度，只要把热电偶和一只接入电路的温度控制器连接起来，待炉温升到所需温度时控制器就把电源断开，使炉子的电热丝停止工作，炉温就停止上升。由于炉子散热，炉温刚稍低于所需温度时，控制器又把电源接通，使电热丝工作而炉温上升。不断交替通电、断电，就可把炉温控制在某一温度附近。

电热板和一般的电炉使用方法大致相同，通常在板上铺一层细沙。烧杯等一些器皿可直接放在上面加热。

3.1.1.2 加热操作

(1) 直接加热

高温灼烧或对温度无甚严格要求，并且快速升温的实验往往采用被加热的物体置于热源之中直接加热的方法。

(2) 水浴加热

水浴加热是在水浴锅(图 3-8)上进行的。当要求被加热的物质受热均匀，温度不超过 100 ℃时，可用煤气灯(或其他加热仪器)把水浴锅中的水煮沸，用水或水蒸气来加热。水浴上可放置大小不同的铜圈，以承受各种器皿。水浴锅中的水不要超过其容积的 2/3。加热时要随时补充水浴锅中的水，切勿蒸干。

实验室中也常用烧杯代替水浴锅，在烧杯中放一支架，可将试管放入，进行加热；在烧杯上放上蒸发皿，也可进行水浴蒸发浓缩。

比较先进的水浴加热装置是恒温水浴槽，它带有自动控温装置，使用起来方便得多。

(3) 油浴

当要求被加热物质受热均匀，温度又须高于 100 ℃时，可使用油浴。用油代替水浴锅中的水即成油浴，温度可达到 100 ℃～250 ℃。油浴所能达到的最高温度取决于所用油的种类。不同油浴的温度范围详见表 2-3。要注意的是，油温升高会产生油烟，当达到燃点时还会着火。如果发现油温过高而冒烟时，应停止加热。还应注意不要让水滴溅入油浴锅。

图 3-8 水浴锅

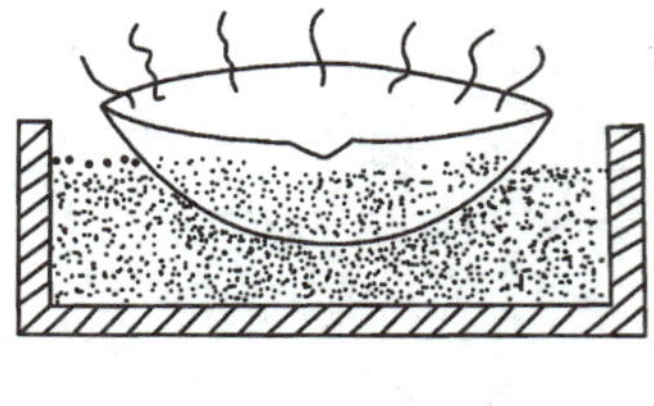

图 3-9 砂浴

(4) 砂浴

砂浴是一个充有一层均匀细砂的铁盘(图 3-9),它用煤气灯加热。被加热的器皿放在砂上,或部分埋入砂层中。若要测量砂浴的温度,可将温度计的水银球埋在靠近被加热器壁近处的砂中。一般的砂导热较慢,砂浴的温度不好控制,如果用铁砂代之,则传热效果较好,同时也便于控制温度。注意,谨防热火烧穿盘底,故以温火加热为宜,同时要知道,盘底反射热能将盘下的桌面烤焦,因此需在桌面上铺上一块厚石棉板。

除水浴、油浴和砂浴外,还有盐浴、硫酸浴、合金浴等,这里不再一一介绍。

3.1.1.3 液体的加热

(1)直接加热

适用在较高温度下难以分解、变质、不挥发且不宜燃烧的溶液和纯液体。一般将装有液体的器皿放在石棉网上用煤气灯(或酒精灯)加热,加热过程中要不断用玻璃棒搅拌,以防爆沸。

(2)水浴上加热

适用于 100 ℃以上易分解、变质,或易挥发燃烧的溶液或纯液体。

(3)在试管中加热

试管中的液体可直接放在火焰上加热。用试管加热时应注意以下几点:

· 用试管夹夹持试管中上部,管口向上,略倾斜,不要用手拿着试管加热。

· 为了使试管各部分受热均匀,先加热中上部,再慢慢下移,要不时地上下移动,不要集中在试管的某一部位加热。

· 不要用管口对着自己和别人,以免因液体局部受热喷出而伤人。

3.1.1.4 固体的加热

固体药品通常用酒精灯、煤气灯、电炉等直接加热。

3.1.2 冷却方法

一些化学反应需要在低温条件下进行,而另一些化学反应需要传递出产生的热量;有的制备操作像结晶、液态物质的凝固等也需要低温冷却。在一般的无机化学实验中常借助于流动的空气和冷水(自来水)带走热量而使体系温度下降,如我们常用的冷凝管。低于摄氏零度的实验采用冰水浴或具有制冷功能的恒温水槽,更低的温度就只得靠各种制冷剂来降温,一般的制冷剂有冰和盐,此外还有干冰和有机溶剂、液氨、液态空气、液氮等。

(1)冰和盐冷却法

将冰破碎成粗砂糖状,最好使用刨冰机破碎。刨的方法是沿着冰面方向操作,否则只能将冰弄碎,而难以将冰刨细。

将粗砂状的冰和盐,每次少量交替放入保温瓶中,放入后进行搅动,由于细冰会冻结成块,搅动时注意不要将瓶打破。

通常实验干燥用的氯化钙是无水盐，溶于水会放出大量的热，所以不能用作制冷剂，若将无水氯化钙与等量的水加热溶解，冷却至 30 ℃以下，则得到 $CaCl_2 \cdot 6H_2O$，将其捣碎并和冰混合就可作为制冷剂。

用盐和冰作为制冷剂时，其理想的最低制冷温度如表 3-1 所示，可是由于不能充分混合，要达到表中所列温度是困难的。例如，使用氯化钙时，若用 0 ℃的冰和室温下的盐相混合，最低只能达到－20 ℃，若用该制冷剂预先冷却冰和盐后再混合，则其制冷温度进一步降低直至接近表中的数值。

表 3-1　冰盐的配比及其最低制冷温度

盐	冰含量(%)	盐含量(%)	最低温度(℃)
NH_4Cl	80	20	－15.4
NaCl	75.2	24.8	－21.4
$CaCl_2 \cdot 6H_2O$	41.2	58.8	－54.9

(2)干冰和有机溶剂

将干冰放入坚固的浅木箱中，捣碎。为了不致引起冻伤，要戴上手套操作。将捣碎的干冰装至杜瓦瓶内 2/3 处，逐次加入少量的溶剂，并用筷子很快搅拌成粥状。注意，如溶剂一次加入很多时，由于干冰的汽化会把溶剂溅出。

这种制冷剂的温度随溶剂的不同而有些不同(见表 3-2)，但都是在普通温度计的测定界限以下。

表 3-2　干冰制冷剂的溶剂和温度

乙醇	乙醚	丙酮
－86 ℃	－77 ℃	－86 ℃

使用干冰和有机溶剂配成的制冷剂时，干冰会汽化跑掉，要随时加以补充。这种制冷剂理应可以使用很长时间，但实际上由于干冰本身内含有相当多的水分，而且空气中的水分也可以进入，这样使溶剂中的水分增加，最终使溶剂变黏稠而难以使用。

(3) 液态空气与液氮

利用低沸点的液态气体，可获得更低的温度，如液态氮可达－195.8 ℃，液态氧可达到－183 ℃，液态空气的温度居于前二者之间，而液态氦的温度可达到－268.9 ℃。使用液态气体时应特别注意操作安全。液氧不要与有机物接触，防止燃烧事故发生。为防止低温冻伤事故发生，操作时必须戴皮手套和防护眼镜。一般低温冷浴也不要直接用手触摸制冷剂。

参考文献

[1] 孙尔康，徐维清，邱金恒编．物理化学实验．第 1 版．南京：南京大学出版社，1998

[2] 金丽萍,邬时清,陈大勇编. 物理化学实验. 第2版. 上海: 华东理工大学出版社,2005

[3] 北京大学化学学院物理化学实验教研组. 物理化学实验. 第4版. 北京: 北京大学出版社,2002

(耿志远)

3.2 物质的干燥

所谓干燥,就是清除物质中含的水分。根据被干燥物质中水分子的结合方式和物质本身性质的差异,物质干燥有物理干燥和化学干燥两种方法。物理方法主要通过机械挤压、离心分离以及加热等使水分脱离,而化学方法则主要靠化学吸附剂吸附水分来达到干燥的目的。下面我们对固体、液体和气体的干燥方法做一介绍。

3.2.1 固体的干燥方法

固体试样的干燥方法大致可分为使用干燥剂的方法和通过机械挤压或加热的物理方法,为了提高干燥的效果,经常是几种方法配合使用。

3.2.1.1 使用干燥剂的方法

(1)干燥器法

这是实验室中最常用的方法。最常用的干燥器如图3-10所示。干燥器的下部装有干燥剂,其上放置一块带孔的圆形瓷板以承放装固体的容器。干燥器的口上和盖子的边缘下面都带有磨口,在磨口上涂有一层很薄的凡士林、润滑剂等,这样可以使盖子盖得很严,以防外界的水汽进入干燥器内。欲干燥的物质若见阳光会发生变化时,可用带色玻璃制造的干燥器。如能用真空泵抽掉干燥器内部的空气使其减压,则欲干燥物质所含水分比在常压下的蒸发要快得多,从而能快速干燥,这种干燥器称为减压(或真空)干燥器,如图3-11所示。

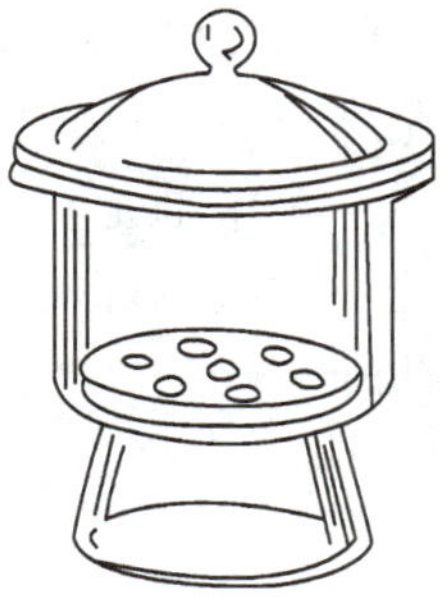

图3-10 干燥器

图3-11 真空干燥器

搬动干燥器时，两手左右分开，用两只手的拇指压着盖的上缘，食指卡住干燥器口上的凸缘，方可搬动。严禁用一只手将干燥器抱在怀中，以免盖子滑落而打碎。打开干燥器时，以一只手轻轻扶住干燥器，另一只手沿水平方向移动盖子，以便把它打开后盖上。干燥器长期放置而打不开时，可将整个干燥器均匀温热，用薄的铁片塞在缝中轻轻撬开即可。减压干燥器的活塞转不动，可用蘸有温水的布包裹该部位，然后再从活塞上慢慢加一些热水再扭动活塞。

温度很高的物体应待冷却后再放进去，放入后，一定要在短时间内把干燥器的盖子打开一两次，防止因干燥器内空气受热而增大压力将盖子冲动或因干燥器内的空气冷却而使其中压力降低而盖子难以打开。

如用水泵抽气使干燥器减压时，要注意水的倒流回吸。要使减压干燥器内部恢复常压时，不能一下子将活塞全部打开，而要慢慢放进空气，否则干燥的试样会飞溅。此外，如果进入潮湿空气，会使干燥过的试样又吸湿，为此最好使空气通过氯化钙干燥管后，再进入干燥器。

干燥器中常用的干燥剂如下：浓硫酸、五氧化二磷、氯化钙、生石灰、氢氧化钠及氢氧化钾、氧化钡、硅胶。但一般多见用硅胶，它吸湿性很强。市售的硅胶常混有氯化钴，它在无水时为蓝色，吸湿后变为粉红色，当变为粉红色时就要更换。把更换的硅胶置于烘箱中烘干（变为蓝色）再生。

(2)其他方法

不溶于乙醇及乙醚的物质，可先用乙醇洗，然后再用乙醚洗，蒸发掉乙醚就达到干燥的目的。这种方法适用于移液管、滴定管等玻璃容器的干燥。

3.2.1.2 物理方法

(1) 挤压法

简单的方法是在抽滤时，用玻璃塞子等物的扁平部分挨压沉淀，也可将试样夹在数张滤纸间用手按压或压上重物，使之干燥，还可以用压榨器压榨。若沉淀是大颗粒的晶体则直接采用抽干的方法。

(2) 加热法

有的试样在很低的温度下会分解，所以要选择合适的加热温度。加热温度在 100 ℃以下的，可将试样放在水浴上的蒸发皿中，或放入水蒸气干燥器中。水蒸气干燥器是在两层器壁内部通热水进行间接加热。使用水浴或水蒸气干燥器时，要注意加热过程中不能断水。加热温度超过 100 ℃以上时，通常用电烘箱，但如要除去的溶剂是易燃的，决不能使用电烘箱。此外，还有吹热风进行干燥的方法，使用大小合适的吹风机较为方便，有条件的可使用气流烘干器（图 1-6），以及能够加热减压的真空烘箱。

3.2.2 液体的干燥方法

(1) 蒸发或蒸馏方法

若要干燥的液体非常难以挥发，经简单的蒸发或蒸馏，就能将水分等先蒸发出来。

除去甘油中的水分就是一例。

(2) 使用干燥器的方法

要干燥的液体量少时,可和干燥固体一样,放置于内有适当干燥剂的干燥器中。

(3) 使用干燥剂的方法

本方法是将干燥剂直接加到所要干燥的液体中去。实验室常用无水盐类作这种方法的干燥剂。加入干燥剂后不断进行振荡,振荡比静放干燥速度快,加温则效果更明显,但是温度要控制在干燥剂不至于又分离出水的程度。干燥完毕后,可用下述方法分离干燥剂:

· 干燥剂吸收大量水成为溶液而分成两层时,可用分液漏斗分离。

· 干燥剂还保留固体形状时,可过滤上层清液后再蒸馏。

不能使用固体干燥剂时,可将干燥的气体通过液体试样进行干燥。此法与气体的干燥法完全相反,但所用装置可完全相同。所通气体绝对不能和被干燥液体发生作用。

附录四中表 1 列举了一般用于干燥液体有机化合物的干燥剂。

3.2.3 气体的干燥方法

气体干燥方法可分为使用固体干燥剂、液体干燥剂以及液体与固体联合的方法。最重要的是选用合适的干燥剂,必须选择与所要干燥的气体不发生化学反应的干燥剂。一般说来,试样为中性时,选用氯化钙等中性物质;试样为酸性时,选用酸性干燥剂;试样为碱性时,选用碱性干燥剂。如附录四表 2 所示。

参考文献

[1] 郑化桂编. 实验无机化学. 合肥:中国科学技术大学出版社,1988

[2] 李福金,王文江译. 基础化学实验大全Ⅰ. 第 1 版. 北京:科学普及出版社,1985

[3] 古凤才,肖衍繁主编. 基础化学实验教程. 第 1 版. 北京:科学出版社,2000

(耿志远)

3.3 压强、真空及测量

物理学中的压力概念,是指当一个作用力垂直作用于物体时,受力物体会产生形变。在化学热力学中,压力 p 是指大量气体分子与器壁碰撞,在单位面积上产生的力,它是气体分子作用的统计平均值。所以化学热力学中常研究的压力,实际上是指气体的压强。

300 多年来,对压力概念的认识在不断地深化,在实验和使用中积累了大量的资料。各国在历史上广泛采用各自不同的单位制,上世纪中叶才趋于统一用国际单位制(SI 制),其单位是帕(Pa),$1Pa = 1\ N/m^2$。但由于历史原因,在气象学、工程技术等领域的文献中常用一些其他单位，例如巴(bar)、毫米汞柱(mmHg)、标准大气压(atm)等。

“真空”是指压力小于101.3 kPa(一个标准大气压)的气态空间。通常，人们说宇宙空间是没有空气的真空。真空一词，字面意思就是“完全空”，“空无一物”，“什么都没有”。但是，实地检测一下航天飞机轨道附近的空间，却发现那里仍然存在着稀薄的空气。即使是真空包装袋和暖水瓶瓶胆夹层里面，也不是什么都没有。无论采用什么办法，都无法使我们所说的真空真的是“没有一点空气”。我们所说的真空，不过是“空气极其稀薄的空间”罢了。可见，真空并不真正的“空”，处于真空状况并非没有物质存在，它只不过比101.3 kPa(一个标准大气压)的压强低而已。这里就存在一个参照系和参照标准的问题，无论真空还是高压，其参照标准都是101.3 kPa(一个标准大气压)。所以负压并非没有“压”，更不会是不但没有“压”，还倒欠体系的“压”。

高压和真空都是非自然压力，实验室的高压和真空是通过专用设备(如压缩机和真空泵等)获得的。高压和真空的测量也是通过专门的仪表(如压力表和真空计等)来完成的。

3.3.1 压缩机

压缩机从1640年由德国试制成功到目前已有几百年历史。压缩机是一种将气体压缩从而提高气体压力或输送气体的机器。

常用的气体压缩机按结构形式的不同，分为往复式(活塞式、膜片式)压缩机、回转式(旋转式)压缩机、涡轮式(水环式)压缩机、轴流式压缩机、喷射式压缩机及螺杆压缩机等各种类型。多年来，我国压缩机制造业取得重要进步。例如，催化裂化装置用的主风机和富气压缩机、加氢装置用的循环氢压缩机、新氢压缩机、乙烯三大压缩机、化肥四大压缩机组等已大量在石化生产中应用。化学实验室应用最为广泛的是往复式(活塞式)压缩机。

现将实验室常用的往复式(活塞式)压缩机的基本知识作一简单介绍。

活塞式压缩机是由电动机带动皮带轮通过联轴器直接驱动曲轴，带动连杆与活塞杆，使活塞在压缩机气缸内作往复运动，完成吸入、压缩、排出等过程，将无压或低压气体升压，并输出到储压罐内。其中，活塞组件、活塞与汽缸内壁及汽缸盖构成容积可变的工作腔，在曲柄连杆带动下，在汽缸内作往复运动以实现汽缸内气体的压缩。

压缩机的优点：

· 适应较广泛的压力范围。
· 热效率高，单位耗电量少，加工方便。
· 对材料要求低，造价低廉。
· 生产、使用、设计、制造技术成熟，装置系统较简单。

压缩机的缺点：

· 转速受到限制。
· 结构复杂，易损件多，维修工作量大。

· 运转时有震动。

· 输气不连续、气体压力有波动。

压缩机的排气量是压缩机的重要指标。采取以下几种方法可以有效地提高压缩机的排气量：

· 尽可能使余隙容积减小。

· 尽可能改善气缸的冷却状况，或者降低进气温度。

· 适当扩大气缸（或缸套）的内径，同时增大活塞的外径，用以增加行程容积。但同时需考虑气缸的强度和活塞力是否允许等。

· 增加压缩机转速，能使压缩机排气量与转速成正比地增加，效果显著。但要考虑到增加转速同时也会带来一些不利因素。例如，电机功率可能不够；气阀、活塞环及添料函等易损件寿命可能降低，检修频繁；运动机构惯性力增大，压缩机振动加剧等。因此，确定增加压缩机转速的方案之前需作比较全面的分析和核算才行。

3.3.2 真空泵

凡能从容器中抽出气体，使气体压力降低的装置，均可称真空泵。真空泵用于抽吸气体或蒸气以获得真空。在化学工业与科学实验中，真空泵是常见实验装置。根据其结构的不同，真空泵可分为旋片真空泵、往复真空泵、罗茨真空泵、滑阀真空泵、液环真空泵、喷射泵等。为了达到一定的真空度，也有将两种或以上真空泵组合起来形成机组的。表 3-3 列出了国内广泛使用的部分真空泵和真空机组。

表 3-3 国内部分真空泵一览表

名 称	型 号	抽气速率	极限真空/Pa	配用功率/kW
旋片真空泵	2X(Z)型旋片式真空泵	0.5～70 L/s	6×10^{-2}	0.55～5.5
	XD、X 单级旋片真空泵	2.8～150 L/s	2×10^{-2}	0.37～15
	X 型单级旋片真空泵	30～150 L/s	6	4～11
往复真空泵	W 型往复真空泵	32～300 L/s	2000	4～30
		55～600 L/s	2 000	5.5～45
罗茨真空泵	ZJ 型罗茨真空泵	30～5 000 L/s	5×10^{-2}	0.75～55
		70～3 000 L/s	5×10^{-2}	1.1～30
滑阀真空泵	H 型滑阀真空泵	8～600 L/s	1	1.1～55
		70～600 L/s	1	7.5～55
	2H 型滑阀真空泵	8～150 L/s	0.1	4～15

液环真空泵	2BE1、CBF 型水环式真空泵	2～450 m^3/min	3.3× 10^3	7.5～710
	2BE1 型双级水环式真空泵	5～320 m^3/min	3.3× 10^3	11～380
	2BV 型水环式真空泵	0.3～8.3 m^3/min	3.3× 10^3	0.81～15
	2SK 型双级水环式真空泵	0.4～30 m^3 min	3.5× 10^3	2.2～55
	S、SK 型水环式真空泵	0.67～25 m^3/min	3.5～4× 10^3	1.5～55
	SK 型水环式真空泵	0.4～120 m^3/min	(8～15)× 10^3	1.1～185
	SZ、SK 型水环式真空泵	1.5～27 m^3/min	(5～14)× 10^3	5.5～75
	SK、2YK 型水环式真空泵	5～280 m^3/min	10^4	22～380
	FSK 型水环式真空泵	3～9 m^3/min	(5～14)× 10^3	7.5～22
	YL 型液环式真空泵	5～25 m^3/min	9× 10^4	30～132
真空泵机组	JZJ 型罗茨、旋片真空泵机组	30～1 200 L/s	(1～5)× 10^{-2}	1.3～26
	JZJ1 型罗茨、旋片真空泵机组	70～1 200 L/s	(5～10)×10^{-2}	4.3～22.5
	JZJS 型罗茨、水环真空泵机组	70～600 L/s	25～650	7～39.5
	JZJ1S 型罗茨、水环真空泵机组	150～600 L/s	25～650	9.7～24.7
	JZJH 型罗茨、滑阀真空泵机组	300～1 200 L/s	10^{-1}	11.5～26
	2BW4 型水环真空泵成套机组	10～95 m^3/min	10^3	45～185

现仅将油封机械真空泵的原理和使用注意事项作一简单介绍。

3.3.2.1 油封机械真空泵的结构与原理

化验室内常用的真空泵，真空度一般为 1～101 Pa。这种泵有一个钢制的圆筒形定子，定子里有一个偏心的钢制实心圆柱作为转子，转子直径上嵌有带弹簧的滑片，当电机带动转子转动时，滑片在圆筒形的腔体中运转，使泵腔隔成两个区域，其容积周期地扩大和缩小。将待抽的气体容器接在泵的进气口后，当泵腔空间增大时，吸入待抽气体，随着转子转动，气体被压缩后从排气口排出。转子不断转动，吸气、压缩、排气过程不断重复进行，容器内气体不断减少，气压不断降低。

整个机件浸在盛润滑油的箱中，润滑油的蒸气压很低，能起到润滑、密封和冷却作用。

3.3.2.2 真空泵的用途及使用注意事项

(1) 真空泵在实验室的用途

· 真空干燥。真空泵与干燥箱连接，样品在真空干燥箱中能在较低温度下除去样品中的水分及难挥发的高沸点杂质，以免样品在高温下分解。

· 真空蒸馏。即减压蒸馏，可以降低物料的沸点，使其在较低温度下进行蒸馏。适用于在高温下易分解的有机物的蒸馏。

· 真空过滤。对难于过滤的物料，真空过滤可以加快过滤速度。

·精密测试。在稀薄气体条件下进行的实验,如质谱分析等。

·其他。还可用于需要抽真空的试验,如管道换气等。

(2) 使用注意事项

·开泵前先检查泵内油的液面是否在油孔的标线处。油过多,在运转时会随气体由排气孔向外飞溅;油不足,泵体不能完全浸没,达不到密封和润滑作用,对泵体有损坏。

·真空泵由电动机带动,使用时应使电源电压与电动机要求的电压相符。对于三相(380V)电动机,送电前要先取下皮带,检查电动机转动方向是否相符,勿使电动机倒转,造成泵油喷出。检查完后,再连上皮带。

·真空泵不可直接抽可凝性蒸气,如水蒸气、挥发性液体,以及腐蚀性气体如 HCl,Cl_2 和 NO_2 等。为防止这些气体进入泵内,应在进气口前连接一个或几个净化器,根据实际需要内装无水 $CaCl_2$ 或 P_2O_5 以吸收水分,装石蜡油吸收有机蒸气,装活性炭或硅胶吸收其他蒸气,装固体 NaOH 吸收腐蚀性气体。

·真空泵运转时要注意电动机的温度,不可超过规定温度(一般为 65 ℃)。不应有摩擦和金属撞击声,如有异常,应停机请专业人员检修。

·停泵前,应使泵的进气口先通入大气后再切断电源,以防泵油返压进入抽气系统。为此,在进气口处最好接一个三通活塞,停机前使三通活塞处于既使系统保持真空,又使泵体通大气的位置。

·真空泵应定期清洗进气口处的细纱网,以免固体小颗粒落入泵内,损坏泵体,使用半年或一年后,必须换油。

3.3.3 压力计

在化学工业与科学实验中,过程的操作压力是一个非常重要的参数。压力测量仪器种类很多,现将实验室常用的液柱式压力计、弹簧管压力计作一简单介绍。

3.3.3.1 液柱式压力计

液柱式压力计是利用液柱所产生的压力与被测介质压力相平衡,然后根据液柱高度来确定被测压力值的压力计。液柱所用的液体种类很多,可以采用单纯物质,也可以用液体混合物,但所用液体在与被测介质接触处必须有一个清楚而稳定的分界面,也就是所用液体不能与被测介质发生化学作用或混合作用,以便准确地读数。同时所用的液体密度及与温度的关系必须是已知的,液体在环境温度的变化范围内不应汽化或凝固,常用的工作液体有水银、水、酒精、甲苯等。

(1) U 形管压力计原理

U 形管压力计的结构如图 3-12 所示。它是一根弯成 U 形的玻璃管 1 和 2,在 U 形管中间装刻度标尺 3,读数的零点在标尺的中央,管内充满液体至零点处。管 1 与被测介质相接通,管 2 则通大气。

如果被测介质是气体,可得到被测的压力 p_x 为:

$$p_x = h\rho g$$

式中：ρ—工作液体的密度，kg/cm^3；g—重力加速度，m/s^2。

如果被测介质是液体，平衡时还要考虑被测介质的密度，被测压力为：

$$p_x = h\ (\rho - \rho_x)\ g$$

式中：ρ_x—被测介质的密度，单位为 kg/cm^3。

(2) 液柱式压力计使用注意事项

液柱式压力计虽然结构简单、使用方便、测量准确度高、但耐压程度差、结构不牢固、容易破碎、测量范围小、示值与工作液体密度有关，因此在使用过程中必须注意以下几点：

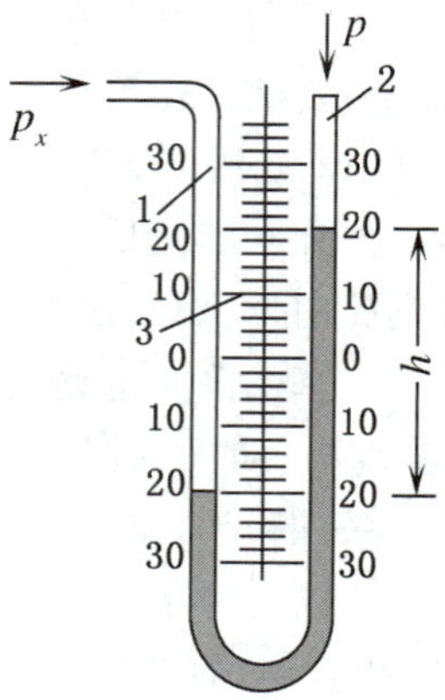

图 3-12　U 形管压力计

· 被测压力不能超过仪表测量范围。有时因被测对象突然增压或操作不注意造成压力增大，会使工作液被冲走。若是水银工作液被冲走既带来损失，还可能造成水银中毒的危险，在工作中要特别注意！

· 被测介质不能与工作液混合或起化学反应。当被测介质要与水银混合或发生反应时，则应更换其他工作液或采取加隔离液的方法。

· 液柱压力计安装位置应避开过热、过冷和有震动的地方。因为过热使工作液容易蒸发，过冷使工作液可能冻结，震动太大会把玻璃管震破，造成测量误差，有时根本无法指示。一般的，冬天常在水中加入少许甘油或者采用酒精、甘油、水的混合物作为工作液以防冻结。

· 由于液体的毛细现象，在读取压力值时，视线应该在液柱面上，观察水时应看凹面处，观察水银面时应看凸面处。

· 水平放置的仪表，测量前应将仪表放平，再校正零点。如果工作液面不在零位线上，可调零位器或移动可变刻度标尺或灌注工作液体等，使零位对好。

· 水平液为水时，可在水液中加入一点红墨水或其他颜色，以便观察读数。

· 在使用过程中保持测量管和刻度尺的清晰，定期更换工作液。经常检查仪表本身和连接管之间是否有泄漏现象。

3.3.3.2　弹簧管压力计

弹簧管压力计主要由弹簧管、齿轮传送机构、示数装置(指针和分度盘)以及外壳等几个部分组成。

为了保证弹簧管压力计正确指示和长期使用，一个重要因素是仪表的安装和维护质量。在使用和安装时应注意下列各项规定：

· 仪表工作在正常允许的压力范围内，在静压力下一般不应该超过测量上限值的70%，在波动压力时，不应该超过测量上限的60%。

· 工业用压力表应该在环境温度为－40 ℃～＋60 ℃，相对湿度不大于80%的条件下使用。

· 仪表安装处与测定点间的距离尽量短，以免指示迟缓。

· 在振动情况下使用仪表时需要使用减震装置。

· 测量结晶或黏度较大的介质时,要加装隔离器。

· 仪表必须垂直安装,无泄漏现象。

· 仪表的测定点与仪表的安装处应处与同一水平位置,否则将产生附加高度误差。必要时需加修正值。

· 测量爆炸、腐蚀、有毒气体的压力时,应该使用特殊的仪表。氧气压力表严禁接触油类,以免爆炸。

· 仪表必须定期校验,合格的表才能使用。

3.3.4 真空计

真空状态下气体的稀薄程度,常以压强值表示,习惯上称作真空度。不同的真空状态,意味着该空间具有不同的分子密度。在现行的国际单位制(SI)中,真空度的单位与压强的单位均为帕斯卡(Pasca),简称帕,符号为 Pa。

真空计是一种测量真空系统气体压力的仪器,其测量部分为真空规。真空规一般可分为绝对和相对真空规两大类,前者如麦克劳(McLeod)真空规,或称麦氏真空规,后者如热偶规、电离规等。

热偶规或电离规与指示仪表组成的仪器即通常所称的真空计。

绝对真空规目前多用于校正。在教学、科研和生产中常用相对真空规。

在 10^{-6}～101 Pa 范围内,热偶规和电离规是使用最多的两种规管。现简单介绍如下。

3.3.4.1 热偶规

(1) 热偶规工作原理

热偶规适用于测量 10^{-1}～10^{1} Pa 的低真空系统。

热偶规核心部分为热丝和热偶丝,其附属设备为电源和用于热电势测量的毫伏表。

(2) 热偶规的使用方法

①工作电流的确定

热偶规管在启封之前的真空度一般为 10^{-3}～10^{-2} Pa,具体数值在出厂时均有标示。将未启封的热偶规管通过缆线与复合真空计相接。将规管选择开关置于"热偶"处。通电预热 10 min,将热偶规状态选择开关置于"测量"处,调节热偶规加热电流旋钮,使表头指针恰好指在规管出厂时标示的压力处,并保持 3 min 不变,再将开关拨到"电流"位置。如此反复测量 3 次。此时表头上的电流示值即为该热偶规的工作电流值,通常为 110 mA 左右。热偶规管使用一段时间后应定期校正。

②规管安装

将规管启封,使规管启封口朝上,底座朝下,垂直安装于被使用的真空系统上,接入方式可用适当长度的真空橡皮管或各种类型的插压密封座。对玻璃系统可直接焊封上去。

③真空度的测量

热偶规主要用于低真空的测量。在规管与真空系统连接好之后，将规管选择开关拨到“热偶”位置，接通总电源，仪器右上角的指示灯同时显示。调整加热电流旋钮至启封前所确定的工作电流值。然后将操作开关拨到“测量”位置，表头中间一行刻度值即为此时系统的真空度。

3.3.4.2 电离规

电离规可以认为是一个特制的三极管，它适用于 $10^{-6}\sim10^{-1}$ Pa 的高真空系统。

当系统达到高真空（$<10^{-1}$ Pa）时，才可以使用电离规进行测量。此时将规管选择开关拨到“电离”位置，接通电源，仪器进入工作状态。测量除气转换开关置于“测量”，电离规操作开关拨到“发射”位置，按下启动按钮，即能听到仪器内部继电器吸动声。此时电离指示灯点亮，表示电离规管已加热工作。调节灯丝发射电流旋钮，使表头指针至红线刻度“5”处，即发射电流为 5 mA。将电离规操作开关拨到“调零”位置，调节满度调节旋钮，使表头指示为零位。再拨到“满调”位置，并调节满调旋钮使表头指针至满刻度。如此反复 3 次。然后将操作开关顺时针拨到适当挡位，表头最外一行刻度值乘上该挡位的数量级，即为系统的真空度。

当系统压力低达 1×10^{-3} Pa 时，应对电离规管进行除气。将测量除气转换开关拨到“除气”位置，同时将操作开关灵敏度降低一档。除气完毕，则将开关拨回“测量”位置。注意，除气时间不宜过长。

3.3.4.3 复合真空计

复合真空计与热偶及电离规联合配套使用。各种牌号产品的工作原理及面板开关大同小异，图 3-13 为 SG-3 型复合真空计的正视图。

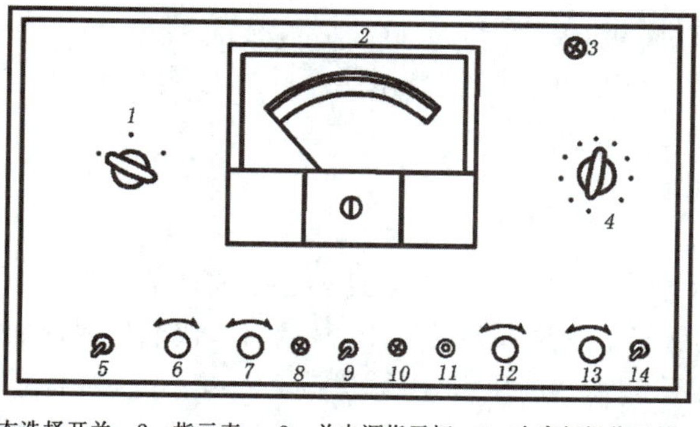

1. 热偶规状态选择开关　2. 指示表　3. 总电源指示灯　4. 电离规操作开关
5. 总电源开关　6. 热偶规加热电流旋钮　7. 热偶规满度调节旋钮　8. 热偶规工作指示灯
9. 热偶-电离规管选择开关　10. 电离规指示灯　11. 电离规启动按钮
12. 灯丝发射电流调节旋钮　13. 零调旋钮　14. 测量-除气转换开关

图 3-13　SG-3 型复合真空计控制面板

3.3.5 气压计

测定大气压力的仪器称气压计，气压计的种类很多，实验室常用的有福廷(Fortin)式气压计和固定杯式气压计。现简单介绍如下。

3.3.5.1 福廷式气压计结构原理

福廷式气压计是一种单管真空汞压力计，其结构如图 3-14 所示。

福廷式气压计是以汞柱来平衡大气压力。大气压力的单位，原来直接以汞柱的高度(即毫米汞柱或 mmHg)来表示。近来生产的新产品气压计是以国际单位 Pa 或 kPa 来表示。在气象学上，也常用 bar 或 mbar 作单位。

福廷式气压计主要结构是一根长 90 cm、上端封闭的玻璃管，管中盛有汞，倒插入下部汞槽内，玻璃管中汞面上部是真空，汞槽下部是用羚羊皮袋作为汞贮槽，它既与大气相通，但汞又不会漏出。在底部有一调节螺旋，可用来调节其中汞面的高度。象牙针的尖端是黄铜标尺刻度的零点，利用黄铜标尺上的游标尺，读数的精度可达 0.1 mm 或 0.05 mm。

从以上可看出，当大气压力与汞槽内的汞面作用达到平衡时，汞就会在玻璃管内上升到一定高度，通过测量汞的高度，就可确定大气压力的数值。

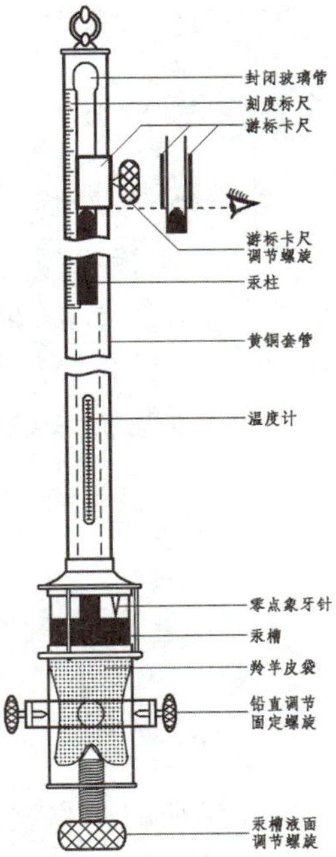

图 3-14　福廷式气压计结构示意图

3.3.5.2 气压计的使用方法

(1) 铅直调节

福廷式气压计必须垂直放置。在常压下，若与铅直方向相差 1°，则汞柱高度的读数误差大约为 0.015%。为此，在气压计下端，设计一固定环，在调节时，先拧松气压计底部圆环上的 3 个螺旋，令气压计铅直悬挂，再旋紧这 3 个螺旋，使其固定。

(2) 调节汞槽内的汞面高度

慢慢旋转底部的汞面调节螺旋，使汞槽内的汞面升高，利用汞槽后面白瓷板的反光，注视汞面与象牙针间的空隙，直至汞面恰好与象牙针尖相接触，然后轻轻扣动铜管使玻璃管上部汞的弯曲正常，这时象牙针与汞面的接触应没有什么变动。

(3) 调节游标尺

转动游标尺调节螺旋，使游标尺的下沿边与管中汞柱的凸面相切，这时观察者的眼睛和游标尺前后的两个下沿边应在同一水平面。

(4) 读数

游标尺的零线在标尺上所指的刻度，为大气压力的整数部分(mm 或 kPa)，在从游标尺上找出一根恰与标尺某一刻度相吻合的刻度线，此游标刻度线上的数值即为大气压力的小数部分。

(5) 整理工作

向下转动汞槽液面调节螺旋，使汞面离开象牙针，记下气压计上附属温度计的温度读数，并从所附的仪器校正卡片上读取该气压计的仪器误差。

参考文献

[1] 高慎琴主编．化工机器．第1版．北京：化学工业出版社，1992

[2] 刘 珍主编．化验员读本(下册)．第3版．北京：化学工业出版社，1998

[3] 雷良恒，潘国昌，郭庆丰编著．化工原理实验．第1版．北京：清华大学出版社，1994

[4] 复旦大学等编．物理化学实验．第2版．北京：高等教育出版社，1993

(孙都成)

3.4 固体样品的处理

化学研究中物质对象都是使用的该物质的样品，称为试样。样品最重要的要求是具有代表性。样品可有不同的相态，其中，固体是最常见的一类相态。由于固体样品的非流动性，往往构成复杂且非均一。因此，为了满足研究的要求，固体样品都需要进行不同的预处理。

3.4.1 物理处理

物理处理是指利用机械、重(浮)力、电磁光等手段对固体物料进行破碎、均匀、富集等操作，以利进一步对样品进行分析加工。物理处理最大的优点是样品直接反映了目标物质* 在物料中原有的化学形态，成本也较低，但对于目标物质含量(品位)太低、嵌布粒度细和结合形态复杂的物料，物理处理就显得有点力不从心。

3.4.1.1 粉碎

生产上的固体物料，如矿石、工业废渣常常需要粉碎才能使用。粉碎不仅使样品物料变小，有利于改善反应界面，而且也是非均一物料均匀化的措施。工业上使用粉碎机械(表3-4)来粉碎物料，而且一般都不可能一次达到所需要的粒度，需经逐次粉碎(称为粗碎、中碎、细碎)。

* 目标一词是指该处理操作的作用对象，可以是有用的组分，也可能是杂质

表 3-4　常用工业粉碎机械及其适用范围

类别	工作原理	适用范围
颚式破碎机	劈碎＋击碎	粗碎
圆锥破碎机	压碎＋折断	粗碎、中碎、细碎
辊式破碎机	劈碎＋研磨	粗碎、中碎(软料)；中碎、细碎(硬料)
冲击破碎机	击碎	粗碎、中碎、细碎(脆料)
磨碎机	研磨	细碎

就机械原理而言，粉碎包括破碎、磨碎和折断(图 3-15)。破碎的产物大部分直径大于 5 mm，折断尤甚，磨碎产物则多小于 5 mm，甚至更小。工作中，破碎和折断的粉碎部件相互不接触，物料在空隙中被粉碎，磨碎则可能相互接触。在矿山中，粉碎都是单独的、能耗最高的作业，几乎相当于选矿厂能耗的一半。

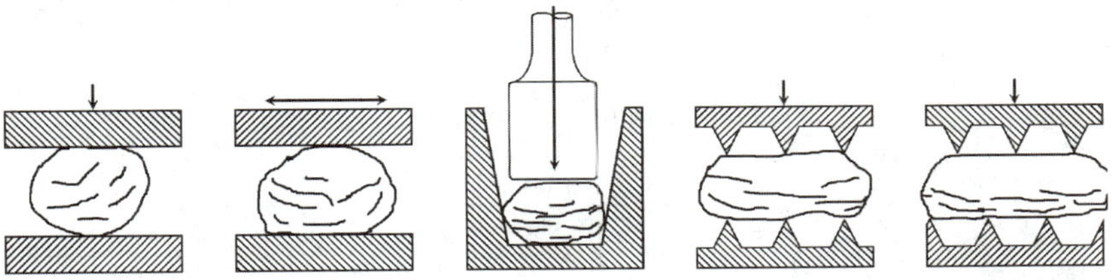

图 3-15　粉碎方式

实验室使用的一般都是按照法定方法采集的样品，粒度大都处于细碎范围。因此，一般都可以用研钵(附录五 U)捣碎样品。捣碎时也总是破碎与研磨兼而有之。

3.4.1.2　分级与缩分

无论是工业生产还是实验室，从大量物料中采集少量(甚至微量)样品的过程都必须依据严格的操作程序才能保证样品的代表性。图 3-18 所示的虽然是工业上获取样品的程序，但其原理和方法对实验室研究同样适用。

(1) 分级

所谓分级，就是把一堆颗粒大小不一的物料按粒度分成若干粒群的过程。实践中最常用的工具是筛(表 3-5)，因而这个过程也称为筛分。

表 3-5　工业用筛

类别	筛分部件	适用范围
棒条筛	格条	粗料筛分
滚轴筛	带滚子或滚盘的转轴	给料＋筛分
旋转筒筛	封闭式孔板或筛网	湿式粗筛分
振(摇)动筛	筛网	各种粒度

实验室常用的是分样筛(图 3-16)。分样筛是一系列外形相同、按筛网孔径由大到小

重叠在一起的一组筛子,且上有盖、下有盛料盘组成。使用时物料放在最上层大孔径筛里,摇动筛分时,不同粒度的颗粒被相应孔径的筛拦截,从而自上而下由粗到细被分级。

图 3-16　实验室用手动分样筛

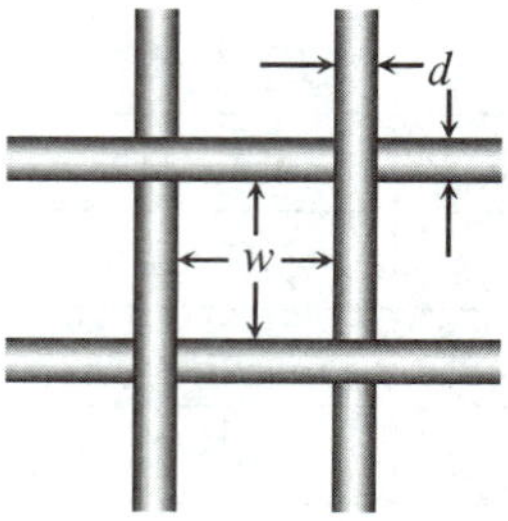

图 3-17　筛孔

筛的孔径大小传统上称为“目”。这是一个英制标准,是指在 1 英寸的长度上排列的筛孔(含筛丝)的数目。显然,目数会受到筛丝直径 d 的影响。因此,在我国的国家标准 GB/T6003.1-1997 中,依据 ISO3310-1,没有再提这个概念,直接用科学的网孔大小 w 作为标准(图 3-17、表 3-6)。

表 3-6　网孔与英制“目”的对比

w (mm)	d (mm)	目
1.00	0.250	20.32
0.63	0.200	30.60
0.400	0.250	39.08
0.315	0.200	49.32
0.250	0.160	61.59
0.200	0.125	78.15
0.160	0.090	101.60
0.100	0.056	162.83
0.080	0.050	195.38

表中数据摘自 GB/T5330-1985。

生产上,当对粒度很小的粉体物料进行分级时,“目”的概念仅仅是一个粒径的尺度,而非指“筛子”,因为这时往往只能根据不同粒度重力的不同进行风力筛分,最小粒径可达 0.5 μm。

如果矿石中结构不均匀,粉碎时一部分硬而坚固的矿物粒度比较大,而其他较软和较脆的矿物粒度就小得多,这时筛分也可以实现分选,行业里称为“选择破碎”。

(2) 缩分

样品的可靠性主要受 5 个因素影响:样品密度、目标组分含量、允许误差、样品粒度和均匀程度。这些也是决定取样量的因素。其中,前三项常常是确定的,只有后两项可以通过操作来控制。从图 3-18 的程序可知,取样是一个逐步缩小总体的过程,叫做缩分。在矿物学中,通常使用经验公式来确定每次缩分的程度:

$$Q=Kd^2$$

其中,Q 为样品的最低可靠质量(kg);d 为样品的最大颗粒直径(mm);K 是根据样品特性确定的缩分系数,可以由实验来测算,在矿物分析的专业书籍中也可以直接查得,常用的经验值为 0.5。

缩分时,样品须先行混匀。大量样品常采用堆锥法,工业上还使用专门的工具——二分器。二分器的盛样槽被横分成 $2n$ 个等分,奇数格和偶数格的斜底分朝左右。送入盛样槽中的样品立即被一分为二,缩分比例为 1/2。

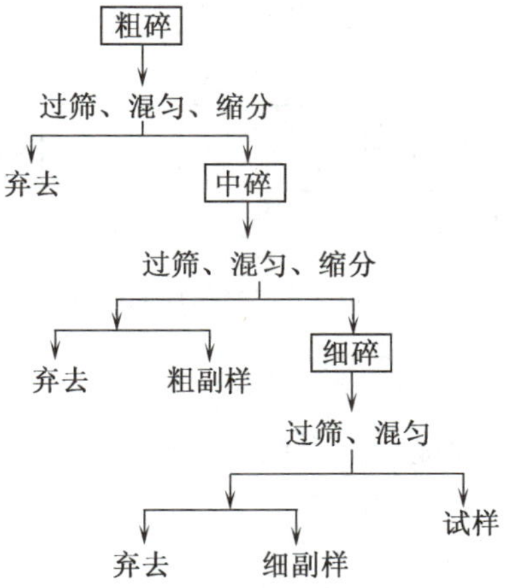

图 3-18 样品的缩分

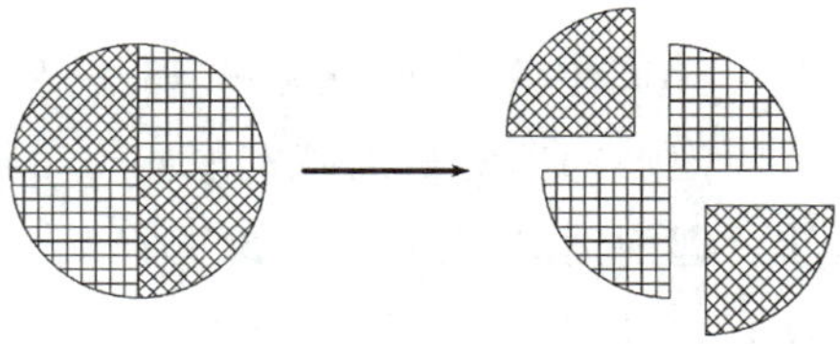
图 3-19 四分法缩分

实验室里常采用四分法(图 3-19),每次的缩分比例也为 1/2,如此反复就可以获取所需的试样。

3.4.1.3 分选

分选是选矿业中的一个术语,是指利用颗粒的任何天然或人工的差异进行选别的过程。分选的目的是选出目标物质含量高的颗粒,淘汰含量低的,因而也是一个富集的过程。一般而言,分选一词主要用于固体颗粒物的物理选别。

重力分选简称重选,其原理是颗粒之间因密度差而在介质中沉降速度 v 不同而被选别:

$$v=\pm\sqrt{\frac{\pi d\,|\delta-\Delta|\,g}{6\psi\Delta}}$$

式中,d 是颗粒的直径,δ 和 Δ 分别是颗粒和介质的密度,ψ 为阻力系数,g 为重力加速度。$\delta-\Delta>1$ 时,v 取正值;$\delta-\Delta<1$ 时,取负值。

选矿业中常运用经验比值 $\left|\dfrac{\delta_2-\Delta}{\delta_1-\Delta}\right|$ 来评价选别的难易程度,式中 δ_1 和 δ_2 是轻重两种不同颗粒的密度。当比值大于 2.5 则分选容易,小于 1.25 则困难。

为了有效选别,介质的密度应介于轻重颗粒的密度之间。水是生产上应用最广泛的重选介质。有时为了提高选别效果,采用氯化钙等无机盐类水溶液,甚至四氯化碳等有机高密度液体作为介质，称为重介质分选。

浮选就是利用物料自身表面活性，或经药剂处理后获得疏水亲气（或亲油）特性，在相界面（水—气或水—油界面）聚集，或发生气泡吸附分离，达到物料富集和纯化的过程。由于浮选比重选适应用面广，选别效率更高，已经发展出离子浮选、沉淀浮选和溶剂浮选三大类，富集系数通常达 10^4，在生产上应用非常广泛。

浮选剂的选择直接决定了浮选的效能。一般而言，浮选剂是由捕集剂、起泡剂和其他辅助调整剂复配而成（图 3-20）。

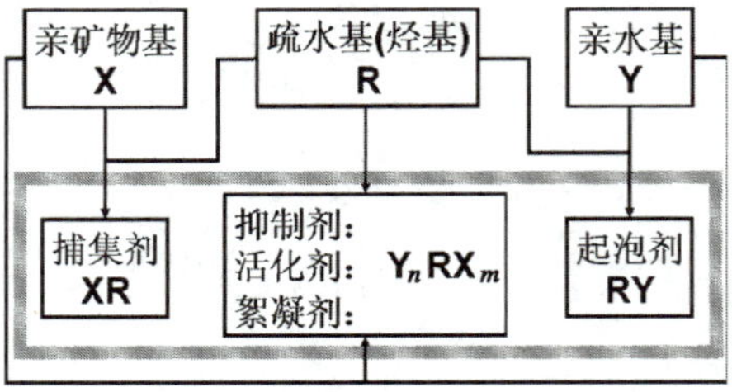

图 3-20　浮选剂的组成

· 捕集剂的功能是与被浮物料作用（吸附、缔合），提高其疏水性（即亲气、亲油性，或称可浮性）。在图 3-20 中，硫化矿的 X 是含硫的基团，如 $-SH$，$-O_2PSSH$ 等，非硫化矿则是 $-COOH$，$-SO_2OH$ 等，图中的 R 常为烷基、烯基、环烷基、芳基。

· 起泡剂的功能是提高发泡能力，帮助获得特定性能（稳定性、粒度组成、含水率等）的泡沫。起泡剂的 Y 常为 $-COOH$，$-OH$，$-SO_2OH$。吸附有捕集剂的颗粒被泡沫引导而浮起，从而与亲水沉降的颗粒分选。

· 调整剂是为了达到最佳选别而添加的介质调节剂、活化剂或抑制剂。前者的作用是调节溶液 pH、缓冲其他药剂、消除有害离子的影响和调整物料的絮凝与分散；活化剂与颗粒表面作用，使之易于吸附捕集剂而上浮；抑制剂与活化剂的功能恰好相反。以前多是无机物，现更多地选用有机物，分子中的 X，Y 所取的 n，m 值视功能不同差异较大。

随技术进步，分选的方法和选别精度都不断发展，除上述重选、浮选之外，还有磁选、电选、光色选等多种方式。

3.4.2　化学处理

化学处理是利用化学手段对物料中目标物质进行富集或提取等操作，从而得到化学精矿或直接加工成产品的过程。化学处理不嫌“贫”怕“杂”，能得到富集度或纯度更高的样品，但一般成本较高，设备腐蚀大，废弃物处置可能更难。

3.4.2.1　焙烧

焙烧就是在适当气氛中用低于其组分熔点的温度加热固体物料，使目标组分自身或与炉气发生化学反应转变成适于后继处理作业所要求形态的过程。通常把焙烧前的物料称为生料，焙烧后的物料称为熟料，选矿业中叫做“焙砂”。焙烧适宜处理低品位的复杂物料，而且可以对未经选别的物料直接处理。

焙烧方案的设计依据是后续作业的工艺要求和物料的性质。根据焙烧过程中目标组分的反应性质，一般可分为以下 5 种类型。

（1）氧化焙烧

以空气中的氧气为氧化剂构造出的氧化气氛中，目标组分被氧化。

氧化焙烧硫化矿，形成相应的固态金属氧化物。

$$4FeS_2(\text{黄铁矿})+11O_2 \xlongequal{673K} 2Fe_2O_3+8SO_2+373.88\ kJ/mol$$

在严格控制条件并加催化剂的情况下，金属硫化物可以转变成可溶于水的金属硫酸盐，因此也叫做硫酸化焙烧。

$$MS+2O_2 = MSO_4$$

$$MO+SO_3 = MSO_4 \quad (M=Cu,Co,Ni)$$

在焙烧过程中加入硫酸钠、氯化钠、碳酸钠等添加剂形成金属含氧酸钠是从矿物中提取钒、钨、铬等的重要方法。

$$4FeCr_2O_4(\text{铬铁矿})+8Na_2CO_3+7O_2 = 2Fe_2O_3+8Na_2CrO_4+8CO_2$$

因为焙砂的下一步工序往往是浸取，所以本方法也叫加盐焙烧—浸取法。

（2）还原焙烧

在还原性气氛中焙烧，把金属氧化物矿物还原成金属单质是人类最早的冶金术。如果对还原气氛进行控制，可以把赤铁矿（Fe_2O_3）还原成磁铁矿（Fe_3O_4）。

$$3Fe_2O_3+CO = 2Fe_3O_4+CO_2$$

因为物料是由弱磁性的赤铁矿转变为强磁性的磁铁矿，所以也叫做磁化焙烧。熟料更适合于磁选。

（3）氯化焙烧

在一定的气氛和有氯气或固体氯化剂存在的条件下焙烧物料（金属氧化物、碳酸盐、硫化物），生成可溶性固态的或挥发性气态的金属氯化物的过程称为氯化焙烧。

表 3-7　氯化焙烧的各种工艺

分类依据	名称		技术概要
温度	中温	氯化焙烧浸出法	固态产物留于焙砂，再经水或其他溶剂浸出
	高温	氯化挥发法	气态产物于冷凝系统收集后再用化学法分离
还原剂	无	直接氯化焙烧法	金属与氯化剂直接在炉气中反应
	有（碳）	还原氯化焙烧法	炉气含氧量降低，促使难氯化金属形成气态产物
		氯化离析法	气态产物挥发的同时，单质在碳粒表面析出

氯化焙烧是难选矿物原料预处理的重要方法，特别适宜于低品位、多组分、重有色金属矿料，早期主要用于贵金属的直接氯化，现应用相当广泛（表 3-8）。尤其是氯化离析，对铜和铜镍氧化矿的精选特别有利，而且 Sb，Bi，Co，Pb，Zn，Sn，Fe，Au，Ag，Pt 都可以发生离析反应。

表 3-8 金属氯化物不同温度(℃)下的蒸气压

氯化物	蒸气压(mmHg)									
	1	5	10	20	40	60	100	200	400	760
AgCl	912	1019	1074	1134	1200	1242	1297	1 379	1 476	1 564
$AlCl_3$	100	116.4	123.8	131.8	139	145.4	152	162	172	180
$AsCl_3$	−11.4	11.4	23.5	36	50	58.7	70.9	89	110	130
$BeCl_2$	291	328	346	365	384	395	411	435	461	487
$BiCl_2$	——	242	264	287	311	324	343	372	405	441
$CdCl_2$	——	618	656	695	736	762	797	847	908	967
$CoCl_2$	——	——	——	——	770	801	813	909	974	1 050
CuCl	546	645	702	766	838	886	960	1 077	1 249	1 490
$FeCl_2$	——	——	706	737	779	805	812	897	961	1 026
$FeCl_3$	194	221.8	235.5	246	257	263.8	272.5	285	298	319
$MnCl_2$	——	736	778	825	879	913	960	1028	1108	1196
$NiCl_2$	671	731	759	789	821	840	866	904	945	987
$TiCl_4$	−13.9	9.4	21.3	34.2	78 *	58	71	91	113	136

* 原文如此,参见参考文献[5]P65。

(4) 热解焙烧

碳酸盐物料加热焙烧,碳酸根分解而形成相应的金属氧化物。热解后熟料品位提高,质地疏松,便于进一步粉碎和分选。

$$CaCO_3(\text{石灰石}) = CaO + CO_2\uparrow$$

$$3FeCO_3(\text{菱铁矿}) = Fe_3O_4 + 2CO_2\uparrow + CO\uparrow$$

(5) 转晶焙烧

转晶焙烧是通过直接或有添加剂的焙烧,使物料中目标组分的惰性晶形结构转化成容易加工形式的过程。

铝土矿是一大类组成、含量有差异的矿物,一般表达为 $Al_2O_3 \cdot 2H_2O$,实际上是一种化学性质稳定的晶体结构。焙烧铝土矿,目标组分可脱水生成氧化铝的各种变体。在 450 ℃～500 ℃脱水生成 α-Al_2O_3 和 η-Al_2O_3,>900 ℃时生成 γ-Al_2O_3。前二者既能溶于酸又能溶于碱,便于加工;γ-Al_2O_3 性质稳定,不溶于一般酸碱盐,且硬度很大,俗称刚玉,熔点也高,达 2 045 ℃。

硅酸钠又称为水玻璃,就是将纯碱和石英砂按一定比例均匀混合,在 1 400 ℃～1 500 ℃进行焙烧熔融,熟料经水淬冷却形成玻璃料,趁热投入溶解槽内,再通入蒸气溶解,经沉降、浓缩而制得。

$$nSiO_2(\text{石英砂}) + Na_2CO_3 \longrightarrow Na_2O \cdot nSiO_2 + CO_2\uparrow$$

3.4.2.2 浸取

浸取就是利用特定的溶剂把物料中的目标组分溶出形成溶液的过程。浸取的物料对象可以是原矿、物理分选的中矿、不合格精矿、化工和冶金过程的中间产品、固体废弃物等。浸取也是处理难选矿的一种方法。为了提高浸取效果，粉碎、加热、搅拌是常用的措施，某些物料也可以预先焙烧。

浸取是一个较为复杂的处理过程，技术要求和成本一般也较高，因此，目标组分的选择性和浸出率、溶剂价格和耗量、设备要求和腐蚀、劳动保护和安全等都是评价工艺优劣的常用指标。

由于杂质也可以和溶剂反应进入溶液或形成障碍物（如 $CaSO_4$），目标物的价态、晶体结构等都会影响到化学反应活性，所以在选择浸取方法时需要谨慎，必要时要通过试验来确定。

目标组分的浸出过程涉及今后将要学习的诸多化学原理，因此此处只作通俗的叙述。

表 3-9 常见浸取法

方法	溶剂	目标组分举例
水法	水	焙砂
酸法	硫酸	铀、钴、镍、锌、磷等氧化物
	盐酸	磷、铋氧化物，钨精矿脱铜、磷、铋等
碱法	碳酸钠	钨盐
	硫化钠	砷、锑、汞等硫化物
盐法	高铁盐	铜、铅、铋等硫化物
	次氯酸钠	钼硫化物
络合	氨水	铜、钴、镍
	氰化物	金、银等贵金属
生物	细菌	铜、铀、钴、锰、砷

（1）酸法

酸法浸取是最常用的方法。硫酸、盐酸、硝酸及亚硫酸等皆可作为溶剂，其中以硫酸使用最广。目标组分一般要求是氧化物、硫化物、碳酸盐、金属含氧酸的形式。

$$CuCO_3 \cdot Cu(OH)_2\text{（孔雀石）} + 2H_2SO_4 = 2CuSO_4 + 3H_2O + CO_2\uparrow$$

$$SrCO_3\text{（菱锶矿）} + 2HCl = SrCl_2 + H_2O + CO_2\uparrow$$

$$FeCr_2O_4\text{（铬铁矿）} + 4H_2SO_4 = Cr_2(SO_4)_3 + FeSO_4 + 4H_2O$$

（2）碱法

尽管碱法浸取的应用范围远较酸法小，成本也较高，但因为此法的选择性更强，因此在一些特殊的场合更有效。碱法浸取常用的溶剂有碳酸钠、苛性钠和硫化钠水溶液。

$$Sb_2S_3\text{（辉锑矿）} + 3Na_2S = 2Na_3SbS_3$$

$$As_2S_3(\text{雌黄})+3Na_2S \xlongequal{} 2Na_3AsS_3$$

$$FeWO_4(\text{钨铁矿})+2NaOH \xlongequal{} Na_2WO_4+Fe(OH)_2$$

(3) 络合法

络合法是使目标金属与络合剂形成复杂的、水溶性极好的络离子而进入水相的方法。由于不同金属在形成络离子的难易程度、稳定性方面差异较大,因此络合法的选择性较高。但络合剂的水溶性往往很好,一般又都是环境控制指标物,再加之成本问题,所以在设计络合浸取工艺时都需要考虑循环使用。

$$4Cu_5FeS_4(\text{斑铜矿})+80NH_3+4CO_2+37O_2+nH_2O \xlongequal{}$$
$$16[Cu(NH_3)_4]SO_4+4[Cu(NH_3)_4]CO_3+Fe_2O_3\cdot nH_2O$$

$$4Au+8CN^-+O_2+4H^+ \xlongequal{} 4Au(CN)_2^-+2H_2O$$

3.4.3 废渣

从可持续发展的观点出发,各种来源的废渣是弃之成灾、用之为宝,是必须加以再利用的次生资源。当然,良好的预处理是利用的关键。可是,废渣的类型实在太多,都必须根据具体的对象来设计预处理方法。

废渣的组分都非常复杂,除了极少数的废渣,如电厂烟气脱硫得到的石膏甚至比天然矿物都要纯,不需要进行任何处理就可以使用。从方便利用的角度看,废渣样品处理可以粗略地归为必须首先进行分选和不需要分选的两类。前者如生活垃圾、报废电器、零件等制成品,开发高效的分选方法和设备是当务之急。后者如大多数工农业废渣。这里只讨论与化工有关的工业废渣。

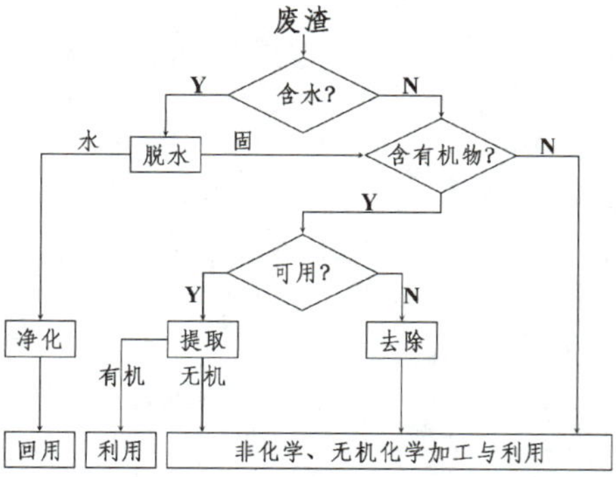

图 3-21 化工废渣处理程序

这类废渣一般来源于固态原料、辅料以及在生产过程中新形成的固态废渣。其共同特征是经过加工处理,堆放相对集中、颗粒较细、含有可溶物、常有相当的含水量、排放出来对环境危害大。对化工废渣样品进行预处理,是研究开发针对性的处置方案所必需的前期工作,通常的预处理程序如图 3-21。

表 3-10 常见的化工废渣

来源	实例
物理选矿	煤矸石、脉石、各种尾砂
化学处理矿渣	制盐工业钙镁泥、铬盐生产废渣、金矿含氰浸渣、黄铁矿烧渣
废水处理	电镀废水处理沉淀、生活废水处理活性污泥
合成化工	失效脱色剂、失活催化剂、安氏法氰氢酸生产“两钙”渣(硫酸钙+碳酸钙)
燃煤	煤渣、粉煤灰、石膏

思考题

1. 观察实验室的分样筛，了解筛的使用，理解“40 目以下”、“40 目以上”和“40～60 目”的含义。

2. 为什么样品粒度越小，最低可靠质量也越小？

3. 为什么缩分不是一次性从总体中取出最低可靠质量的样品，而是每次缩分 1/2，多次后达到最终缩分比例？

4. 沙里淘金依据的是什么分选原理？收集资料，看你能找出哪些分选方式。列表比较这些方式适宜于哪些物料。

5. 查阅《化工产品手册》或《化工百科全书》，找找有哪些产品在生产过程中有“焙烧”这个工艺步骤，是哪种焙烧方式。

6. 在 3～5 题的书籍中或查阅其他资料，列表比较哪些无机化工产品生产过程中采用了“浸取”方法，尝试归纳出其中一种方法的化学原理、浸取效果、条件控制和适用范围。

7. 利用假日，在学校或度假地附近采集一种工业废渣，了解该工厂是如何处置该废渣的；查阅文献并运用所学知识，设计出资源化的实验方案，并在实验室实施。

参考文献

[1] 张毅主编．岩石矿物分析．第 2 版．北京：地质出版社，1992

[2] 王淀佐．矿物浮选和浮选剂——理论与实践．第 1 版．长沙：中南工业大学出版社，1986

[3] GB/T6001.1-1997　金属丝编织网试验筛

[4] 卢寿慈，翁达．界面分选原理及应用．第 1 版．北京：冶金工业出版社，1992

[5] 全宏东主编．矿物化学处理．第 1 版．北京：冶金工业出版社，1984

[6] 严宣申等．普通无机化学．第 2 版．北京：北京大学出版社，1999

[7] 司徒杰生主编．化工产品手册：无机化工产品．第 3 版．北京：化学工业出版社，1999

[8] 化工百科全书编委会．化工百科全书(第 5 卷)．第 1 版．北京：化学工业出版社，1993

（李天安）

第4章　化学实验基本技术与方法

学习目标

1. 学习并掌握溶解、加热、结晶、重结晶、过滤等基本原理和实验方法。

2. 学会萃取、蒸馏、减压蒸馏等方法。

3. 掌握常见气体的制备原理、方法，学会一般气体的收集与纯化。

4. 学会玻璃仪器的简单加工、实验装置的组合装配等基本技术，并能独立设计化学实验装置。

学习指导

自然界的物质大多以混合物的复杂形态存在，为了排除无关因素对主要化学研究过程和目标的干扰，就必须对许多混合物或天然产物进行分离、纯化，有时甚至需要改变其状态。最终通过一定的设备和装置去实现和完成所期待的化学目的。本章仅重点讨论常见固液和液液分离的方法和技术，常见气体的制备与纯化，实验装置的设计、加工与装配等简单技术与基本方法。

固液分离和液液分离是实验室中分离和提纯物质的常用技术手段，它广泛用于化学、生物、环境、材料等研究领域。在固液分离的实验中，掌握正确而规范的操作方法是十分重要的，它直接影响分离提纯的质量和产量。本章重点介绍了与固液混合体系形成有关的搅拌、蒸发(浓缩)、结晶与重结晶，蒸馏、减压蒸馏、共沸蒸馏、分馏和萃取，以及固液两相分离和液液分离的基本原理和操作方法。要求通过实验练习，掌握和了解各种操作方法的原理，结合化学制备实验，在具体实验中能综合运用这些方法。

气体是一类重要的化学物质，在化学实验和生产、生活中经常用到，因此，学会一些常见气体的实验室制备、收集、纯化和干燥方法，是十分必要的，也是一项重要的实验综合运用技能。大一学生在中学学习过一些简单的气体制备方法，已经有了相当的气体制备知识和技能基础。大学还将进一步学习更多的气体制取、纯化、收集和存储技术。因此，应在复习中学气体制备方法和技术的基础上，结合大学后继课程的需要，系统地学习气体制备、收集和纯化的有关知识和技能，为继续学习各种气体物质的性质及用途作准备。由于中学条件的不整齐，大部分大一同学学习气体制备实验时没有亲自动手进行系统操作,有的只是老师演示。因此,大学基础化学实验要求学生加强动手能力的训练和培养。

化学实验装置的设计是解决具体化学问题和生产上化学问题的必经之路,它是化学知识应用于社会生产实践,培养创新精神,形成分析问题和解决问题能力的首要环节。化学工作者必须知道为什么要设计装置和怎样设计装置,学习和掌握玻璃仪器的加工、组合、装配等具体的技术和方法。

建议课外24学时。

4.1 常用固液分离方法

4.1.1 固液混合体系的形成

4.1.1.1 固液混合体系

(1) 概述

常见固液混合体系有以下几类:

· 固态不溶物分散在液相中。其特征是因固体在液体中溶解度很小而形成的非均相不相容体系,如泥土分散在水中,水体中的无机和有机悬浮物等。

· 溶液中的溶质发生化学反应形成细小的沉淀。调节溶液的pH值、加入可以与溶质形成难溶物的离子、加入能在溶液中形成有吸附能力的物质,可以促进混合体系的形成。

· 过饱和溶液形成的母液-结晶体系。形成这种体系的溶质的溶解度一般较大,结晶前是均相体系,经浓缩或冷却形成过饱和状态时有结晶析出,它是不同溶解度溶质的分离、可溶性物质的提纯、晶体制备等过程中常用的方法。

但是应当指出,固液混合体系中的液相不一定是水,固相也不一定是无机盐,特别是在工业生产上。

(2) 沉淀

沉淀反应是形成固液混合体系的重要反应,由于沉淀反应进行速度快、纯度高、分离设备简单,干燥、包装、运输方便,所以在工业上许多化工产品都以此原理生产。溶质转化成沉淀的机理可以简单归纳如下:

· 加入物可与溶质反应生成难溶物。如 $Ba^{2+} + SO_4^{2-} = BaSO_4 \downarrow$

· 盐类水解。如 $Al^{3+} + 3H_2O = Al(OH)_3 \downarrow + 3H^+$,由于形成的 $Al(OH)_3$ 胶体能吸附水里悬浮的杂质,因而铝盐可以作为絮凝剂处理污水。

· 改变介质环境,使溶质形成难溶物。如改变pH,调节溶液pH至等电点以沉淀氨基酸,这是多种氨基酸、蛋白质等的常用分离方法。

·加入能破坏胶体稳定的物质，形成沉淀。如乙醇使蛋白质变性、加入中性电解质沉淀蛋白质等。

进行沉淀操作时，左手拿滴管滴加沉淀剂溶液。滴管口应接近液面，勿使溶液溅出。滴加速度要慢，接近沉淀完全时可以稍快。与此同时，右手持搅拌棒充分搅拌，但需注意不要碰到烧杯的壁或底。

检查沉淀是否完全的方法是：静置，待沉淀下降后，于上层清液液面滴加少量沉淀剂，注意观察是否出现混浊现象。

(3) 凝聚和絮凝

凝聚和絮凝常用于非均相体系中悬浮状态胶体粒子的沉降。其处理过程一般是将一定的化学试剂预先加入悬浮液，改变胶体粒子的分散状态，破坏其稳定性，使它们聚集成可分离的絮凝体，再进行分离。但是应当注意，凝聚和絮凝是两种方法、两个概念，其具体处理过程也是有差别的。

凝聚是指在某些电解质作用下，破坏胶体粒子的分散状态，使胶体粒子聚集的过程。凝聚剂主要是一些无机类电解质，由于大部分被处理的物质带负电荷，因此工业上常用的凝聚剂大多为阳离子型，分为无机盐类、金属氧化物类。

常用的无机盐类凝聚剂有：$KAl(SO_4)_2 \cdot 12H_2O$（明矾），$AlCl_3 \cdot 6H_2O$，$FeCl_3$，$ZnSO_4$，$MgCO_3$ 等；常用的金属氧化物类凝聚剂有：$Al(OH)_3$，Fe_3O_4，$Ca(OH)_2$ 或石灰等。

絮凝是指使用絮凝剂（通常是天然或合成的大分子量聚合电解质），在悬浮粒子之间产生架桥作用而使胶粒形成粗大的絮凝团的过程。

常用的絮凝剂有：

·天然聚合物。多糖类物质、海藻酸钠、明胶等。

·人工合成聚合物。聚丙烯酰胺类衍生物、聚苯乙烯类衍生物、聚丙烯酸类等。

影响絮凝效果的因素很多，主要是絮凝剂的分子量、絮凝剂用量、溶液 pH、搅拌速度和时间等。

(4) 助滤剂

助滤剂是一种具有特殊性能的细粉或纤维，它能使某些难以过滤的物料变得容易过滤。工业生产中有时需加入此类物质以提高过滤速度和滤液质量。

助滤剂的使用方法有两种：

·在过滤前先在过滤介质表面预涂（铺）一层助滤剂。

·助滤剂按一定比例均匀加入待过滤的料液中。

常用的惰性助滤剂有硅藻土、珍珠岩、混合助滤剂（硅藻土或珍珠岩与石棉）、纤维素和活性炭等。

(5) 破乳

将乳状液破坏以达到两相分离的过程称为破乳。例如原油脱水、从污水中除去油珠、从牛奶中提取奶油等。根据分散相和连续相的性质，可采用不同的方法实现破乳。

离心破乳是用离心方法将两相分离;若乳化剂是离子型表面活性剂,则可在高压电场中使带电液珠移向一侧,称为静电破乳;利用超声波加速液珠间的聚集,也是一种破乳手段。但在工业上更普遍的破乳方法是加入一种叫做破乳剂的物质,以破坏吸附在油水界面上的乳化剂,使其失去乳化能力。常用的破乳剂多是表面活性剂,它有很高的表面活性,能将界面上原来的乳化剂赶走以取而代之,同时它的分子具有分支结构,不能在界面上紧密排列成坚固的吸附膜,从而使乳状液的稳定性大大降低。例如由环氧乙烷与环氧丙烷共聚而成的聚醚表面活性剂,就是一种常用的原油破乳剂。对于以固体粉末作乳化剂的乳状液,若加入润湿剂(也是某种表面活性剂),使粉末粒子被一相完全润湿,从而脱离界面而进入该相之中,使乳状液破坏。

以下是一些常用的破乳方法。

· 长时间静置。将乳浊液放置过夜,一般可分离成澄清的两层。

· 水平旋转摇动分液漏斗。当两液层由于乳化而形成界面不清时,可将分液漏斗在水平方向上缓慢地旋转摇动,这样可以消除界面处的"泡沫",促进分层。

· 用滤纸过滤。对于由于有树脂状、黏液状悬浮物存在而引起的乳化现象,可将分液漏斗中的物料,用质地致密的滤纸进行减压过滤。过滤后物料则容易分层和分离。

· 加乙醚。密度接近 1 g/mL 的溶剂,在萃取或洗涤过程中,容易与水相乳化,这时可加入少量的乙醚,将有机相稀释,使之密度减小,容易分层。

· 补加水或溶剂,再水平摇动。向乳化混合物中缓慢地补加水或溶剂,再进行水平旋转摇动,则容易分成两相。至于是补加水,还是补加溶剂更有效,可将乳化混合物取出少量,在试管中预先进行试探。

· 加乙醇。对于有乙醚或氯仿形成的乳化液,可加入 5~10 滴乙醇,再缓缓摇动,则可促使乳化液分层。但此时应注意,萃取剂中混入乙醇,由于分配系数减小,有时会带来不利的影响。

· 离心分离。将乳化混合物移入离心分离机中,进行高速离心分离。

· 加无机盐及减压。对于乙酸乙酯与水的乳化液,加入食盐、硫酸铵或氯化钙等无机盐,使之溶于水中,可促进分层。另外,将乳化部分取出,小心地温热至 50 ℃,或用水泵进行减压排气,都有利于分离。对于由乙醚形成的乳化液,可将乳化部分分出,装入一个细长的筒形容器中,向液面上均匀地筛撒充分脱水的硫酸钠粉末,此时,硫酸钠一边吸水,一边下沉,在容器底部可形成水溶液层。

4.1.1.2 搅拌

搅拌的功能在化学实验中除"混匀"之外,还是加速物质溶解、提高反应物分子间的接触机会以加快反应的常用手段。在实验室中通常是用玻棒搅拌。

(1) 在烧杯中的搅拌

在烧杯中进行混合物的混匀时,应使搅拌棒在烧杯中绕圈搅动,如图 4-1。搅动时要注意不要使搅拌棒与烧杯壁相撞击，以免敲破烧杯。也不允许用搅拌棒在烧杯底把固体物质捣碎，以免捅破烧杯。

图 4-1　搅拌

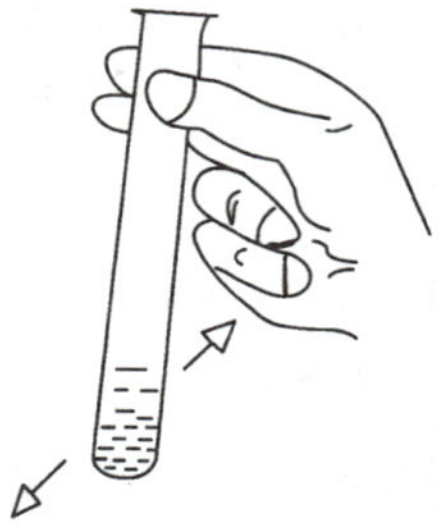
图 4-2　振荡试管

(2) 在试管中的搅拌

在试管中混匀物质时，若试管中溶液较少，可直接用振荡的方法混匀(图 4-2)。振荡方法：用右手的拇指、食指、中指握持试管的上端，无名指和小指弯向掌心，用一定的腕力来回甩动试管，不能上下振动，更不能用拇指堵住试管口去振荡试管。

当试管里溶剂和溶质较多不便于振荡溶解时(超过试管的 1/2 时)，可以用玻棒插入试管中旋转搅动，也可以上下搅动。但要小心，不要捅破试管底。

(3) 电磁(动)搅拌器进行搅拌

适用于对一些需要长时间或需在密闭条件下进行的搅拌。磁力搅拌器是通过磁场的不断旋转变化带动容器内磁转子随之旋转。一般都有控制转速和加热的装置。使用时，将一个搅拌子(代替搅拌棒用)放在溶液中，开启仪器，电机转动，搅拌子在转动的磁场中同步转动，从而达到搅拌的目的。电动搅拌器是利用电机带动搅拌棒的转动来达到搅拌混匀的目的，一般适用于非均相反应。使用时应注意接上地线，不能超负荷，轴承每学期加一次润滑油，经常保持电动搅拌器的清洁干燥，还要防潮、防腐蚀。

电磁搅拌器的类型很多。下面对两种电磁搅拌器进行简单的介绍：

①HJ-3 电磁搅拌器

其特点是噪声低、转速平稳、使用寿命长。

采用优质磁钢和聚四氟乙烯制成的搅拌子，耐高温、耐磨、耐化学腐蚀、旋转力强。

仪器操作步骤如下：

· 使用前，将盛有实验液的盛杯放置在不锈钢容器中部，往不锈钢容器中加入适量的导热油或硅油，不锈钢搅拌子放入盛杯中，盖好容器盖。

· 连接温度传感器探头，将探头夹在支架上，移动支架使温度传感器探头插入溶液中，不少于 5 cm，但不能影响搅拌。

· 连通外电源，将电源开关置于“ON”端。

设温：将控温开关拨向“ON”，仪器进入加热控温状态。轻按面板上“＋”、“－”调温按钮，设定好所需温度。

加热：当设定温度高于实际温度时仪器开始加热。

恒温：当实际温度与设定温度达到平衡时，加热工作自动停止，系统自动恒温。

· 调节面板上调速按钮，可调节溶液搅拌速度。

· 如搅拌子出现调子现象，请关闭电源后重新启动，由慢至快调节速度，可恢复正常。

注：若产品无控温等功能则只需进行后面三个步骤。

为了使产品能够正常工作并防止不必要的事故发生，请注意放置环境；避免倾斜，保持平稳；避免阳光直晒；并尽量避免在寒冷环境中使用。

② 集热式恒温加热磁力搅拌器

先拿开集热罩，安装好立杆，将所有夹具固定在立杆上，然后将电源线插头、传感器插头插好后，再将盛有搅拌溶液的容器放入锅内中心位置，盖上集热罩，固定好容器，最后把温度传感器探头或“接触温度计”用万用夹固定后，调整上下位置，插入搅拌溶液中，然后放入适当搅拌子即可。如果使用水浴或油浴搅拌时，应根据容器的大小、高低，加入适量的水或油，盖上集热罩，再将探头或接触温度计，放在水或油中即可。注意：水或油不能加得过满，防止溢出，避免损坏机器和发生危险。

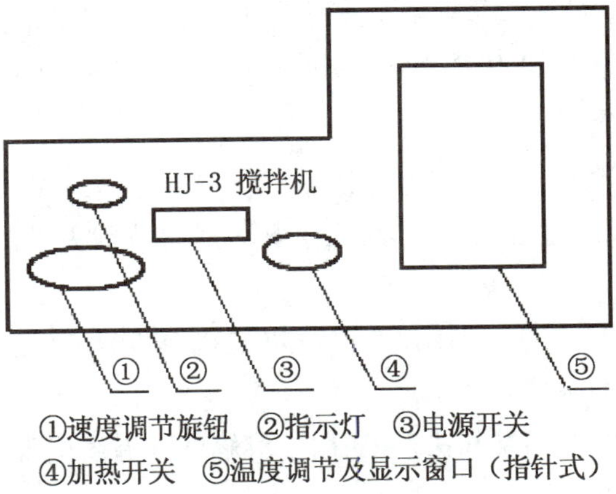

图 4-3 HJ-3 电磁搅拌器面板示意图

接通电源，把定时器旋钮旋到“ON”处，打开电源开关，指示灯亮，调整转速，设定温度，机器便进入正常工作状态。

温度设定方法：

打开温控仪防尘盖，按动数字键，设定到所需要的温度上。红灯亮时，加热开始。温度上升到设定值时，红灯自动熄灭，停止加热，这时红灯将断续闪动，表示恒温开始。

由于初次加热时存在热惯性，最好把设定值设定在所需温度的 80%处，待稳定后再把设定值设定在所需值上，以免开始时，升温过快超过设定温度。在使用干烧加热时应该特别注意。

4.1.1.3 蒸发(浓缩)

为了使溶质从溶液中析出晶体，可以用加热蒸发的方法浓缩稀溶液以利结晶。蒸发应当根据物质对热的稳定性来选用酒精灯、煤气灯、酒精喷灯直接加热或用水浴间接加热。一般沸点较高、不易着火的溶剂可直接用火加热，沸点较低、容易着火的溶剂一般采用水浴。

蒸发常在蒸发皿中进行，因为它的表面积较大，有利于溶剂加速蒸发。其装置如图 4-4 所示。

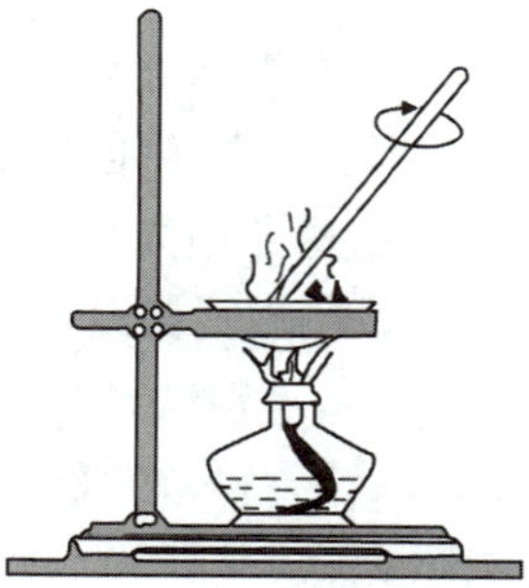

图 4-4　蒸发

加入蒸发皿中的溶液不能超过 2/3，以防液体溅出。如果需蒸发的溶液较多，一次盛不下，可随溶剂的不断蒸发再继续添加液体。蒸发皿的外部不能有水，以防在加热时炸裂。加热时可用搅拌棒不断地搅拌，以促使溶剂蒸发。当物质的溶解度较大时，应加热到溶液表面出现晶膜时，才停止加热。当物质的溶解度较小，或高温时溶解度较大但室温时溶解度较小时，因为降温后容易析出晶体，所以不必蒸发至液面出现晶膜就可以冷却。

加热以后的蒸发皿如要从三脚架上或铁圈上取下，应放在石棉板或木板上，不能直接放在冷的台面或瓷盘上，因为冷热不均或骤热骤冷都会使蒸发皿炸裂。

4.1.1.4　结晶与重结晶

(1)结晶

晶体从溶液中析出的过程叫结晶，析出了晶体的溶液则为母液。结晶是物质分离的重要手段之一。通常有下列方法：

· 热饱和溶液冷却法(等溶剂结晶)。适用于溶解度随温度升高而增加的体系；同时，溶解度随温度变化的幅度要适中。

· 部分溶剂蒸发法(等温结晶法)。适用于溶解度随温度降低变化不大的体系，或随温度升高溶解度降低的体系。

· 真空蒸发冷却法。使溶剂在真空下迅速蒸发的同时绝热冷却，是结合冷却和部分溶剂蒸发两种方法的一种结晶方法。

· 化学反应结晶法。加入反应剂产生新物质，当该新物质的溶解度超过饱和溶解度时，即有晶体析出。

实验室中常用蒸发浓缩法和冷却法。对溶解度随温度改变而变化不大的物质(如氯化钠)，可采用蒸发溶剂的方法使固体溶质从饱和溶液中析出，为了获得较多的晶体，应在结晶析出后继续蒸发。对溶解度随温度下降而明显减少的物质，可采用冷却的方法获得晶体，即冷却热的饱和溶液，使溶质从溶液中析出。实际操作中，通常把蒸发浓缩和冷却二者结合起来使用。某些结晶水合物在不同温度下析出时，所带结晶水的数目会不同，制备此类化合物时应注意要满足其结晶条件。

有时杂质的存在影响化合物晶核的形成，常见在化合物溶液虽已达到过饱和状态但仍不易析出结晶而成油状物。为促进化合物较快结晶，可采取以下措施：用玻棒摩擦器壁或加入小粒晶体（称为"晶种"）加速晶体析出。晶体析出的颗粒大小与沉淀类型和沉淀条件有关。为了得到较纯的晶体，应当注意控制反应的条件：

· 溶液的饱和度不能过大，以免晶体间隙中包含更多的杂质。

· 在热溶液中进行，不断搅拌，可以防止局部过浓，使晶体均匀纯净。

如果是晶型沉淀，将结晶和母液一起陈放一段时间，可以使晶体更加纯净。

（2）重结晶

若要得到较高纯度的晶体，可采取重结晶的方法，即在所得的晶体中，加入尽可能少的溶剂，使其溶解成近饱和溶液，再次结晶、分离。视对纯度的要求如此反复，就可以得到非常纯的晶体了。

在进行重结晶时，选择理想的溶剂是一个关键，理想的溶剂必须具备下列条件：

· 不与被提纯物质起化学反应。

· 在较高温度时能溶解多量的被提纯物质，而在室温或降低温度时，该物质的溶解量减少。

· 对杂质的溶解度非常大或非常小（前一种情况是使杂质留在母液中不随提纯物晶体一同析出；后一种情况是使杂质在热过滤时被滤去）。

· 容易挥发（溶剂的沸点较低），易与结晶分离除去。

· 无毒或毒性很小，便于操作。

（3）结晶的干燥

抽滤和洗涤后的结晶，表面还吸附有少量溶剂，为了保证结晶的纯度，需用适当的方法除去溶剂并进行干燥。有时重结晶后的有机产物需要通过测定熔点来检验其纯度，在测定熔点前，晶体也必须充分干燥，否则熔点会下降。干燥方法很多，可根据重结晶所用的溶剂及结晶的性质来选择。常用的方法有如下几种：

· 自然晾干。若产品不吸水，可将抽干的固体物质转移到表面皿上铺成薄薄的一层，再用一张滤纸覆盖以免灰尘玷污，然后在室温下放置，一般要经几天后才能彻底干燥。

· 烘干。一些对热稳定的化合物，可以在低于该化合物熔点或接近溶剂沸点的温度下用红外线灯或用烘箱等方式进行干燥。

· 用滤纸吸干。有时晶体吸附的溶剂在过滤时很难抽干，这时可将晶体放在 2～3 层滤纸上面，再用滤纸挤压以吸出溶剂。此法的缺点是晶体上易玷污一些滤纸纤维。

4.1.2 固液分离

工业中固液分离技术常用的方法有：

（1）过滤分离

固液混合物的过滤是将其直接通过"过滤介质"（如筛、滤纸、滤布、膜等）进行固液两相分离。液相或流动的滤液通过过滤介质，而固体颗粒被截留。

(2)沉降分离

由沉积或借助(重力、离心力)场力作用下的沉降进行分离,它有利于固相和液相密度不同物料的分离。在一定的作用力条件下,液体中的固体颗粒能够下沉。与之相反的过程是浮选,即由于固体颗粒自身原因或因为吸附空气气泡而使"固体颗粒"密度降低,颗粒可穿过液体而上浮(参见 3.4.1.3 节)。一般的,当固液两相密度相差很小时,尽可能不要采用沉降方法进行固液两相分离,除非密度差能增加,或通过离心力的作用来增加其所受到的力。

固液两相混合物的可滤性和沉降速度是由悬浮物的分散状态决定的,后者同时受固液两相表面状态的明显影响,因为它能影响混合物的稳定性和控制颗粒与颗粒间相互接触的状态。这些物系的性质可能与时间也有关,因为有些悬浮液可滤性与沉降速度会随时间变化。

工业生产过程中固液分离是从过滤、沉降或将这两种技术的结合中选择最适宜的技术。通常,沉降方法比过滤方法更为经济,特别是那些涉及大处理量、连续液体流的情况,重力沉降法被认为是首选的。

实验室通常分离溶液与沉淀(为叙述方便,暂且不区分沉淀和晶体)的方法有倾析法、过滤法、离心分离法等。

4.1.2.1 倾析法

倾析法是将沉淀上部的溶液倾入另一容器中而使固相与液相分离。当固相的比重较大或颗粒较大时,将混合溶液静置,固相很快就沉降至容器底部或通过离心使固相沉降至容器底部时可用此法。其操作方法如图 4-5 所示。

如果需要对沉淀进行洗涤,只需向盛有沉淀的容器中加入少量的洗涤液,将沉淀和洗涤液充分地搅动均匀,待再次沉降后倾去溶液。如此反复几遍,即能将沉淀洗净。洗涤时要考虑沉淀的性质,选择适当的洗涤液,避免洗涤液将沉淀溶解。

图 4-5 倾析液体

4.1.2.2 过滤法

过滤是在某一支撑物上放置过滤介质,注入含固体颗粒的溶液,使液体通过,固体颗粒留下,是化学实验中最常用的一种固液分离的方法。根据不同情况有常压过滤、减压过滤和保温过滤 3 种过滤方式。

(1) 常压过滤

常压过滤中最常用的滤器是贴有滤纸的漏斗。

① 滤纸的选择

实验室常压过滤所用的"过滤介质"一般是化学分析滤纸。化学分析滤纸以优质高级棉为原料,运用现代独特的造纸工艺和先进的造纸设备精造而成,是一种纯洁度高、组织均匀,具有一定过滤速度和一定强度的纯棉纸张,广泛应用于科学研究、工业、农业、医药卫生和环保等部门作定性、定量分析和定性、定量色层分析及测试之用。定性滤纸和定量滤纸按过滤速度和分离性能不同分为快速、中速和慢速三大类。定性滤纸分为方形和圆形两类。定性滤纸方形为 60 cm×60 cm,30 cm×30 cm 等,圆形直径为 7 cm,9 cm,11 cm,12.5 cm,15 cm,18 cm,22 cm 等。定量滤纸为圆形,尺寸与定性滤纸相同。

实验中根据过滤的物质不同要选择不同的滤纸。一般过滤无定形沉淀[如 $Fe(OH)_3$ 等]可选用疏松快速型滤纸;过滤晶形沉淀(如 CaC_2O_4 等)可选用中等疏松的中速型滤纸;过滤微细形沉淀(如 $BaSO_4$ 等)可选用组织最紧密的慢速型滤纸。

② 滤纸的折叠和漏斗的准备

滤纸的折叠有两种方法。

·第一种方法是将滤纸折叠,以尽量提高滤纸的有效过滤面积。

折叠方法如图 4-6a 所示。先把滤纸折成半圆形,再对折成圆形的 1/4,按图 4-6a 中的(1)展开。再以 1 对 4 折出 5,3 对 4 折出 6,1 对 6 折出 7,3 对 5 折出 8,正如图 4-6a 中的(2)所示;然后以 3 对 6 折出 9,1 对 5 折出 10,如图 4-6a 中的(3)。然后在 1 和 10、10 和 5、5 和 7……9 和 3 之间反向折叠如图 4-6a 中的(4)。把滤纸打开,在 1 和 3 的地方各向内折叠一个小叠面,最后做成如图 4-6a 中的(5)的折叠滤纸。使用前,将折好的滤纸翻转并整理后放入漏斗中。注意:在每次折叠时,在折纹近集中点处切勿重压,否则在过滤时滤纸的中央易破裂。

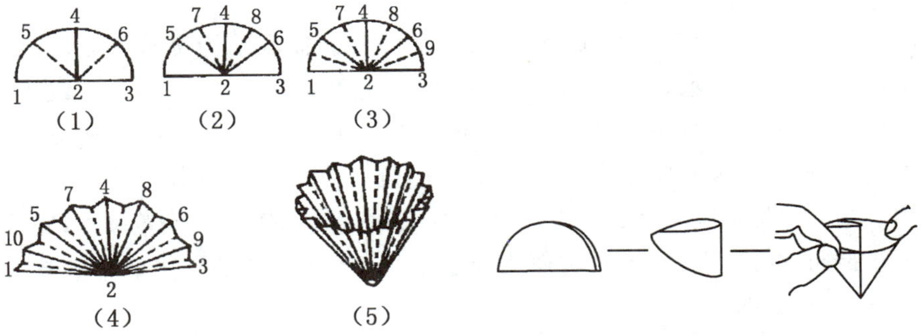

a. 折叠式滤纸　　b. 滤纸折叠

图 4-6　折叠滤纸

·第二种方法是把滤纸整齐地对折,然后再对折成扇形。

为保证滤纸和漏斗密合,第二次对折时不要折死,展开后呈圆锥形。圆锥形滤纸打开后,放入洁净而又干燥的漏斗中,使其刚好与漏斗的角度相吻合(普通漏斗的角度一般是 60°)。如果所用漏斗的角度大于或小于 60°,应当改变滤纸折成的角度,折成锐角或钝角,使之与漏斗密合为止。用手轻按滤纸,把第二次的折边折死,所得的圆锥形半边为三层,另一边为一层(见图 4-6b)。取出滤纸把三层厚的外层撕下一角。撕下的滤纸保存在干燥的表面皿上,以备以后擦烧杯壁上残留的沉淀用。用食指把滤纸按在漏斗的内壁上(放进漏斗的滤纸,其边缘应比漏斗的边缘略低),用少量的蒸馏水润湿滤纸,再用玻棒轻压滤纸四周,把滤纸与漏斗壁之间的气泡赶掉,使滤纸紧贴在漏斗壁上。再向漏斗中加水使漏斗颈形成水柱，借助这段液柱的重力可起到抽滤的作用，加快过滤速度。若不能很好地形成水柱，可以用手指堵住漏斗下口，稍稍掀起滤纸一边，用洗瓶向滤纸和漏斗的空隙处加水充满，压紧滤纸边，松开手指即可。

③ 过滤

过滤时，将漏斗放在漏斗架或铁圈上，调整好漏斗架或铁圈的高度，使漏斗管的末端紧靠接受器内壁。采用“倾注法”过滤，即先把上层清液倾入漏斗，使沉淀尽可能留在烧杯内。主要步骤是：一手拿起烧杯置于漏斗上方，一手轻轻地从烧杯中取出搅拌棒，紧贴杯嘴，立于三层部分的上方，尽可能接近滤纸，但不要接触滤纸，慢慢将烧杯倾斜，尽量不搅起沉淀，将上层清液沿搅拌棒倾入漏斗中(图 4-7)。注意，倾入漏斗的溶液，最多加到滤纸边缘下 5～6 mm 的地方。过滤过程中漏斗颈的下端不能接触滤液。当暂停倾注时，将烧杯沿着搅拌棒慢慢向上提一段，同时缓慢扶正烧杯，等搅拌棒上的溶液流完后，将搅拌棒放回烧杯中(不要靠在烧杯嘴处)。整个操作必须在漏斗正上方进行。

过滤开始后，随时检查滤液是否澄清。如滤液不澄清，则必须另换一洁净的烧杯承接滤液，用原漏斗将滤液进行第二次过滤。如果是沉淀太细以至于发生穿滤，说明选用的滤纸纤维太疏松，可选择更慢速的滤纸重新过滤。沉淀穿透过的滤纸应保留，待洗涤沉淀时合并洗涤。

④ 沉淀的转移

向盛有沉淀的烧杯中加入少量洗涤液(以漏斗一次能容纳为度)，搅起沉淀，立即将沉淀与洗涤液沿搅拌棒倾入漏斗中，尽可能地将沉淀都转移到滤纸上(可反复多次)。如沉淀未转移完全，特别是杯壁上沾着沉淀，可做如下处理：左手把烧杯拿在漏斗上方，烧杯嘴向着漏斗，拇指在烧杯嘴下方，同时，右手把搅拌棒从烧杯中取出横在烧杯口上，使搅拌棒的下端伸出烧杯嘴约 2 cm，然后用左手食指按住搅拌棒的较高位置，倾斜烧杯使搅拌棒下端指向滤纸三层一边，用洗瓶旋转着淋洗整个烧杯内壁，使洗涤液和沉淀沿搅拌棒流入漏斗中(如图 4-8)。

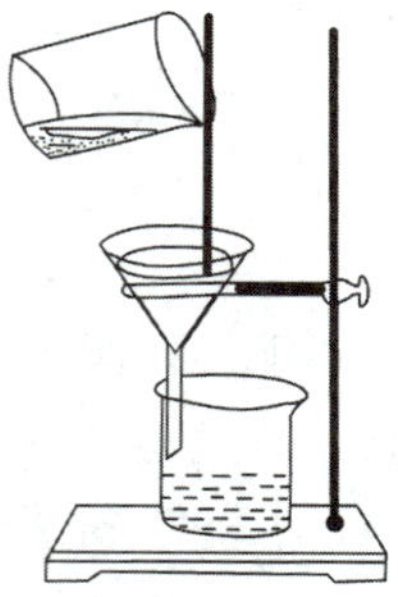

图 4-7　倾注法过滤

图 4-8　沉淀的转移

图 4-9　沉淀的洗涤

⑤ 沉淀洗涤

沉淀洗涤可采用洗瓶吹洗。洗涤时，水流从滤纸上沿开始往下作螺旋形的移动，将沉淀冲洗到滤纸的底部(如图 4-9)。如果所用的洗涤液总量相同，则“少量多次”洗涤效果较好。

（2）减压过滤

减压过滤也称为抽气过滤。过滤装置连接方法如图 4-10 所示。

抽气使布氏漏斗液面与抽滤瓶内产生压力差，达到加快过滤的目的。减压过滤能使沉淀抽得较干，但不宜过滤颗粒太小的沉淀。实验室常用的抽气设备有：玻璃抽气泵、水循环真空泵（这两者简称水泵），油循环真空泵（简称油泵）。

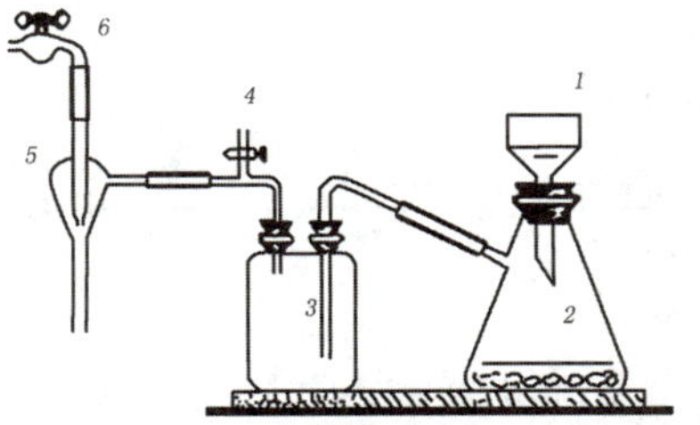

1. 布氏漏斗　2. 抽滤瓶　3. 缓冲瓶
4. 减压旋塞　5. 玻璃抽气泵　6. 水龙头

图 4-10　减压过滤

减压过滤的操作方法如下：

· 连接装配装置。注意缓冲瓶的长管和短管不能接错，防止水倒吸；布氏漏斗的下端的斜削面应对着抽滤瓶的抽滤管的方向，以利于滤液流下。

· 剪贴滤纸。遵循常压过滤相同的原则选择滤纸，将滤纸剪成比布氏漏斗内径略小的圆形，但能恰好盖住瓷板上的所有小孔为宜（过滤强碱性或强酸性溶液时，应在布氏漏斗上铺玻璃布或涤纶布来代替滤纸）。先由洗瓶挤出少量蒸馏水润湿滤纸，微微开启水泵（或油泵），使滤纸紧贴在漏斗上，然后再进行抽滤。

· 过滤与洗涤。小心地把要过滤的混合物倒入漏斗中，使固体均匀地分布在滤纸表面上。过滤时抽滤瓶内的滤液面不能达到支管的水平位置，否则滤液将被水泵抽出。因此当滤液快上升至抽滤瓶的支管处时，应拔去抽滤瓶上的橡皮管，取下漏斗，从抽滤瓶的上口倒出滤液后，再继续抽滤。为了尽量抽干漏斗上的沉淀，可用一个平顶的试剂瓶塞挤压沉淀。在布氏漏斗中洗涤沉淀时，应停止抽滤，用少量的洗涤剂缓慢通过沉淀，待滤液从漏斗下端滴下时，重新抽气，再把沉淀尽量抽干、压干。如此反复几次，就可以把沉淀洗净。

· 在抽滤过程中不得突然关闭水泵。如欲停止，要先缓慢地开启缓冲瓶上的减压旋塞，使空气进入恢复常压，再关闭抽气机。

（3）保温过滤

如果某些溶质在温度降低时很容易析出结晶，但又不希望它在过滤时析出，这时就需要用保温漏斗（又称热过滤漏斗、热水漏斗）进行过滤。其过滤装置如图 4-11 所示。保温漏斗是把普通玻璃漏斗放在一个金属铜制的外套里，套里盛着热水，在外套的侧下方有封口的支管，在支管处可以用灯焰加热来保持热水的温度。在外套的上方有一注水孔，由此孔注入热水（约八成满）。为了防止漏斗颈析出结晶，热过滤用的玻璃漏斗以短颈的为好。

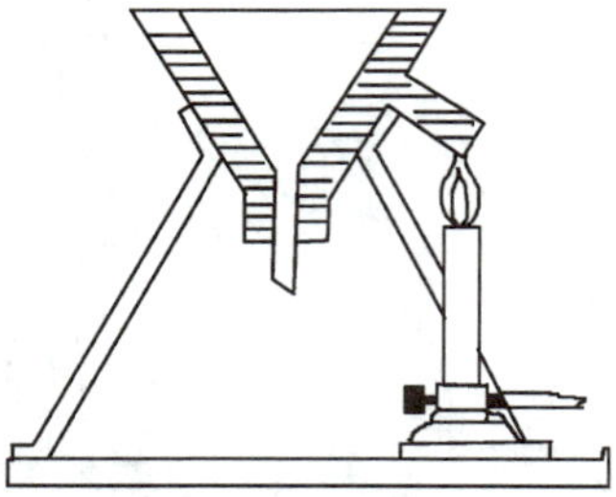

图 4-11　保温过滤

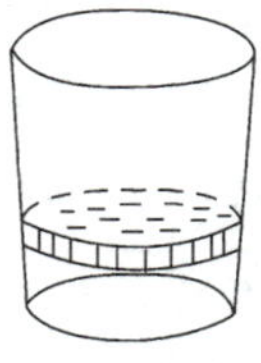

图 4-12　微孔玻璃坩埚

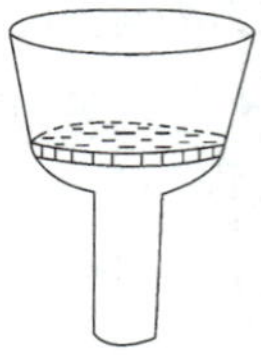

图 4-13　微孔玻璃漏斗

(4) 用玻璃砂芯滤器过滤

对于烘干后即可称量的沉淀，可采用玻璃砂芯滤器过滤。它包括微孔玻璃坩埚(图 4-12)和微孔玻璃漏斗(图 4-13)。

微孔玻璃漏斗和坩埚的滤板是用玻璃粉末在高温熔结而成。按照微孔的孔径，由大到小分为 6 级，G1～G6(或称 1 号～6 号)。1 号的孔径最大(80～120 μm)，6 号孔径最小(2 μm 以下)。一般用 4 号～5 号(相当于慢速滤纸)过滤细晶型沉淀，用 3 号(相当于中速滤纸)过滤一般晶型沉淀。微孔玻璃漏斗或坩埚不能过滤强碱性溶液，因为它会损坏坩埚或漏斗的微孔。使用此类滤器时，需用减压抽气法过滤。

新的微孔玻璃滤器在使用前应以热盐酸或铬酸洗液先行抽滤，并立即用水抽洗干净。旧滤器使用前，先用稀盐酸或稀硝酸抽滤，再用水抽洗干净。然后，在相当于烘干沉淀的温度下烘至恒重，以备使用。

过滤时，先倒溶液于滤器中，然后再开水泵。

转移沉淀和洗涤沉淀的方法与用滤纸过滤相同，但洗涤操作未完成前一定不要把沉淀抽干。当结束抽滤时，应先拔出抽滤瓶上的橡皮管，再关抽水泵，以免倒吸。

微孔玻璃滤器每次用毕，必须及时洗涤干净。

4.1.2.3　离心分离法

离心分离是利用比重力更强大的场力来促进颗粒和液体的运动，不但用于液固分离还用于液液分离。工业中离心分离主要分为两种类型。第一类用沉降原理和用无孔转鼓或不开孔的圆锥形壳体来进行分离。第二类采用过滤的原理和用开孔的转鼓进行分离。在过滤离心机中，离心惯性力提供了迫使母液穿过滤饼的压力。

在实验室，试管中少量溶液与沉淀的分离常采用离心分离法。实验室的离心机常用的有手摇离心机和电动离心机两种。电动离心机操作方法如下：

· 将盛有混合溶液的离心管对称地放入电动离心机的套管内。放置前注意检查套管缓冲垫是否完好。关上离心机顶盖。盛有物料的离心管支数必须能保证在离心机内是对称的。如只有一支离心管的混合液需要分离，则要在它的对面放入同样大小的离心管，内装与混合液同样重量的水，以便保持平衡。

· 由低速逐步向高速启动离心机至设计转速，离心时间到后则逐步降低转速至停机，切忌强启、骤停而损坏机器。停机后打开顶盖，取出离心管。

·沉淀若需洗涤，可以加少量的洗涤液，用玻棒充分搅动，再进行离心分离，如此重复操作即可。

·由于离心的作用，沉淀紧密地聚集在离心管的尖端，上方的溶液是澄清的，可用滴管将上面的清液吸出，插入的深度以尖端不接触沉淀为限，也可用倾析法将清液倾出。

4.1.2.4 膜分离法

(1) 概述

现代的膜分离技术主要是指用天然或人工合成的高分子薄膜及无机膜，以外界能量或化学位差为推动力，利用膜对不同组分选择透过性的不同，对双组分或多组分的混合体系进行分离、分级、提纯和浓缩的方法，是当代新型高效的分离技术。广泛地应用于能源、电子、石油化工、医药卫生、生化、环境、冶金、轻工、食品、重工和人们生活等领域，已成为推动产业发展、改善人类生存环境、提高人们生活质量的共性技术。

膜分离与传统的分离技术比较，具有显著的特点和优点：

① 能耗低

膜分离过程的能耗比较低，主要有两个原因。一是在膜分离过程中，被分离的物质大都不发生相变。其他分离过程如蒸发、蒸馏、萃取、吸收、吸附等都伴随从液相或吸附相至气相的变化，而相变化的潜热是相当大的。二是膜分离过程一般在室温附近的温度下进行，被分离物料加热或冷却的能量消耗很少。

② 分离效率高

与传统分离过程相比，膜技术因为分离组分的高选择透过性而具有更高的分离效率。另外，膜分离过程一般在常温或低温下操作，在处理热敏感物质的分离浓缩时尤其有效。

③ 适用范围广

膜分离不仅适用于一般的有机物和无机物体系，而且在病毒、细菌到微粒的分离，以及一些传统分离技术难以处理的特殊溶液体系的分离中均可应用。如溶液中无机盐与大分子的分离，共沸物或近沸点物系的分离等。

④ 分离设备简单，易于操作、维护

膜分离过程的推动力通常都是压力（如微滤、超滤、纳滤、反渗透等）或外直流电场（如电渗析）。因此设备装置简单、操作容易、维护方便，并且容易实现连续、自动控制。

⑤ 对环境影响小

膜分离过程无化学变化，也不需添加过多化学药剂，使物料免受二次污染，不产生污染性排放物质，因此无化学后处理压力，有利于环境保护。

由于膜分离技术将会在越来越多的行业中使用，这就要求有更多性能优越的膜被研制出。高功能膜将会被越来越多的人所关注，如有机氟材料功能膜、离子膜、陶瓷膜、具有催化功能的分离膜等，这些都是将来膜发展的方向。

(2) 过滤膜简介

膜的过滤是固液分离技术之一。例如在水处理中，它是以膜孔把水滤过，将水中杂质截留。过滤膜除用作水处理以外，还常用于超纯水制造和海水淡化、粪尿处理、各种废水处理。在工业中可用于乳制品、半导体、食品、造纸及药品制造等。

过滤膜以截留粒子粒径的大小分类，膜孔从粗到细分为微滤膜(MF)、超滤膜(UF)、纳诺滤膜(NF)和反渗透膜(RO)。MF 膜孔径为 0.05 μm 以上，或为 1 000 以上分子量，以去除胶体、高分子有机物为对象。NF 膜孔径为 100～1000 分子量，它去除的物质粒径大小在 UF 与 RO 之间。RO 分离粒径为数十分子量，以去除无机盐为对象。除以上 4 种以外，还有离子交换膜和气体渗透膜。

① 微滤

微滤是以多孔细小的薄膜作为过滤的介质，以筛分原理为根据的薄膜过滤。在压力作为推动力的作用下，溶剂、水、盐类及大分子物质均能透过薄膜，而微细颗粒和超大分子等粒子直径大于膜孔径的物质均被滞留下来，以达到分离的目的。微滤是目前膜分离技术中应用最广且经济价值最大的技术。

② 超滤

超滤是根据筛分原理，以一定的压力差为推动力，从溶液中分离出溶剂的操作。同微滤过程相比，超滤过程受膜表面孔的化学性质影响较大，在一定的压力差下溶剂或小分子量的物质可以透过膜孔，而大分子物质及微细颗粒却被截留，以达到分离目的。超滤膜通常为不对称膜，膜孔径的大小和膜表面的性质分别起着不同的截留作用。超滤主要应用于浓缩大分子溶液的净化等。

③ 反渗透

反渗透过程主要是根据溶液的溶解、扩散原理，以压力差为推动力的膜分离过程。它与自然的渗透过程刚好相反。渗透和反渗透均是通过半透膜来完成的。在浓溶液一侧，当施加压力高于自然渗透压力时，就会迫使溶液中溶剂反向透过膜层，流向稀溶液一侧，从而达到分离提纯的目的。反渗透过程主要应用于低分子量组分的浓缩，如氨基酸浓缩(甘氨酸 HGB 3075-79)、乙醇浓缩(GB 679-65)等。其渗透压的大小与膜的种类无关，而与溶液的性质有关。

④ 纳滤

纳滤也是根据吸附、扩散原理，以压力差为推动力的膜分离过程。它除了有本身的工作原理外，还具有反渗透和超滤的工作原理。纳滤又可以称为低压反渗透，是一种新型的膜分离技术，这种膜过程，拓宽了液相膜分离的应用，分离性能介于超滤和反渗透之间，其截断分子量约为 200～2 000。纳米膜属于复合膜，允许一些无机盐和某些溶剂透过膜。纳滤过程所需压力比反渗透低得多，具有节约动力的优点。它能截断易透过超滤膜的那部分溶质，同时又能被反渗透膜所截断的溶质透过，其特有功能是反渗透和超滤无法取代的。纳滤膜具有良好的热稳定性、pH 稳定性和对有机溶剂的稳定性，因此现已广泛应用于各个工业领域，尤其是医药、生物化工行业的分离提纯过程。纳滤膜是现今最先进的膜分离技术之一。

使用过滤膜装置不需凝絮化学处理，也不需蒸发分离作用，只需要压力使水中固液分离，这是过滤膜处理的一大特点。过滤方式有两种：

· 流动液体全部垂直地透过膜孔，将液体内杂质截留的全量过滤方式。

· 流动液体的流动方向与膜面平行，形成液体与膜面成直角的透过膜孔，将液体内杂质截留的横流过滤方式。

全量过滤方式适用于微滤和一部分超滤。横流过滤，由于液体在膜表面上流动，产生剪断力，减少在膜表面上因为杂质浓缩堆积的黏垢，适用于易于积垢的超滤、纳诺过滤和反渗透过滤。

流体通过膜期间，其含有杂质堵塞膜孔，使流体通过膜孔困难。为了恢复滤水效率，可采用以下方法进行过滤膜冲洗：

· 反冲洗。与过滤相反方向通过清水，使抑留于膜孔的杂质被冲走。也可通过空气冲洗法替代。

· 海绵球冲洗。只单独用于内压式管形膜，它是将海绵球通过管膜内部，使海绵球与管膜内壁摩擦，把抑留物冲走的方法。

· 空气泡冲洗。它是用空气泡搅拌力将附着在膜壁的抑留物去除的方法。用空气泡搅动软质合成树脂中空系统的膜内壁，收到冲洗效果。

· 药剂冲洗。膜经过长期使用，杂质进入膜孔之中，用一般冲洗方法不能解决，使用化学药剂清洗。化学药剂有苛性苏打、盐酸、次亚氯酸钠、柠檬酸及过氧化氢等。

4.1.3 干燥和灼烧

滤纸和沉淀的烘干通常在煤气灯上或电炉上进行。从漏斗中取出带有沉淀的滤纸时，先用扁头玻璃棒将滤纸边挑起，向中间折叠，将沉淀包住，再用玻璃棒轻轻转动滤纸包，以便擦净漏斗内壁可能粘有的沉淀。然后把滤纸包转移到坩埚中，将滤纸包稍斜放，滤纸的三层部分应向上，使滤纸灰化较为容易。坩埚的外壁和盖先用蓝黑墨水或 $K_4[Fe(CN)_6]$溶液编号。烘干时，盖上坩埚盖，但不要盖严。

对于采用微孔玻璃漏斗（或坩埚）过滤的沉淀，可将滤器放在表面皿上，移入烘箱中烘干。干燥温度根据沉淀的性质确定。

炭化是将烘干后的滤纸烤成炭黑状。灰化是使呈炭黑状的滤纸灼烧成灰。炭化和灰化的灼烧方法如图 4-14，应由小火到强火，一步一步完成烘干、炭化、灰化，不能性急，不要使火焰加得太大。炭化时如遇滤纸着火，可立即用坩埚盖盖住，使坩埚内火焰熄灭（切不可用嘴吹灭）。着火时，不能置之不理，让其燃尽，这样易使沉淀随大气流飞散损失。待火熄灭后，将坩埚盖移至原来位置，继续加热至全部炭化（滤纸变黑）直至灰化。坩埚盖上如附有黑炭，亦应注意使其灰化。若在电炉上进行烘干、炭化和灰化，应注意温

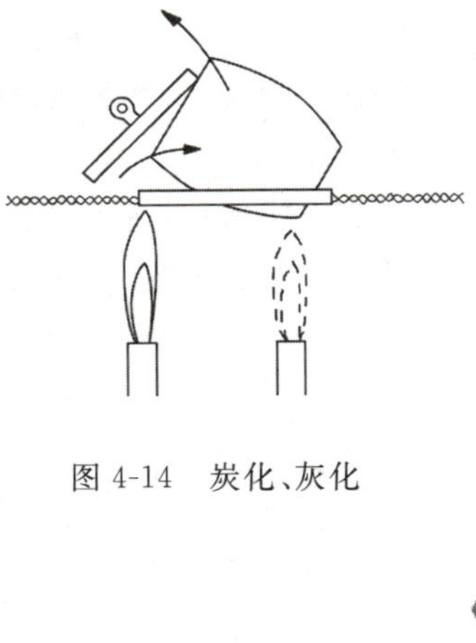

图 4-14　炭化、灰化

度不能太高，且这时坩埚是直立，坩埚盖不能盖严，其他操作和注意事项同前。

灰化后，将坩埚移入高温炉中，盖上坩埚盖(稍留有缝隙)，进行沉淀的灼烧。将炉温升至指定温度(根据沉淀性质而定，并与灼烧空坩埚时一致)后保温灼烧，与空坩埚灼烧恒重的操作相同，将沉淀灼烧至恒重。若以煤气灯灼烧沉淀，则将坩埚直立于泥三角上，盖好坩埚盖，在氧化焰上以大火灼烧。

参考文献

[1] 新疆大学化学化工学院编. 大学化学实验. 1992. 141～142

[2] 中山大学等校编. 无机化学实验. 北京：高等教育出版社，1992. 62～63

[3] 沈君朴编. 无机化学实验. 天津：天津大学出版社，1998. 89～91

[4] 吴琴媛，徐培珍等编. 实验无机化学. 南京：南京大学出版社，2002. 63～65

[5] 成都科技大学、华南工学院合编. 无机化学实验. 北京：高等教育出版社，2001. 93～95

[6] 王致勇、连祥珍编著. 无机化学实验. 北京：清华大学出版社，1998. 45～47

[7] 高职高专化学教材编写组编. 无机化学实验. 北京：高等教育出版社，1999. 38～40

[8] 成都科技大学、华南工学院合编. 无机化学实验. 北京：高等教育出版社，2001. 121～123

[9] 华东化工学院无机化学教研组编. 无机化学实验. 北京：高等教育出版社，2000. 66～68

[10] 武汉大学. 分析化学实验. 北京：高等教育出版社，2001. 45～47

[11] 南京大学《无机及分析化学》编写组. 无机及分析化学. 北京：高等教育出版社，1998. 54～56

[12] 周翠铃编. 无机化学基础实验. 长沙：湖南师范大学出版社，1993. 44～47

[13] 大连理工大学化学化工学院编. 无机化学实验. 北京：高等教育出版社，1994. 93～95

[14] 黄涛、张治民编. 有机化学实验. 北京：高等教育出版社，1998. 23～25

[15] 北京大学化学学院编. 有机化学实验. 北京：北京大学出版社 2002. 89～92

[16] 姜尔玺，赵玉鑫. 膜分离技术的应用与进展. 黑龙江大学自然科学学报. 2002，19(3)：98～102

[17] 孙德福，刘永. 膜分离技术及其应用进展. 化工科技，2002，10(4)：58～63

[18] 朱企新等译. 固液两相过滤及分离技术. 北京：化学工业出版社，2005

(彭秧 赵建茹)

4.2 常用液液分离方法

液液体系一般是指在当前特定条件下(温度、压力)保持液态的混合体系。不过,液液体系有时很难与"溶液"截然区别。例如,常温常压下乙醇与水、液溴与水、氢氧化钠与乙醇、葡萄糖与水构成的液相体系中,一般只把第一种称为液液体系,尽管很多时候也与其他几种体系一样被称为"溶液"。所以,人们常常只会把形成离子的溶质-水或可以通过转化为沉淀、形成结晶来分离各组分的混合体系认为是溶液;而对非离子的、难以用固液分离方法分离的溶质-介质体系(特别是有有机物参与时)认为是液液体系,虽然有时也称作"溶液"。

根据组分之间的相溶性,液液体系又可分为两大类。一是完全互溶的均匀体系,如石油及其燃料成品油;二是不互溶的非均匀体系,如食用油与水,这时,组分之间由于密度的差异往往形成分层。

应当指出,液液体系中的各组分并非都必须是液体,只要形成的体系在给定的条件下是液态即可,如萘-苯体系。另外,乳液(如牛奶)和浊液(如泥浆)的复杂体系的分离都需要先破坏体系的悬浮状态,再根据情况来操作,因而本节的讨论不包括这些类型。

4.2.1 互溶液液体系的分离

生产生活中的互溶液液体系非常普遍,如有机化工中的产品-介质体系、医用消毒酒精、石油等。体系中组分之间形成分子分散态,缺乏明确的界线,而且有时组分还非常多,用简单方法根本不能分离。一般而言,常用的互溶液液体系分离方法有两类。一类是根据组分沸点差异的分离方法,即蒸馏和分馏;二是利用某些物质(如分子筛、树脂)对体系中特定组分的选择性吸附实现分离,这种方法也是目前精细化工中行之有效的技术,尤其对异构体的分离。本节仅讨论前一类方法。

4.2.1.1 蒸馏

沸点是物质的特征物理常数。当液体物质受热时,蒸气压增大,待蒸气压大到和大气压或所给压力相等时,有大量气泡从液体内部逸出,这种现象为沸腾,此时的温度即该物质的沸点。蒸馏就是将混合体系加热,使其中低沸点的组分汽化,再将蒸气冷凝液化,从而使两组分分离的方法。本方法无论在实验室还是工业生产上应用都极其广泛。

利用蒸馏可将沸点相差较大(大于 80 ℃)的液态混合物分开。蒸馏混合体系时,沸点较低者先蒸出,沸点较高者随后蒸出,不挥发物留在汽化器(如烧瓶)内,这样即可达到分离提纯的目的。

一般的蒸馏装置都应该包括以下 4 个组件,如图 4-15 的实验室装置所示。

· 热源部分:浴或其他加热器;

• 汽化部分：蒸馏烧瓶、温度计；

• 冷凝部分：冷凝管；

• 接受部分：应接管（又叫接液管），锥形瓶或圆底烧瓶。

随着被蒸馏物沸点高低的不同以及其他物理性质的差异，这些部分也略有不同：

• 热源。蒸馏沸点在 80 ℃以上者，可用空气浴、油浴；沸点在 80 ℃以下者，要用水浴。浴面的高度一般不得超过蒸馏瓶中液面 1 cm，浴温高于被蒸馏物沸点 20 ℃～30 ℃即可。沸点在 80 ℃以下，且易燃者应避免明火加热，如乙醚。

• 冷凝管。沸点低于 140 ℃，用直形水冷凝管，球形和蛇形水冷凝管的冷却效果好些，但分离效果差些，可根据实验要求进行选择。沸点高于 140 ℃，用空气冷凝管。如果馏出物是低沸点的挥发性物质，还需要通入冰水来冷却。

• 接收器。接收沸点在 80 ℃以上者，直接用锥形瓶接收即可；沸点在 80 ℃以下者，需用水浴或冰浴冷却。当馏出物易潮解时，在尾接管上应接一氯化钙干燥管（图 4-15B1）；当馏出物易挥发、易燃时，在应接管上应接一长橡皮管，通入下水道；当有毒气放出时，则在应接管上接一毒气吸收装置（图 4-15B2）。

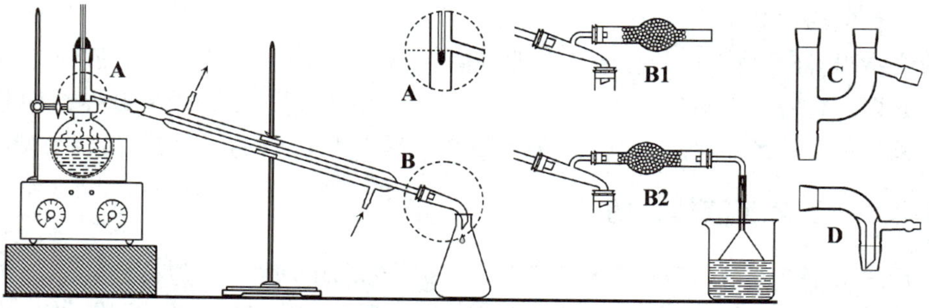

图 4-15　实验室蒸馏装置

蒸馏须遵守如下所示的操作顺序：从左往右为实施蒸馏、由右向左为结束后拆除装置。

放置热源 ⟷ 安装汽化器注入混合液 ⟷ 安装冷凝器 ⟷ 安装接受器 ⟷

打开冷凝水 ⟷ 打开热源

在加热过程中，经常发生过热现象，即在液体已经加热到或超过了其沸点的温度，仍不沸腾。当继续加热时，液体会突然剧烈沸腾、冲入冷凝管甚至冲出瓶外，造成损失或着火，这就是爆沸现象。为了防止爆沸，需在加热前向蒸馏瓶内加入 2～3 粒沸石，其微孔中吸附着一些空气，在加热时就形成液体的汽化中心，可使瓶中液体平稳沸腾。若已加热到近液体沸点时，发现忘加沸石，需待液体稍冷后补加。若遇中途停止蒸馏，而冷后又需蒸馏时，需重新加入沸石。

4.2.1.2　减压蒸馏

沸点在 40 ℃～150 ℃液体组成的混合体系可以在常温、常压下按上述方法蒸馏分离，但对于某些高沸点、低熔点及热敏感有机化合物来说，在达到沸点前就有可能因受热发生不同程度的分解、氧化、重排等反应，因而这类物质可以用降低压力来提高蒸气压的方法来蒸馏，称为减压蒸馏。与之对应，前述的常压蒸馏就称为简单蒸馏。

从图 4-15 可以看出，减压蒸馏的装置与简单蒸馏类似，所不同的有三点。一是整个装置最好都用磨口玻璃仪器，以保证良好的气密性。二是相当于图 4-15A 的汽化器接头换成了图 4-15C 的克氏（Claisen）蒸馏头，相当于图 4-15B 的应接器换成了图 4-15D 的形式。三是必须有配套的真空系统（参阅 3.3 节）。

由于减压蒸馏是在内外压力不平衡的状态下进行的，因此，除了要求所有玻璃仪器都应有一定耐压强度之外，操作上也必须更加小心。减压蒸馏的操作顺序如下。

放置热源⟷安装蒸馏装置⟷打开冷凝水⟷开启真空泵⟷调整压力⟷打开热源

4.2.1.3 水蒸气蒸馏

实验室和工业上最廉价的蒸馏介质是水，这时也称为水蒸气蒸馏，是由一般的液液蒸馏技术拓展而来的。根据装置的不同，固体物料水蒸气蒸馏方法可以分为 4 种（图 4-16）。

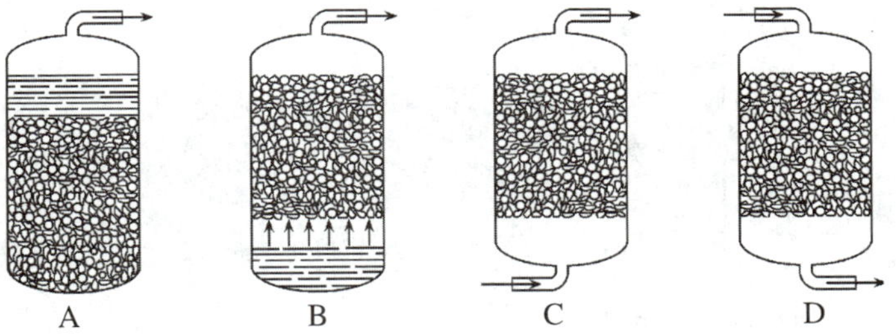

图 4-16　水蒸气蒸馏的 4 种方式

• 水中蒸馏（图 4-16A）。原料置于筛板或直接放入蒸馏锅，锅内加水浸过料层，锅底进行加热。

• 水上蒸馏（隔水蒸馏，图 4-16B）。原料置于筛板，锅内加入能满足蒸馏要求的水量，但水面不得高于筛板，并能保证水沸腾至蒸发时不溅湿料层，一般采用回流水，保持锅内水量恒定以满足蒸馏操作所需的足够饱和蒸汽，因此可在锅底安装窥镜，观察水面高度。

• 直接蒸气蒸馏（图 4-16C）。在筛板下安装一条带孔环行管，由外来蒸气通过小孔直接喷出，进入筛孔对原料进行加热，但水散作用不充分，应预先在锅外进行水散，锅内蒸馏快且易于改为加压蒸馏。

• 水扩散蒸气蒸馏（图 4-16D）。这是近年国外应用的一种新颖的蒸馏技术。水蒸气由锅顶进入，蒸气至上而下逐渐向料层渗透，同时将料层内的空气推出，其水散和传质出的精油无须全部汽化即可进入锅底冷凝器。蒸气为渗滤型，蒸馏均匀、一致、完全，而且水油冷凝液较快进入冷凝器，因此，所得精油质量较好、收率较高、能耗较低、蒸馏时间短、设备简单。

水蒸气蒸馏既可以从固体物料中蒸馏提取出目标组分，又可以作为混合液体物料的分离手段。水蒸气蒸馏的最大用途是用来提取温度性质较为稳定的天然植物香精油，如樟脑、薄荷油、桉树油等。加热时，随着温度的增高，物料中的精油和水均要加快蒸发，产生混合蒸气，其蒸气在冷凝器中得到香精油与水构成的互不相溶体系，经过油水分离即可得到精油产品。

4.2.1.4 分馏

分馏是蒸馏的一种专门方式，是利用各组分沸点的细微差异实现多组分同时精细分离的方法。为了精确地分馏出不同沸点的组分，其装置也比蒸馏复杂。图 4-17 是简单的示意图。

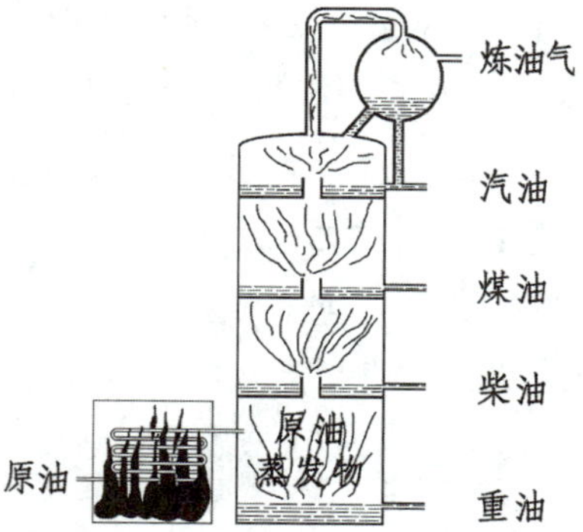

图 4-17　石油常压分馏示意图

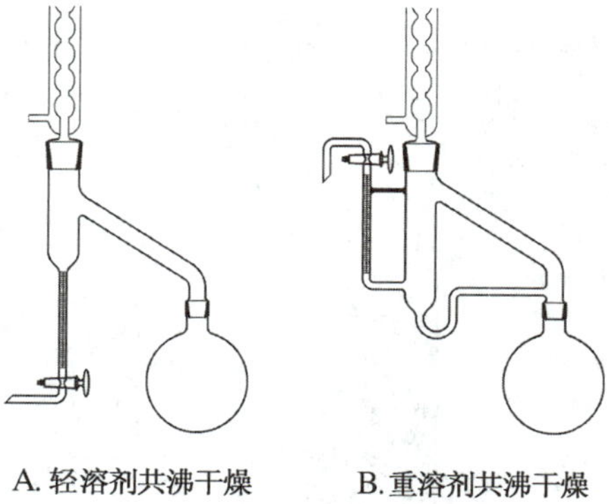

图 4-18　共沸干燥装置

分馏装置的核心组件是分馏塔。分馏塔各馏出点的温度依次降低，以便收集不同沸点的馏出产品。物质的分离纯度取决于相邻两个馏出点的温降和距离，温降越小、距离越远，则分离纯度越高。

在对馏出物纯度要求不太高的情况下，相邻两个馏出点的温降可以较大，距离也较近，所以，得到的产品仍然是混合物，则这种产品就被称为某某沸程（就是温降）的馏出物，如石油炼制中的汽油、柴油、实验室所使用的石油醚等。

工业上为了分馏沸点较高的混合物常采用降低分馏塔内压强的方法，称为减压分馏。

4.2.1.5 共沸蒸馏

在一定压力下，凡纯净物必有固定沸点，然而，具有固定沸点的物质却不一定均为纯净化合物。这是由于特定比例的两种或两种以上组分的物质可以形成二元或多元共沸（恒沸）混合物的缘故。

表 4-1 常见的共沸混合物

混合物	沸点/℃	%/W－W	共沸点/℃
水—乙醇	100～78.3	5～95	78.15
水—乙腈	100～81.5	14.2～85.8	76.0
水—乙酸乙酯	100～78	9～91	70
水—正丙醇	100～97.3	58.3～71.7	87
水—甲酸	100～100.7	23～77	107.3
水—四氯化碳	100～76.8	4～96	66
水—苯	100～80.5	9～81	69.2
水—甲苯	100～110.6	20～80	94.1

尽管共沸混合物的气相和液相具有相同的组成比例，不能用一般的蒸馏方法将其各个组分分开，却可以用来除去混合物中的某一微量组分。共沸干燥就是基于这一原理。

共沸干燥就是将一种既能与水形成共沸混合物而又尽可能在冷却时与水不互溶的物质(如苯)，添加到待干燥的物料内，然后将此固液混合物进行蒸馏，借共沸蒸发把物料中的水分带出。如果利用图 4-18 的分水器承接馏出物，还可以观察物料是否已经干燥并计量含水量。

4.2.2 不互溶液液体系的分离

由于组分之间的分层，使得不互溶液液体系的分离甚为方便，往往是利用密度差自然分层或通过离心等方法加速分层，再分别取出不同组分(层)来实现分离。在工业生产上，自然分层分离成本最低，但所需时间长、容器大，所以，有时要辅以其他物理手段加速分层。管式离心机(图 4-19)就是一种借助离心力推动分层的液液分离设备。离心管的转速一般高达 15 000 r/min 以上，分离因数 10 000 以上，不仅可以迅速使混合体系依密度不同分层，而且有利于破除因乳化等造成的分层障碍。

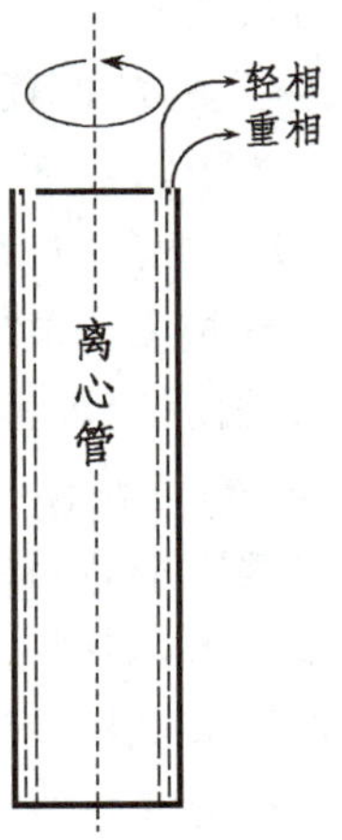

图 4-19 管式离心机的原理

4.2.2.1 分液漏斗操作

在实验室里使用的器具是分液漏斗。常用分液漏斗有球形、梨形、筒形 3 种，如图 4-20。从圆球形到圆筒形，其漏斗越长，振摇后两相分层所需的时间越长，分离得越彻底。因此，当两相密度相近时，采用圆筒形分液漏斗较合适，对于少量或半微量操作，则经常选用梨形分液漏斗，便于操作和观察。无论选用何种形状的分液漏斗，加入全部液体的总体积均不得超过其容积的 60%。

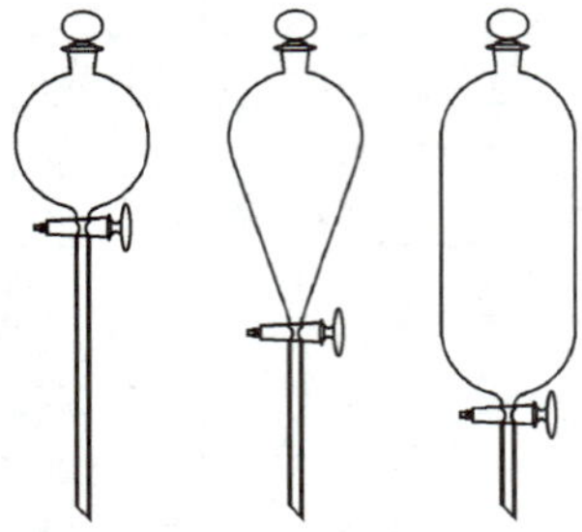
图 4-20　分液漏斗形状

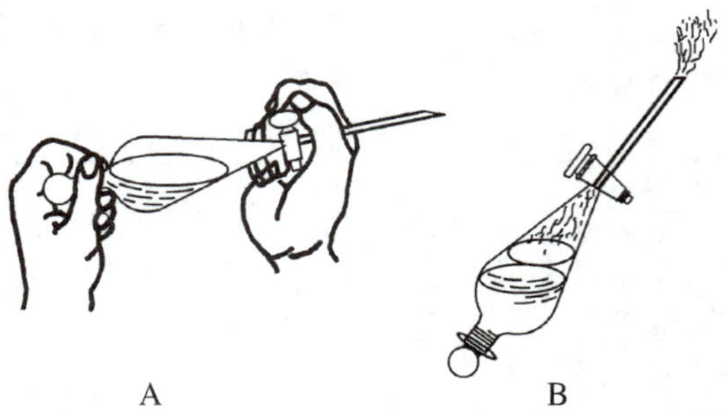

图 4-21　振荡分液漏斗

分液漏斗在使用前先须用橡皮筋或塑料线将玻璃塞和放液活塞分别与相应的承口部位绑住，以防不慎将玻璃塞或活塞脱落摔坏。然后检查各磨口配合是否严密，不得有漏水现象，必要时可涂抹少量凡士林堵水。

分液漏斗的操作程序如下：

(1) 进液

先关闭放液活塞，打开玻璃塞，避开分液漏斗上口的小孔，将被分离液体倒入，塞好玻璃塞，漏斗上口的小孔与玻璃塞上的侧槽要错位合上。

(2) 振荡

分液漏斗横置，令其上口略朝下，右手握住活塞，其拇指和食指捏住活塞柄，中指在活塞座下，这样既便于灵活开关活塞，又能防止振荡时，活塞芯转动或脱落。左手握住分液漏斗的上口颈部，左手掌压紧玻璃塞，防止玻璃塞松动漏液，如图 4-21A。振荡时初始要慢，旋转振荡，且每振荡 2～3 次，就要开启活塞放气以平衡外压，如图 4-21B。放气时，用左手食指顶住玻璃塞，用右手拇指与食指慢慢旋开活塞，并注意应指向无人、无火源处。再关闭活塞后继续振荡、放气，重复数次，便可达到洗涤或萃取的目的。

(3) 分离液体

振荡完毕后，将分液漏斗放到铁环上静置，或在漏斗颈部配一橡皮塞，用万用夹固定在铁架台上，如图 4-22，且玻璃塞侧槽对准漏斗口端小孔，同时在分液漏斗下端处放置一个锥形瓶或烧杯。注意，不能用手拿住分液漏斗下端，也不能用手拿着分液漏斗静置或放液。待分液漏斗内的液体清晰分层后，将分液漏斗的下口贴紧下方的锥形瓶内壁或烧杯内壁，旋开活塞，让分液漏斗中的下层液体流下。若打开活塞，液体不流下，则应检查上口小孔是否对准了玻璃塞侧槽。当分液漏斗中的上下两层液体的界面下降到接近活塞时，并闭活塞，稍加振荡并静置片刻，此时下层液体会略有增加，再小心放出下层液体。通常情况下，下层放出的是重组分的液体，分液漏斗中上层的轻组分液体从分液漏斗的上端口倒出。不要把上层液体经活塞从下口放出。

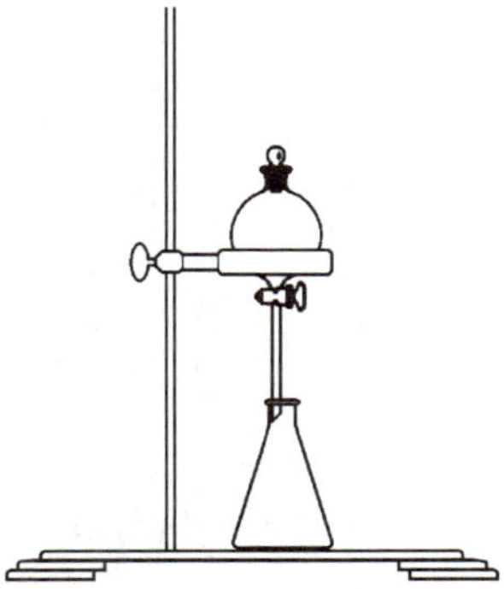

图 4-22　分液漏斗夹持静置

(4) 清洗

分液漏斗用后，应用清水或洗液冲洗干净，玻塞和活塞处应垫上一小纸片，晾干。

实验室中分液漏斗不仅用于一般不互溶液液体系的分离，更是物质常规萃取的必备工具，广泛用于物质提纯、富集等操作，如利用氯仿提取并富集水中的溴，利用有机溶剂从植物材料中提取香精油。有时还可以代替滴液漏斗在实验装置中用来滴加液体试剂，是控制和调节加量的部件。

4.2.2.2　萃取

萃取是利用物质在不同介质中的溶解度差异将其分离、提纯或富集的方法，萃取效率可以用给定温度条件下被萃取物在两种溶剂中的溶解度比值来评价。这个比值称为分配系数。一般而言，只有当分配系数在 100 以上才能有效萃取。

选择萃取剂的第一原则当然是应该对被萃取物和杂质有良好的区别溶解度，以及与被萃取液不互溶；其次是要有适宜的密度和沸点，性质稳定，毒性小。一般来说，对难溶于水的有机物优先选用石油醚，对较易溶于水的物质用乙醚或苯，乙酸乙酯则适宜极易溶于水的物质。由于乙醚几乎能溶解大多数有机物，沸点又低，因此乙醚是普遍使用的萃取溶剂。

(1) 液液萃取

液液萃取要求萃取剂与原溶剂形成尽可能不相溶的液液体系，以便分离。

利用分液漏斗可以进行间歇萃取。首先把被萃溶液注入漏斗，再加入萃取剂，充分振荡后收集萃取剂层，最后蒸馏回收溶剂即可。尽管实验室经常使用这种间歇萃取，但萃取的效率并不理想，有时还得多次萃取方能达到要求。

借助图 4-23A，B 的装置可以进行连续萃取。此类装置的工作方式是回流。由于萃取剂是不断自动流回汽化器，再经汽化、冷凝、萃取而反复，所以即使萃取剂对被萃取物的溶解度比原溶剂还小，也能有效萃出目标物质。

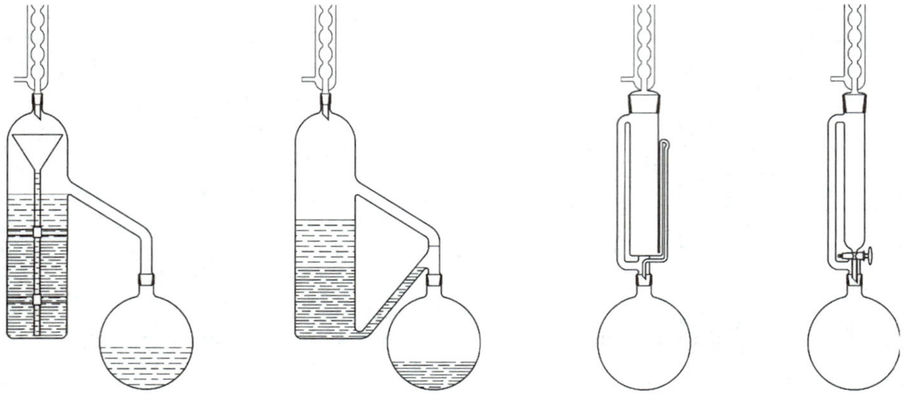

图 4-23　连续萃取装置

(2) 固液萃取

索氏萃取器(Soxhlet extractor)是常用的固液萃取装置,其结构特点是利用回流和虹吸,使新鲜溶剂自动反复浸泡固体物料来提高萃取效率。萃取时,把破碎的物料装入滤纸筒后放入提取器中,滤纸筒的最终高度应不超过侧气管上口,物料也应低于滤纸筒。按图 4-23C 安装好装置,检查气密性后加热反复萃取,最后蒸馏回收溶剂即获得目标物质。索氏萃取器不能萃取比溶剂轻的物料。

梯氏萃取器(Thielepape Head)(图 4-23D)是一种常用的手动式间歇回流固液萃取装置。使用时,先在提取器中放一小片滤纸,以防物料堵塞活塞,再加入破碎的物料。每次当冷凝液完全浸泡物料时,打开活塞让溶液流回烧瓶。如此反复多次。最后回收溶剂即可。

(3) 超临界流体萃取

物理学中,把加压能使气体液化的最高温度称为临界温度,把在临界温度时使气体液化的最低压力称为临界压力,而把超过物质的临界温度和临界压力的气体称为超临界流体,简称 SCF(图 4-24)。

SCF 是一种兼具气体和液体性质的特殊相态,利用 SCF 可以实现在常规条件下难以进行的生产。其中,应用最早、最广泛的是混合物的萃取分离。

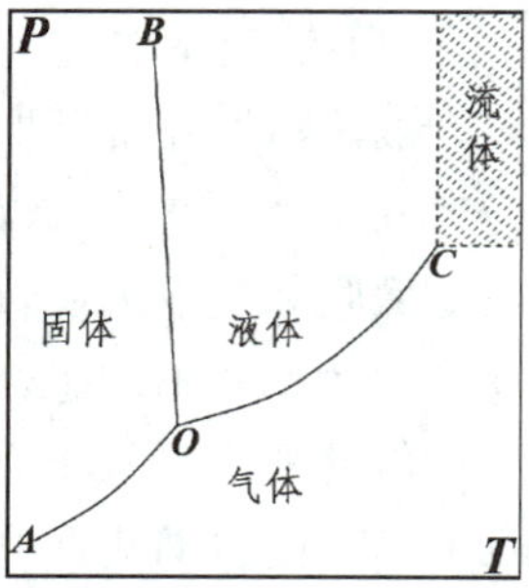

图 4-24　纯物质的相图

SCF 萃取具有常规溶剂萃取所不具备的优势:

· 选择性强。物质随沸点由低到高的顺序溶解,因而可以分离非常相似的物质,如同系物。

· 无污染。SCF 既不污染目标组分,也通过循环使用无排放。

· 常温操作。在常温条件下提取和分离热敏性和易氧化性的物质。

· 易控制。SCF 对溶质的溶解度有随 SCF 密度增大而增大的规律，因而可以通过调压或调温来调节萃取环境。

SCF 萃取是在高压下进行的，不仅需要专门的设备，而且应当注意操作安全。

从理论上讲，所有物质都可以作为 SCF，而生产上使用得最多的是 CO_2。这是因为 CO_2 具有如下特点：

· 化学性质稳定。不腐蚀设备，在流体状态下一般也不与目标组分发生化学反应。

· 良好的溶解能力。

· 成本低。CO_2 的临界温度为 304.1 K，临界压力为 7.39×10^6 Pa，节省动力；来源广、价格低。

· 安全。

在实际操作中，先将物料装入萃取器，排空杂质气体后注入超临界流体（如 CO_2），用压缩机驱动使之反复循环，目标组分则不断地在高压的萃取器里从物料中萃出、在低压的分离器中析出。整个过程只需控制萃取器的压力，从而调节 SCF 的密度，实现针对性地萃取。

思考题

1. 观察实验室里的分液漏斗，并结合下面的提示思考它的使用方法：

(1)怎样检查分液漏斗是否漏水？练习用凡士林涂抹活塞，用橡皮筋绑住玻璃塞和活塞后练习振荡操作。

(2)能否把活塞上涂有凡士林的分液漏斗放入烘箱内烘干？为什么？

(3)为什么分液漏斗分液时，要先开玻璃塞，后旋开活塞，才能放出液体？

(4)分液漏斗是根据什么原理分离液体的？两种不相溶的液体 A,B 同在分液漏斗中，根据什么判断 A 在上层还是下层？

(5)下层液体应从哪里放出来？放出液体时，为了不要流得太快，应怎样操作？留在分液漏斗中的上层液体，应从何处转入另一容器中？

2. 复习高三关于“石油和石油产品”一节的内容并查阅有关资料，了解石油的常压分馏和减压分馏的原理和方法，理解石油产品“沸程”的概念和形成的原因。

3. 设计出用蒸馏的方法从混合液中回收乙醇的装置，讨论该装置在安装和操作时的注意事项、产品质量控制方法和最终产品的极限质量。

4. 查阅植物油脂炼制的文献资料，了解植物油脂“脱胶”的方法，分析其技术原理。

5. 超临界萃取法是许多植物芳香油（如香精）提取的先进技术。查阅资料，了解本方法的操作过程，分析其提取和目标组分分离原理。

参考文献

[1] 李述文，范如霖编译. 实用有机化学手册. 第 1 版. 上海：上海科学技术出版社，

1981

[2] 孙尔康，吴琴媛，周以泉，陆婉芳等. 化学实验基础. 第1版. 南京：南京大学出版社，1991

[3] 蔡炳新. 基础物理化学. 第1版. 北京：科学出版社，2001

[4] 陈维杻. 超临界流体萃取的原理和应用. 第1版. 北京：化学工业出版社，1998

[5] 朱自强. 超临界流体技术——原理和应用. 第1版. 北京：化学工业出版社，2000

（李天安）

4.3 气体的制取与纯化

基础化学学习中常常需要制备各种各样的气体，要求掌握实验室制备方法的气体主要有 H_2，O_2，CO_2，CO，Cl_2，HCl，SO_2，NO，NO_2，NH_3，CH_4，H_2S，N_2，C_2H_4，C_2H_2 等。这些气体，由于各自的性质、所用试剂和装置的不同，其化学试剂的选择、反应原理、仪器选择与组合、制备方法、制备条件、操作要点、干燥、纯化、收集、检验、尾气处理及储存等一系列的基本知识和基本操作技能也各不相同。

4.3.1 常见气体的制备

化学实验室制备常见气体，一般情况下，可根据反应原理和反应物的状态、性质和反应条件，选用固体-固体加热、固体-液体加热和固体-液体不加热等几种类型的仪器和装置制备。

4.3.1.1 固体加热装置与方法

这类装置可以进行“固体加热分解”、“固体与固体加热反应”、“固体与固体不加热反应”等方法。该装置所需仪器简单，通常为铁架台、铁夹、酒精灯、大试管、单孔塞、导管等。

装置如图 4-25 所示。

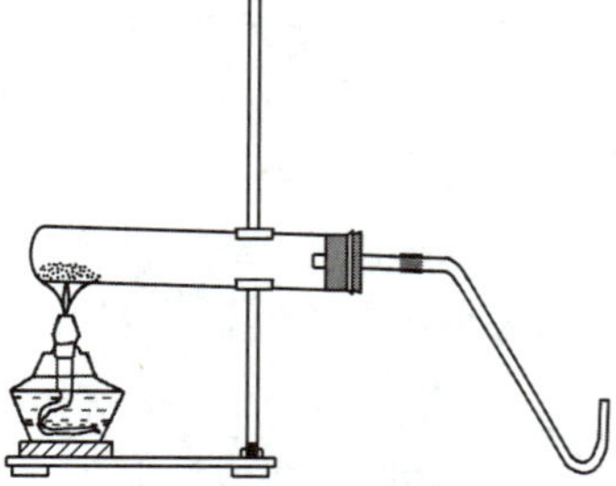

图 4-25 固体加热制备气体

适合运用这种装置制备的气体较多，例如制 O_2，NH_3，CH_4 等。

使用这种装置时，铁夹应夹持在距离试管口 1/3 处；并将试管口稍向下倾斜，以防止水蒸气在管口冷凝后倒流入试管底部炸裂试管；胶塞上的导气管伸入试管里的部分不能太长，以刚露出胶塞为宜；加入的固体药品应在试管底部铺平；使用排水法收集气体，反应结束时，应先从水中撤出导管，然后再撤去酒精灯，以防止水倒吸进入热的试管而引起试管炸裂。

（1）制备 O_2

自然界大量的氧气来自于绿色植物的光合作用。工业上，通常是在低温条件下压缩空气，使氧气成为液体，利用氧气跟氮气的沸点不同，在不同温度下蒸发而分离得到氧气和氮气。而实验室则多由含氧化合物分解产生氧气。

通常用于分解产生氧气的固体化合物有高锰酸钾和氯酸钾等。

实验室制备氧气的反应原理：

$$2KClO_3 \xrightarrow[\triangle]{MnO_2} KCl + 3O_2\uparrow$$

$$2KMnO_4 \xlongequal{\triangle} K_2MnO_4 + MnO_2 + O_2\uparrow$$

$$2KNO_3 \xlongequal{\triangle} 2KNO_2 + O_2\uparrow$$

其中用固体氯酸钾加热分解制备氧气的经典方法是常用二氧化锰等作催化剂。经实验证明，除二氧化锰外，可用作本实验催化剂的物质还有很多，如 CuO、河沙等。日本学者就对氯酸钾的热分解做过系统研究，发现几乎所有金属氧化物均对反应有催化作用，其中以 MnO_2 和 CuO 的催化性能最好，氧化铁的催化活性也很高，甚至食盐、黏土及香烟灰都有一定的催化作用。

用固体氯酸钾加热分解制备氧气时，只要稍加留意，就会发现产物中有较浓厚的刺激性气味。如果用润湿的碘化钾淀粉试纸检验，可看到试纸变蓝，说明产生了氯气。众所周知，氯气是有毒的，不加处理会造成环境的污染。所以本方法若要得到清洁的氧气，还得添加洗气装置，用氢氧化钠溶液吸收氯气，使实验装置更复杂了。

解决实验中生成氯气的另一办法是，不用 MnO_2 作催化剂，改用氧化铜或氧化钙、氢氧化钙以及氧化铁等作催化剂，就几乎没有氯气产生，产物纯度也较高，白烟也很少。

（2）制备 NH_3

工业上的大量氨气是用氢气跟氮气在高温高压和催化剂存在的条件下合成的，其氢气多由水煤气或天然气分解分离而来，氮气则大多取自于空气分离。

实验室制备氨气一般都是由铵盐与碱或碱性化合物共热分解得到(也有用浓氨水蒸发制取少量氨气的)。反应原理：

$$2NH_4Cl + Ca(OH)_2 \xlongequal{\triangle} CaCl_2 + 2NH_3\uparrow + 2H_2O$$

（3）制备 N_2

工业上获取氮气大多是压缩空气［见 4.3.1.1(1)］，而实验室制取少量氮气则是由含氮化合物反应制得，有时候在氧气不影响反应时也直接用空气代替氮气。

实验室制取氮气的反应原理：

$$NH_4Cl + NaNO_2 \xlongequal{\triangle} NaCl + N_2\uparrow + 2H_2O$$

经实验证明，本实验不能在完全干态条件下进行，那样会有大量的氨气生成。因此，做此实验时，往往需要适当加点水，调稀两种固体的混合物。正是因为调稀了反应物，可以流动，制备装置中的试管管口不能倾斜向下，而应向上，才不至于使反应物流出管口。

该反应是放热反应，加上反应物黏稠，反应太快时会产生大量泡沫，这时不但不能继续加热，而且需要冷却降温。降温的方法有直接把反应器放入水里冷却，也可以用湿毛巾包住反应器降温。

(4) 制备 CH_4

工业上和生活中使用的大量甲烷来自天然气和沼气，也可以由石油裂解得到。因此许多学校无须专门制备甲烷气体，只是用储气容器到供气设备上灌装甲烷即可。

实验室制取甲烷多用无水乙酸钠与碱石灰反应制取。反应原理：

$$CH_3COONa + NaOH \xlongequal{\triangle} Na_2CO_3 + CH_4 \uparrow$$

无水醋酸钠与碱石灰研细混合加热而得到甲烷，可是无水醋酸钠和碱石灰都是极易吸水受潮的物质，只要二者中的任何一种受潮，反应就会受到较大的影响，甚至得不到需要的甲烷。所以该实验开始之前，就得把两种反应物烘干。其中，碱石灰较容易烘干，而无水醋酸钠则不容易烘干。一般而言，吸潮后的醋酸钠，需要在蒸发皿中加热到熔化，直到颜色稍微有些变暗之后，才能算是把水除净。

也有不用碱石灰而直接用氢氧化钠固体跟无水醋酸钠加热反应制备甲烷的，但由于氢氧化钠熔点低，受热容易熔融流动，加上热的氢氧化钠对试管腐蚀性较强，试管容易炸裂损坏。为了避免损坏试管，也有人用铝箔试管套隔开试剂与试管壁。可是铝箔将与氢氧化钠反应生成大量的氢气，致使生成的甲烷不纯净。因此，笔者认为铝箔试管套隔离法不可取。

加热过猛或加热时间过长会发生副反应生成丙酮、乙烷和不饱和烃以及二氧化碳等。

4.3.1.2 固体-液体加热装置与方法

可用固体与液体加热反应法制备的气体很多，例如 Cl_2，HCl，SO_2，NO，C_2H_4。这种方法所用仪器不多，简单方便，容易操作。

固体-液体加热装置所需仪器：铁架台、铁圈、铁夹、酒精灯、石棉网、烧瓶、分液漏斗、双孔塞和导管等。

实验装置如图 4-26 所示。

组装这套装置时先由酒精灯的高度来确定铁圈的位置，放好石棉网后再把烧瓶固定在铁架台上。固体反应物放入烧瓶内，分液漏斗中盛放液体反应物，并使分液漏斗盖上的凹槽与颈上的小孔对准，以便液体顺利流下。

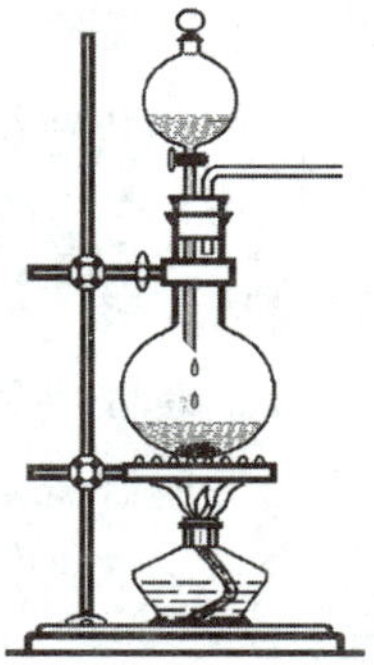

图 4-26　固液加热制备气体

在此装置中，固体盛装在蒸馏烧瓶内，液体装在分液漏斗中。使用时，打开分液漏斗的活塞，使液体滴加在固体上，固体与液体反应产生气体(注意：如果液体是较浓的酸，则酸液不要装得太多)。有的气体制备通常不需加热，只有当反应缓慢或不产生气体时，可以微微加热。

(1) 制备 Cl_2

工业上大量 Cl_2 的制取主要来自于氯碱工业的副产品，其原理见 4.3.1.6(2)，而实验室制备少量 Cl_2 多使用二氧化锰跟浓盐酸加热反应(或高锰酸钾与浓盐酸不加热反应，其原理见 4.3.1.3)。反应原理：

$$MnO_2(固)+4HCl(浓)\xlongequal{\triangle}MnCl_2+Cl_2\uparrow+2H_2O$$

由于 Cl_2 有毒，不能大量排入空气中污染环境，因此该实验必须在密封或密闭条件下收集 Cl_2，尾气还必须用氢氧化钠溶液吸收。

(2) 制备 HCl

HCl 气体的水溶液为盐酸，工业上大量的 HCl 气体来自于氯碱工业的副产品 Cl_2 和 H_2。两种气体燃烧即可得到 HCl 气体。反应原理为：

$$H_2+Cl_2\xlongequal{\quad}2HCl$$

而实验室制备氯化氢气体的反应原理为：

$$NaCl(固)+H_2SO_4(浓)\xlongequal{\triangle}NaHSO_4+HCl\uparrow$$

$$NaCl(固)+NaHSO_4(浓)\xlongequal{\triangle}Na_2SO_4+HCl\uparrow$$

由氯化钠与浓硫酸制备 HCl 的实验，在不加热或稍微加热时，就生成硫酸氢钠和 HCl 气体。若继续加热到 500 ℃～600 ℃，生成的硫酸氢钠再跟氯化钠反应生成硫酸钠和 HCl。HCl 气体的收集和尾气处理与 Cl_2 相似。

(3) 制备 SO_2

自然界大量的 SO_2 气体来自于火山爆发和矿物燃料的燃烧。工业上，SO_2 气体是生产硫酸的中间产物，大量的 SO_2 气体是煅烧黄铁矿(FeS_2)等矿石或 S 而得到，用 SO_2 气体在催化剂作用下进一步氧化生成 SO_3，再用水吸收即得硫酸。其反应原理为：

$$3FeS_2+8O_2\xlongequal{煅烧}Fe_3O_4+6SO_2$$

$$S+O_2\xlongequal{燃烧}SO_2$$

$$2SO_2+O_2\underset{\triangle}{\overset{催化剂}{=\!=\!=}}2SO_3$$

$$SO_3+H_2O\xlongequal{\quad}H_2SO_4$$

一般实验室制备少量的 SO_2 是用浓硫酸(或较浓硫酸)与金属或亚硫酸盐反应制得。反应原理：

$$Na_2SO_3(固)+H_2SO_4(较浓)\xlongequal{\triangle}Na_2SO_4+H_2O+SO_2\uparrow$$

$$Cu(固)+2H_2SO_4(浓)\xlongequal{\triangle}CuSO_4+SO_2\uparrow+2H_2O$$

金属铜跟浓硫酸反应制备 SO_2，如果需要的气体量不大时，常常用少量铜片于试管中加热制备即可。

(4) 制备 NO

自然界大量的 NO 气体主要由 N_2 与 O_2 在雷电条件下产生，实验室也可以用电弧法模拟该过程得到 NO 气体，NO 气体在工业上是氨催化氧化制硝酸的中间产物，其反应原理见 4.3.1.7(3)。

实验室制备 NO 一般是用铜片跟稀硝酸反应而得。反应原理：

$$3Cu(固)+8HNO_3(稀) \xlongequal{\triangle} 3Cu(NO_3)_2+2NO\uparrow+4H_2O$$

NO 气体制备的实验，产生 NO 气体容易，但用排空气取气法收集和观察 NO 气体却较难。那是由于 NO 气体容易跟空气中的氧气反应生成红棕色的二氧化氮气体，消耗了无色 NO 气体或干扰了无色 NO 气体的观察，致使教学中多数人只能用排水取气法收集 NO 气体。这样就把本来十分简单的实验弄得较为复杂，操作也不很方便。为了避免此种情况，可改用图 4-27 的方法实验：

取一只 100 mL 的锥形瓶，选择一个与之相匹配的橡胶塞。给橡胶塞打 3 个与分液漏斗管、短玻璃管和粗铜丝一致大小的孔。给锥形瓶装满稀硝酸，注意橡胶塞与稀硝酸之间不留间隙，使空气排尽。夹住短玻璃管上端的乳胶管，打开分液漏斗的活塞。

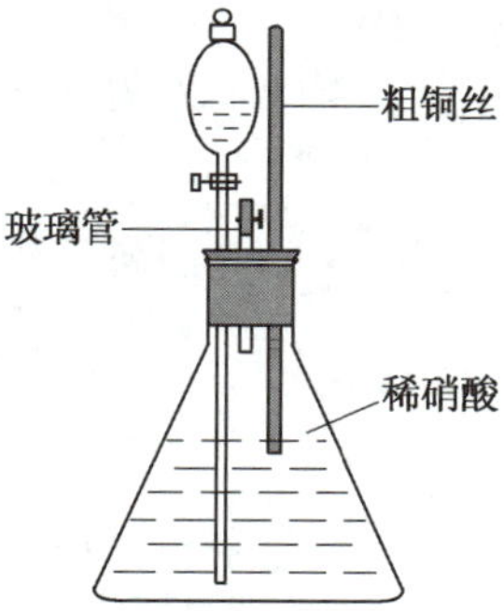

图 4-27　NO 制取装置

实验开始时，只需把粗铜丝向下滑动，下端插入稀硝酸中，NO 气体就会不断地产生。增大的气压把硝酸压上分液漏斗，锥形瓶中液面以上即为无色的 NO 气体。液体慢慢变成绿色。制备结束，关闭分液漏斗活塞。

若要证实该无色气体确为 NO 气体，可用洗耳球或气唧(也可用注射器)往气体中鼓入空气，同时慢慢开启分液漏斗活塞，这时，可以观察到其中的气体慢慢转变成红棕色。说明该无色气体是 NO 气体，鼓入空气时被氧化成红棕色的 NO_2 气体。

4.3.1.3　固体-液体不加热装置与方法

可以用固体-液体不加热制备的气体很多，如 H_2，CO_2，H_2S，NO_2，SO_2，C_2H_2 等。

该方法所用的仪器和装置主要有：铁架台、铁夹、大试管、长颈漏斗、双孔塞和导管等，或直接用启普发生器。

启普发生器由一个玻璃容器和球形漏斗组成(见图 4-28)，固体药品放在中间圆球容器内，固体下面放少许玻璃棉，以免固体掉至下部半球形容器内。液体从球形漏斗加入，使用时，打开活塞，液体进入中间球形容器内，与固体接触而产生气体。需停止使用时，把活塞关闭，气体就会把液体从中间球形容器内压入下部半球形容器及球形漏斗内，使固体与液体不再接触而停止反应。下次再用，只要重新打开活塞，固体跟液体又会接触反应产生气体。启普发生器最大的优点就是控制灵活，使用方便。

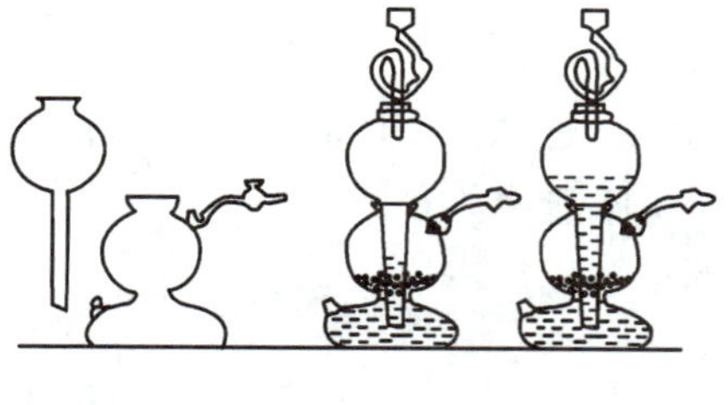
图 4-28　启普发生器

使用启普发生器时，固体应为块状不易粉化且不溶于水，如石灰石、硫化亚铁、锌粒等。固体颗粒过小会落入底部液体中，或固体溶于水，都无法控制反应。

没有启普发生器时，也可以用简易启普发生器代替。简易启普发生器由一支大试管和长颈漏斗、玻璃弯管、有孔塑料隔板组合而成，如图 4-29 所示。

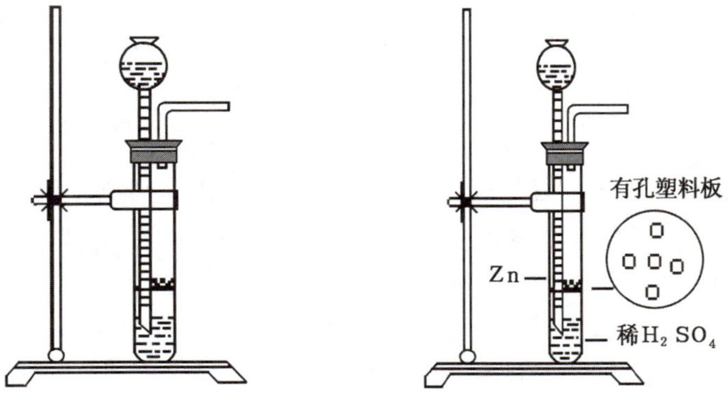

图 4-29　简易启普发生器

在使用简易装置时，长颈漏斗管的下口应伸入液面下，形成液封，以免气体从漏斗中逸出。

(1) 制备 H_2

工业上生产大量 H_2 是以水煤气(CO,H_2)，天然气(CH_4)为原料来制备的。实验室用少量的活泼金属跟稀酸反应就能得到足够量的 H_2。反应原理：

$$Zn+H_2SO_4(稀)=\!=\!=ZnSO_4+H_2\uparrow$$

$$Fe+H_2SO_4(稀)=\!=\!=FeSO_4+H_2\uparrow$$

除锌粒能与稀硫酸反应制备 H_2 外，铁粉、镁带、铝片等活泼金属也能跟稀硫酸反应制备 H_2。可是这些活泼金属有一个共同的特点，就是表面容易形成氧化层，影响反应速率。因此，若要快速制备大量的 H_2，锌粒等金属还需要用硫酸铜或硫酸亚铁加入少量稀硫酸处理，直到锌粒表面变黑即可。

需要灌装气球或承受一定压力的 H_2 时可考虑使用图 4-30 所示的装置。

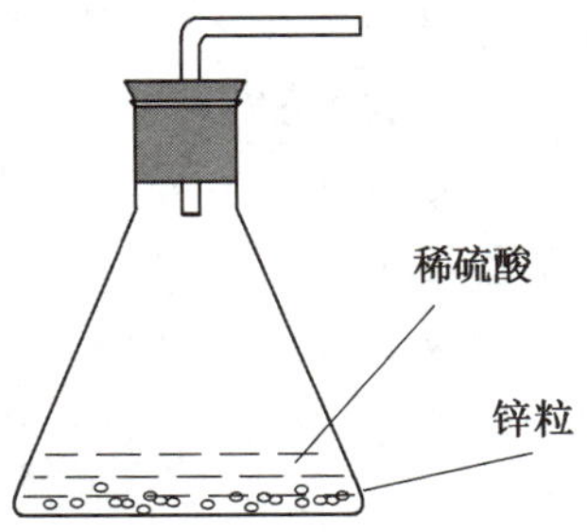

图 4-30　氢气制备

(2) 制备 CO_2

工业上大量的 CO_2 气体来源于煅烧石灰石生产石灰的副产物或矿物燃料燃烧的直接产物。反应原理：

$$CaCO_3 \overset{\triangle}{=\!=\!=} CaO+CO_2\uparrow$$

$$C+O_2 \overset{\triangle}{=\!=\!=} CO_2$$

实验室制备少量的 CO_2 气体主要用大理石或石灰石与稀盐酸反应制取。反应可以在图 4-28 或图 4-29 所示的装置中进行。反应原理：

$$CaCO_3 + 2HCl = CaCl_2 + CO_2\uparrow + H_2O$$

制备 CO_2 用的 $CaCO_3$ 可以用大理石，也可以用石灰石。通常认为大理石或石灰石制取 CO_2 不能用稀硫酸，解释的理由是反应生成的 $CaSO_4$ 将覆盖在大理石或石灰石表面，隔离了硫酸与大理石或石灰石的接触，使反应不能正常进行。但实际上，如果大理石的颗粒很小时，也能与稀硫酸持续反应收集到较大量的 CO_2 气体。

(3) 制备 H_2S

火山爆发、石油天然气井喷和硫蒸气能跟氢气直接化合都能产生大量的 H_2S 气体。但实验室中的 H_2S 大多是由金属硫化物与稀酸作用制备的。反应原理：

$$FeS + H_2SO_4(稀) = FeSO_4 + H_2S\uparrow$$

$$Na_2S + H_2SO_4(稀) = Na_2SO_4 + H_2S\uparrow$$

前一反应的量较小，可用启普发生器制备；后一反应适合于制备较大量的 H_2S，使用体积较大的反应器，例如 3 000 mL 的瓶。

硫化氢气体有剧毒，不能大量向空气中排放，所以制备及收集必须在完全密闭的通风橱中进行，不得向外泄漏。剩余尾气也必须用碱液或重金属溶液（如硫酸铜或醋酸铅溶液等）吸收。

(4) 制备 NO_2

NO_2 气体是工业上生产硝酸的主要中间产物。其生产原理见 4.3.1.2(4)。

实验室制备 NO_2 气体一般用铜片跟浓硝酸反应而得。反应原理：

$$Cu + 4HNO_3(浓) = Cu(NO_3)_2 + 2NO_2\uparrow + 2H_2O$$

NO_2 气体也是空气污染的主要物质，因此制备和收集都必须在密闭条件下进行，不得向外泄漏太多，剩余的尾气也必须用氢氧化钠吸收。

(5) 制备 SO_2

4.3.1.2(3) 节介绍了固体与液体加热反应法制备 SO_2。但实验室里，也可以采用固体与液体不加热的方法制取 SO_2 气体。例如，亚硫酸钠与稀盐酸反应也可以制取 SO_2 气体。反应原理：

$$Na_2SO_3 + 2HCl = 2NaCl + H_2O + SO_2\uparrow$$

由于 Na_2SO_3 晶体近乎粉末，所以不能在启普发生器或简易启普发生器中进行，只能用图 4-31 所示的仪器装置制备 SO_2 气体。

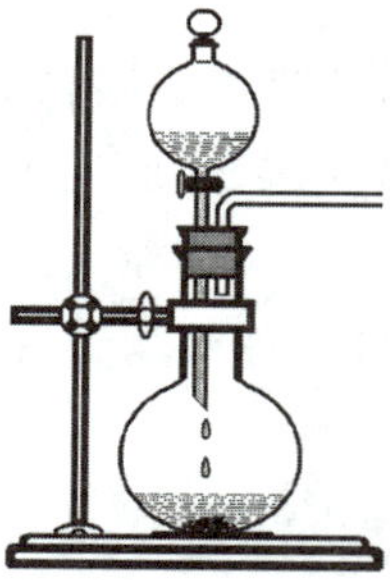

图 4-31　固体粉末与液体不加热制备气体

(6) 制备 C_2H_2

工业上大量的 C_2H_2 是由石油、石油气裂解或电石跟水反应制得的。实验室却主要由电石跟水反应制得 C_2H_2。反应原理：

$$CaC_2 + 2H_2O = Ca(OH)_2 + C_2H_2\uparrow$$

用电石与水反应制备 C_2H_2，实验过程中会产生大量的泡沫，给实验带来极大的不便。消除泡沫的办法是将电石用无水乙醇或醋酸浸泡一下即可。

该实验的产物中往往会有难闻的臭味，收集气体最好用碱液洗气净化。

(7) 制备 Cl_2

实验室制备 Cl_2 除可以用二氧化锰跟浓盐酸加热反应之外，还可以用高锰酸钾与浓盐酸在不加热的情况下反应制得。其制备的仪器装置可以选用图 4 -31 或图 4-27 所示的装置进行。反应原理：

$$2KMnO_4 + 16HCl(浓) \xlongequal{} 2MnCl_2 + 2KCl + 5Cl_2\uparrow + 8H_2O$$

该实验除了不需要加热以外，其余操作同 4.3.1.2(1)。

4.3.1.4 液体-液体加热分解装置与方法

液体-液体加热制备气体的实验并不多见，其中常用的是甲酸与浓硫酸加热反应制备 CO 的实验。有的实验虽然也是液体-液体加热制备气体，但是，其中一种液体不参加反应或只起催化作用。如乙醇在酸性条件下脱水制备乙烯。

(1) 制备 CO

工业上生产大量的 CO 是以水煤气为原料或碳的不完全燃烧而得到的。实验室制备少量 CO 则是甲酸跟浓硫酸反应而得。反应原理：

$$HCOOH \xlongequal[80\sim90\ ℃]{H_2SO_4} CO\uparrow + H_2O$$

实验装置如图 4-32 所示。

该实验可以轻微加热，也可以不加热，这得根据反应时甲酸跟浓硫酸的比例而定。在甲酸量少，硫酸量多的时候，一般可以不加热或轻微加热，待到浓硫酸被生成的水稀释后或甲酸量太大时，则需要加热，反应才能顺利进行。

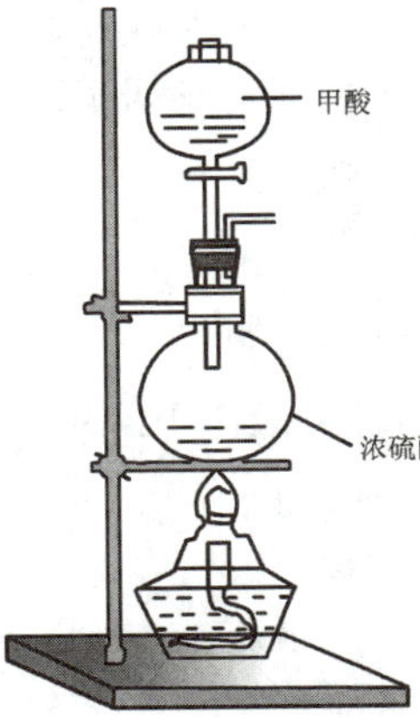

图 4-32　液体与液体加热制备气体

(2) 制备 C_2H_4

实验室制备 C_2H_4 与工业制备方法和原理都相近，即用乙醇酸性脱水制备 C_2H_4。反应原理：

$$C_2H_5OH \xrightarrow[170\ ℃]{浓\ H_2SO_4} C_2H_4\uparrow + H_2O$$

4.3.1.5 液体分解装置与方法

实验室利用液体分解产生气体的反应并不很多，常见的主要有过氧化氢催化分解、浓硝酸受热分解等。严格说来，乙醇酸性脱水制备乙烯也是液体分解反应，只不过它用了浓硫酸作脱水剂，所以放在 4.3.1.4 里讨论，此处不再重复。

(1) H_2O_2 催化分解产生 O_2

H_2O_2 极不稳定，受热、光照和有杂质等都容易分解，但真正能使其分解源源不断地

产生可收集量的 O_2，还需要选择适当的催化剂。反应原理：

$$2H_2O_2 \xlongequal{MnO_2} O_2\uparrow + 2H_2O$$

常用的催化剂有 MnO_2，CuO 等金属氧化物，甚至河沙、氢氧化钠溶液都能催化 H_2O_2 分解产生 O_2。

其中 MnO_2 作催化剂反应过于猛烈，不便控制，因此用 5% 的 NaOH 溶液催化该反应。

H_2O_2 浓度太大时，分解速度也太快，所以常常将其稀释到 10% 左右来制备 O_2。

实验装置如图 4-33(左或右)所示。

H_2O_2 催化分解产生 O_2 的过程，不需要加热而且反应速度较快，因此在操作时，H_2O_2 要用分液漏斗逐渐滴入。

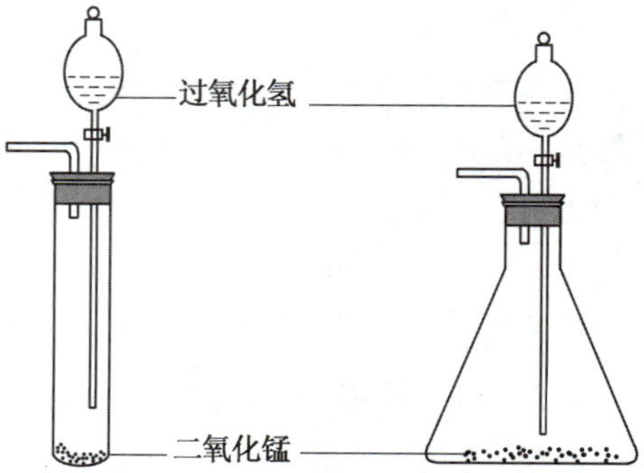

图 4-33　液体催化分解

(2) 浓硝酸加热制取 NO_2 和 O_2

浓硝酸尤其是发烟硝酸，极不稳定，受热或光照都会自行分解，放出二氧化氮和氧气。反应原理：

$$4HNO_3 \xlongequal{\triangle} 4NO_2\uparrow + O_2\uparrow + 2H_2O$$

浓硝酸加热制取 O_2 装置如图 4-34 所示。

4.3.1.6　**液体电解装置与方法**

有些液体如水、饱和食盐溶液等在通电的条件下，便分解产生气体。本方法所用仪器有直流电源、电极、量筒、水槽。实验装置如图 4-34 所示。

(1) H_2O 电解产生 O_2 和 H_2

反应原理：

$$2H_2O \xlongequal{电解} O_2\uparrow + 2H_2\uparrow$$

传统的电解水是用霍夫曼电解器，但由于该仪器易损坏，操作也不很方便，尤其不便收集气体。所以可改用图 4-35 所示的装置电解水。

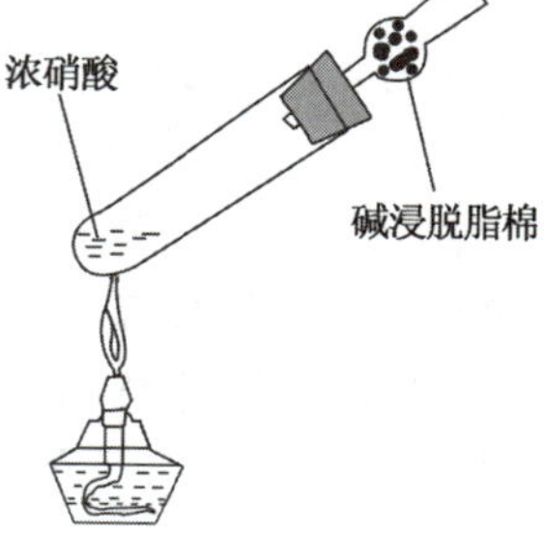

图 4-34　液体加热分解

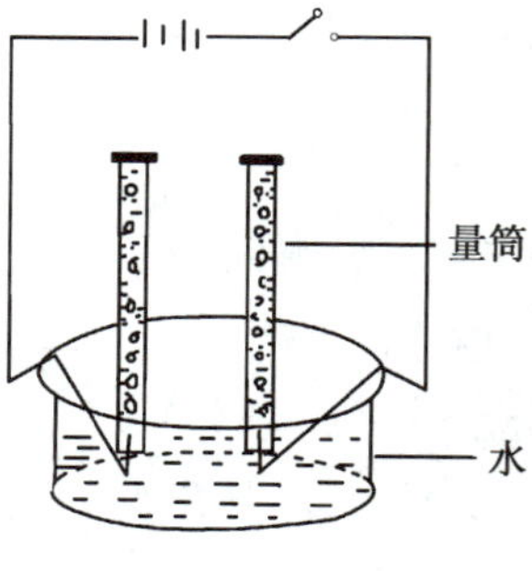

图 4-35　电解水

纯水是不导电的，蒸馏水的导电能力也很差，必须在水中加入适量的电解质，以增强电解液的导电能力，实验才能快速而顺利地进行。如硫酸、氢氧化钠或硫酸钠等都是较好的电解质。电解质加少了效果也会不理想。

由于氢气跟氧气在水中的溶解度不同，再加上氧气有氧化性会氧化某些电极，所以电解产生的氧气较理论体积略小。为了避免这种现象，可选择惰性电极，先电解一阵，待氧气溶解饱和后再取气观察体积或比例。

本方法由于消耗电能太高，不是十分经济，因此工业上大量生产氧气和氢气都不用此方法，只是实验室为了证明水的组成时才用此方法。

(2) 饱和氯化钠溶液电解生成 H_2 和 Cl_2

电解饱和金属氯化物溶液生成 H_2 和 Cl_2，是氯碱工业生产烧碱的副产物。但实验室可以用此法得到少量的氯气和氢气。反应原理：

$$2NaCl+2H_2O \xlongequal{\text{电解}} H_2\uparrow+Cl_2\uparrow+2NaOH$$

装置如图 4-36 所示。

由于该反应生成的氯气有很强的氧化性和腐蚀性，所以电极必须用惰性的石墨电极。电解产生的氢气由阴极玻璃管导出，可用倒扣在玻璃管上的小试管收集检验。氯气由阳极的干燥管导出，用蘸红磷的玻璃棒伸入管内检验，可观察到红磷燃烧，剩余的氯气用脱脂棉浸氢氧化钠溶液放入干燥管内吸收。要产生更多的气体，则需要在两极接导气管，导出氢气和氯气专门分别收集。

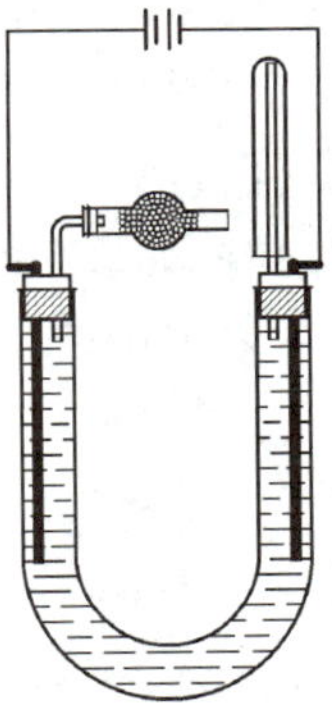

图 4-36　电解饱和食盐溶液

4.3.1.7　气体与气体合成另一种气体的方法

(1) 合成氨

氮气与氢气在高温高压和催化剂条件下合成氨气是工业上合成氨的主要反应，但实验室也可以成功模拟该实验。通常的方法是自制氢气和氮气[制备见 4.3.1.1(3)和图 4-36]，氮气在具支试管中由氯化铵和亚硝酸钠混合受热分解产生，氢气在小试管中由锌粒跟稀硫酸反应产生，如图 4-37 所示。两种气体混合后通入加热的装有催化剂的玻璃管，氨气在通过催化剂时合成。生成的氨气用水吸收，水中滴加酚酞试液检验生成的产物。

图 4-37　合成氨

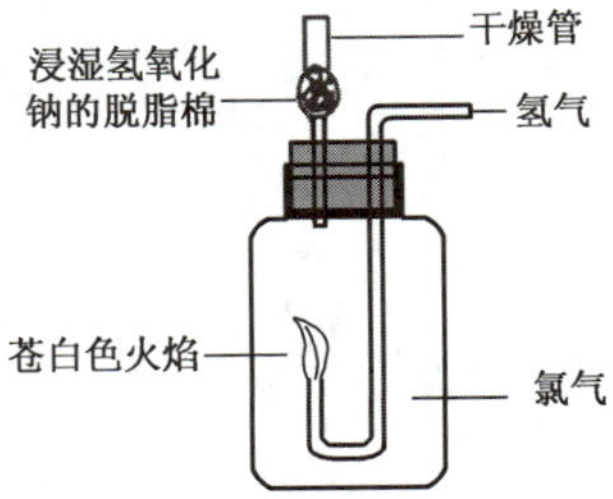

图 4-38　合成氯化氢

$$N_2+3H_2 \xrightarrow[\triangle]{\text{催化剂}} 2NH_3\uparrow$$

该实验的催化剂可以用细铂丝。但由于铂丝价格昂贵，通常用三氧化铬、还原铁粉或打火石粉。其中三氧化铬效果不错，同时还容易获得，即可以用重铬酸铵加热分解制得。

(2) 合成 HCl

工业上合成 HCl 是盐酸工业的主要反应，其工艺是利用氯碱工业的副产物 H_2 和 Cl_2 燃烧生成 HCl。

实验室也可以利用 H_2 在 Cl_2 中燃烧得到 HCl。反应原理为：

$$H_2+Cl_2 \xrightarrow{\text{燃烧}} 2HCl$$

装置如图 4 -38 所示。

先将弯管插入胶塞孔中，再向外烧弯成直角，插上干燥管，放入脱脂棉，往脱脂棉上滴加少量 NaOH，使之润湿。收集 1～2 瓶 Cl_2 待用(或往瓶中直接放入少量固体高锰酸钾和浓盐酸临时产生)。制备氢气，接通弯管，待检验证明纯净后点燃弯管口，可观察到 H_2 在空气中燃烧的淡蓝色火焰(时间稍长即为黄色)。将燃着的弯管放入氯气瓶中，可观察到苍白色火焰。用蘸有浓氨水的玻璃棒靠近瓶口，有大量白烟。结束后塞紧瓶塞，尾气被浸有 NaOH 的脱脂棉吸收。如果要收集 HCl，可将干燥管换成导气管，把生成的 HCl 导入容器中收集或用水吸收得到盐酸，但此法得到的气体中有大量的 Cl_2，而且反应无法持久，所以很少用于连续产生和收集 HCl。

(3) 氨气氧化制 NO 和 NO_2

NH_3 在高温和有催化剂的条件下可以被氧化生成 NO，NO 再跟空气中的 O_2 继续反应生成 NO_2，这是工业上生产硝酸的主要反应之一。其反应原理为：

$$4NH_3+5O_2 \xrightarrow[\triangle]{\text{催化剂}} 4NO\uparrow+6H_2O$$

$$2NO+O_2 = 2NO_2$$

$$3NO_2+H_2O = 2HNO_3+NO$$

实验室也可以模拟该反应过程，用如图 4-39 所示装置即可完成实验。

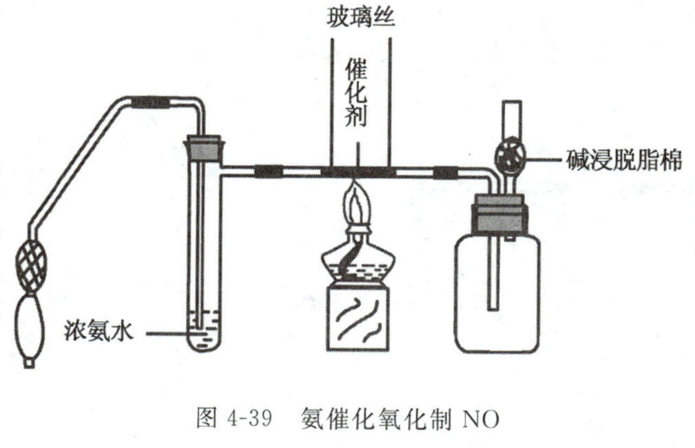

图 4-39　氨催化氧化制 NO

图中的浓氨水实际上可以用相对较浓的氨水，例如 5 体积浓氨水，再加 1 体积水，这样效果更好。氧气由双联打气球（也称气唧）鼓入空气提供，鼓入空气经过氨水带出氨气，空气与氨气在具支试管上部混合后通过烧热的催化剂（催化剂可以用细铂丝、三氧化二铬等），发生催化氧化，生成 NO 气体。若要收集 NO 气体，可以用排水取气的方法，见图 4-42。可是这种方法收集到的 NO 气体，混有大量来自于空气中未参加反应的 N_2，还需要分离、净化，才能得到纯净的 NO 气体。如果要继续使 NO 气体与空气中的氧气反应生成 NO_2，则可用图 4-39 所示的装置收集，这种方法在收集的过程中，NO 就自动地被空气中的氧气氧化成 NO_2，瓶中观察到的为红棕色。尾气用碱浸脱脂棉于干燥管中吸收。

以上是常见主要气体的制备方法与装置。事实上，化学实验室经常需要制备的气体还很多，例如 HBr，O_3，N_2O 等，以及一些有机化合物气体。石油裂化、裂解、煤炭及木材干馏也能制得大量的气体，但多为混合气体，需要复杂的分离净化过程，在此不一一论述。

4.3.2 常见气体的收集方法

工业上收集气体有专门的储气设备、压缩机和抽气泵进行灌装，实验室则只需要简单的仪器和方法收集气体。经常使用的气体收集方法有向下排空气法、向上排空气法、排水取气法等方法，也有少数气体采用排别的液体取气的方法。

气体的收集方法一般取决于气体本身的性质，例如易溶于水的气体不能用排水取气法，密度比空气大的气体不能用向下排空气法，等等。

4.3.2.1 向下排空气法

向下排空气法一般用于收集比空气轻的气体，如图 4-40。具体操作是将集气瓶倒立，口向下，底朝天，导气管由下向上伸入瓶底。这种方法可用于收集 H_2，NH_3，CH_4 等气体。

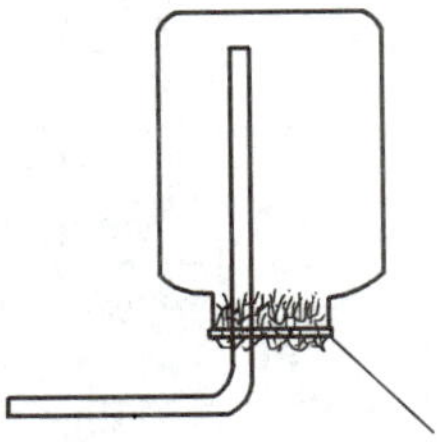

图 4-40　向下排空气法

图 4-41　向上排空气法

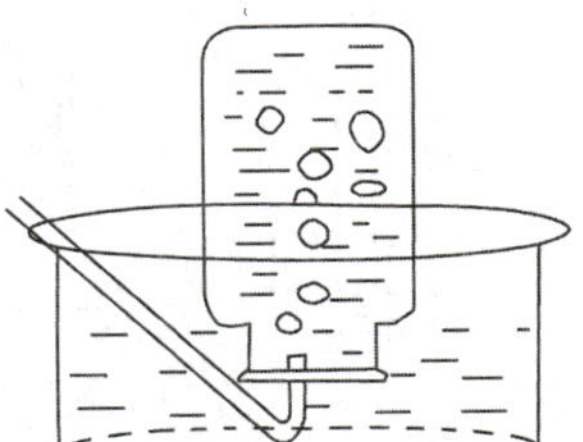

图 4-42　排水取气法

4.3.2.2 向上排空气法

向上排空气法与向下排空气法正好相反，集气瓶正立实验台上，瓶口向上，盖上毛玻璃片。收集气体时,将毛玻璃片推开一条缝隙,导气管由上向下伸入瓶底。

向上排空气法用于收集比空气重的气体,例如 CO_2,H_2S,Cl_2,HCl,SO_2,NO_2 等。装置如图 4-41。

用排空气法收集气体时,瓶内气体是否已集满,可根据气体的特性进行检验。例如收集二氧化碳时,可用燃着的木条伸到瓶口,若木条火焰熄灭视为已满。

为减少气体的扩散,使用向上排空气法时,应在瓶口盖上毛玻璃片;使用向下排空气法时,应在瓶口或管口塞一团疏松的棉花。排空气集气法操作较简便,但所收集的气体纯度不够高。

4.3.2.3 排水取气法

排水取气法适用于难溶于水或微溶于水的气体的收集。一般将开始排出的少量气体放掉,待气泡均匀排出后再予收集。排水法收集的气体纯度较高,且容易判断是否已盛满。

可用排水取气法收集的气体很多,常见的如 H_2,O_2,NO,CH_4,C_2H_4,C_2H_2 等。装置如图 4-42 所示。

通常认为不能用排水取气法收集 CO_2 气体。事实上,CO_2 气体在水中的溶解既少又慢。实验证明,收集大量的 CO_2 气体是完全可以用排水取气法的,排水取气法不仅容易验满,而且这样获得的气体比向上排空气法所得到的气体纯度更高。

4.3.3 常见气体的纯化方法

实验室制备的气体常带有酸雾和水蒸气,有时还有副反应生成的气体杂质。为了得到比较纯净的气体,酸雾可用水和玻璃棉除去,水蒸气可用浓硫酸、无水氯化钙或硅胶吸收,杂质得根据其性质选用特殊的相应试剂进行纯化处理。一般情况下使用洗气瓶(内盛水或浓硫酸等)、干燥管(内装无水氯化钙、玻璃棉或硅胶)等,仪器见图 4-43 和图 4-44。

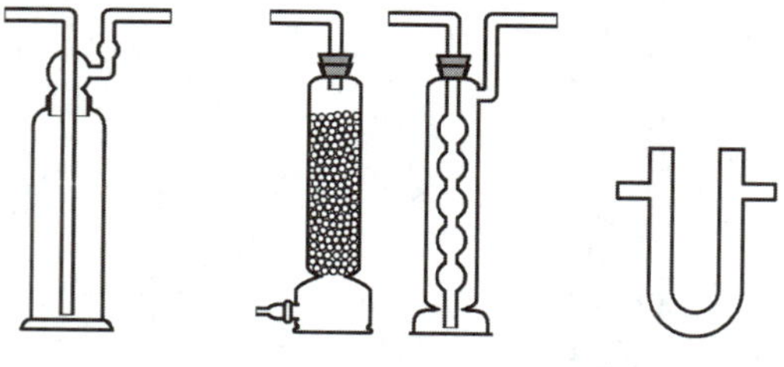

图 4-43 洗气瓶、干燥塔、U 形管

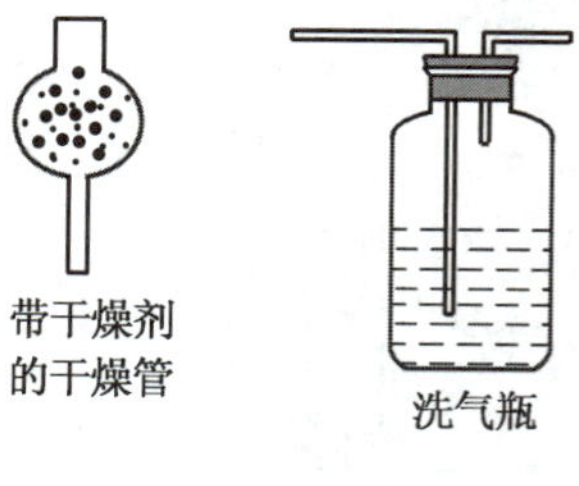

图 4-44 干燥管、洗气瓶

4.3.3.1 气体的干燥纯化处理

常见气体的干燥方法及干燥剂见 3.2.3 和附录四表 2。

(1) 气体干燥剂的分类

· 按干燥剂的状态可分为固体干燥剂和液体干燥剂两类,固体干燥剂通常放在球形干燥管内,液体干燥剂通常放在洗气瓶内。

·按干燥剂的酸碱性可分为三类:

·酸性干燥剂:浓硫酸、五氧化二磷、硅胶等。

·中性干燥剂:无水氯化钙等。

·碱性干燥剂:碱石灰、氧化钙、固体氢氧化钠等。

(2)干燥剂的性能和用途

·浓 H_2SO_4 具有强烈的吸水性,常用来除去不与 H_2SO_4 反应的气体中的水分,常作为 H_2,O_2,CO,SO_2,N_2,HCl,CH_4,CO_2,Cl_2 等气体的干燥剂。

·无水氯化钙:因其价廉、干燥能力强而被广泛应用。干燥速度快,能再生,脱水温度 473 K。一般用以填充干燥器和干燥塔,干燥药品和多种气体。不能用来干燥氨、酒精、胺、酰、酮、醛、酯等。

·无水硫酸镁。有很强的干燥能力,吸水后生成 $MgSO_4 \cdot 7H_2O$。吸水作用迅速,效率高,价廉,为一良好干燥剂。常用来干燥有机试剂。

·固体氢氧化钠和碱石灰。吸水快、效率高、价格便宜,是极佳的干燥剂,但不能用以干燥酸性物质。常用来干燥氢气、氧气、氨和甲烷等气体。

·变色硅胶。常用来保持仪器、天平的干燥。吸水后变红。失效的硅胶可以经烘干再生后继续使用。可干燥胺、NH_3, O_2, N_2 等。

·活性氧化铝(Al_2O_3)。吸水量大、干燥速度快,能再生(400~500 K 烘烤)。

·无水硫酸钠。干燥温度必须控制在 30 ℃以内,干燥性比无水硫酸镁差。

·硫酸钙。可以干燥 H_2,O_2,CO_2,CO,N_2,Cl_2,HCl,H_2S,NH_3,CH_4 等。

(3)气体干燥剂的选择

·被干燥气体和干燥剂的酸碱性应一致。即酸性气体(如 SO_2,CO_2,Cl_2 等)不能用碱性干燥剂(如碱石灰、固体 NaOH)干燥,只能用中性(如无水 $CaCl_2$)或酸性干燥剂(如浓 H_2SO_4,P_2O_5 等)。碱性气体亦不能被酸性干燥剂干燥。

·被干燥气体和干燥剂之间不发生氧化还原反应。如 H_2S 是酸性气体,浓 H_2SO_4 是酸性干燥剂,两者酸碱性一致,但 H_2S 和浓 H_2SO_4 要发生氧化还原反应,所以不能用浓 H_2SO_4 干燥 H_2S。

·被干燥气体和干燥剂之间不能发生其他化学反应。如 NH_3 是碱性气体,无水 $CaCl_2$ 是中性干燥剂,两者酸碱性一致,又不发生氧化还原反应,但 NH_3 易和无水 $CaCl_2$ 作用生成络合物,所以不能用无水 $CaCl_2$ 干燥 NH_3。

总之,气体干燥剂的选择应根据上述几个方面综合考虑,使其各方面条件都应满足。常见气体干燥剂如表 4-2 所示。

表 4-2 常见气体适宜干燥剂

序号	气体名称	适宜干燥剂
1	H_2	P_2O_5,$CaCl_2$,H_2SO_4(浓),Na_2SO_4,$MgSO_4$,$CaSO_4$,CaO,BaO,分子筛
2	O_2	P_2O_5,$CaCl_2$, Na_2SO_4,$MgSO_4$,$CaSO_4$,CaO,BaO,分子筛
3	N_2	P_2O_5,$CaCl_2$,H_2SO_4(浓),Na_2SO_4,$MgSO_4$,$CaSO_4$,CaO,BaO,分子筛
4	O_3	P_2O_5,$CaCl_2$
5	Cl_2	$CaCl_2$,H_2SO_4(浓)
6	CO	P_2O_5,$CaCl_2$,H_2SO_4(浓),Na_2SO_4,$MgSO_4$,$CaSO_4$,CaO,BaO,分子筛
7	CO_2	P_2O_5,$CaCl_2$,H_2SO_4(浓),Na_2SO_4,$MgSO_4$,$CaSO_4$, 分子筛
8	SO_2	P_2O_5,$CaCl_2$,Na_2SO_4,$MgSO_4$,$CaSO_4$,分子筛
9	CH_4	P_2O_5,$CaCl_2$,H_2SO_4(浓),Na_2SO_4,$MgSO_4$,$CaSO_4$,CaO,BaO,NaOH,KOH,Na,CaH_2,$LiAlH_4$,分子筛
10	NH_3	$Mg(ClO_4)_2$,NaOH,KOH,CaO,BaO,$Mg(ClO_4)_2$,Na_2SO_4,$MgSO_4$,$CaSO_4$,分子筛
11	HCl	$CaCl_2$,H_2SO_4(浓)
12	HBr	$CaBr_2$
13	HI	CaI_2
14	H_2S	$CaCl_2$
15	C_2H_4	P_2O_5
16	C_2H_2	P_2O_5,NaOH

4.3.3.2 其他纯化处理

气体的纯化通常要由气体及所含杂质的性质综合考虑净化方法。

纯化可根据制备实验中所用的药品考虑可能出现的杂质气体,再选择适当的装置和试剂,逐一除去,以达到提纯的目的。例如实验室制 Cl_2 时可能混有少量的 HCl 和水蒸气(都来自浓盐酸),可使制得的气体依次通过分别盛有饱和食盐水、浓 H_2SO_4 的洗气瓶,前者除去 HCl 气体,后者除去水蒸气,而达到净化的目的(图 4-49)。再比如,制取的 CO_2 中含有 O_2 时,可考虑将混合气体通过炽热的铜以反应掉 O_2,从而得到纯净的 CO_2。

要提纯甲烷,可使生成的气体通过高锰酸钾溶液,除去不饱和烃,再通过装有碘化钾固体的 U 形管,使丙酮生成配合物而除去。

4.3.3.3 纯净气体的标准

工业上判断各种气体是否纯净,是有一定检验标准的,有的是国家统一制定和颁布的,有的是行业内部制定的。

例如:工业液体二氧化碳标准(执行 GB/T6052-93)

(1)技术指标

表 4-3　工业液体二氧化碳技术指标

项　目	指　标
二氧化碳含量(*V*/*V*),$10^{-2}\geqslant$	99.5
游离水含量(*m*/*m*),$10^{-2}\leqslant$	0.2
油分	不得检出
气味	无异味

充装工业液体二氧化碳的气瓶,其公称压强不得小于 15.0 MPa;最大充装量为 $m=K\times V$,m 为最大充装量,K 为充装系数,V 为气瓶容积。

技术指标适用于由石灰窑气、发酵气、烃类转化气制取的瓶装液体二氧化碳。

(2)主要应用

用于化工、铸型、制冷、化纤、农业和科研等部门和领域。

(3)安全要求

二氧化碳有很强的窒息性。液体二氧化碳气瓶应竖放在通风、阴凉、干燥处,避免受热和日光曝晒。

其他气体标准可参阅附录六表 2 各相应标准号。

4.3.3.4　尾气处理

实验室常见气体,相当大部分是有毒有害的,如果不加处理直接排入空气中,将造成环境的污染,因此必须将有毒气体处理或回收利用。

尾气处理或利用,也是根据各自的性质采取各种各样的方法和装置设备。常用的吸收装置跟洗气装置相同,图 4-43、图 4-44 和图 4-45 所示的装置都是经常被选用的设备。

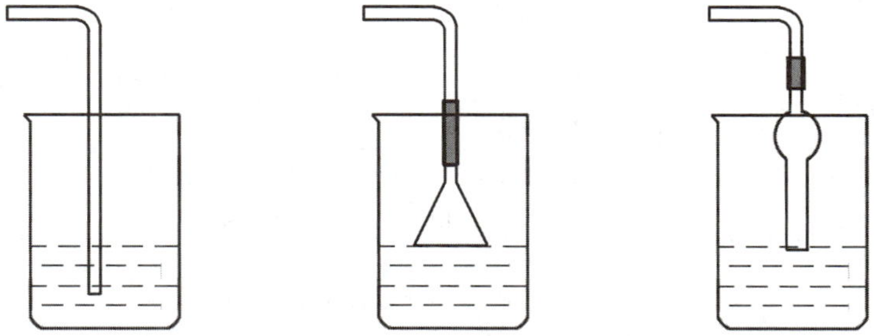

图 4-45　尾气吸收

(1) 吸收

在水中溶解度不大的气体,可直接将导气管插入吸收液中即可。如为防止 Cl_2 和 H_2S 逸入空气中造成污染,可将 Cl_2 由导气管通入 NaOH 溶液以吸收尾气,将 H_2S 气体

由导气管通入 $CuSO_4$ 溶液以吸收尾气。

(2) 用吸收液吸收

溶解度较大的气体必须用倒置的小漏斗或干燥管以防止液体倒吸。如用水吸收 HCl 气体时，应在通 HCl 气体的导管末端接一个倒置的小漏斗或干燥管，并且使漏斗或干燥管的边缘刚没入水面下。这样当 HCl 被吸收时，如液体上升到漏斗或干燥管中，由于漏斗或干燥管的容积较大，导致烧杯中液面下降，使漏斗或干燥管口脱离液面，漏斗或干燥管中的液体又流回烧杯内，使 HCl 充分吸收又防止了倒吸。

(3) 点燃

对于可燃性有毒气体的尾气，可以点燃使它生成无毒害性的气体。

综上可见，化学实验室常见气体的制备装置、收集方法和尾气吸收方式可简要归纳在表 4-4 中。

表 4-4 常见气体的实验室制取、尾气吸收装置

	收 集			尾气吸收	
气体分子式 / 收集气体装置 / 制取气体的装置	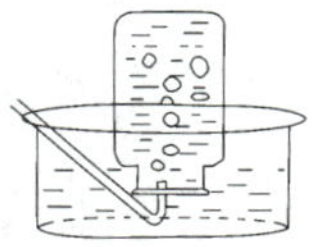	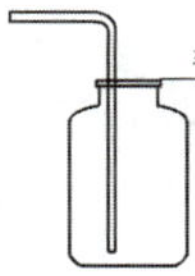	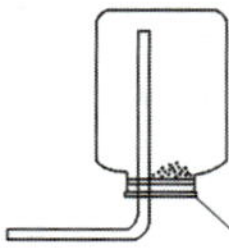	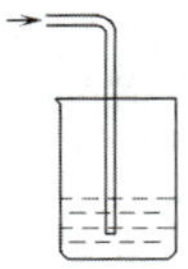	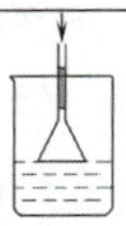 或 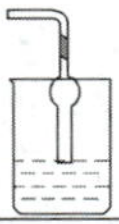
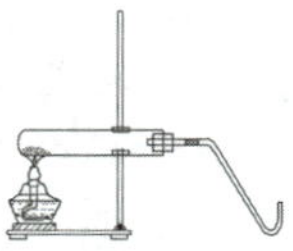	O_2 CH_4	O_2	NH_3 CH_4		NH_3
 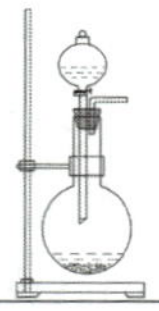	H_2 C_2H_2	H_2S CO_2 NO_2	H_2	H_2S NO_2	
	Cl_2 HCl SO_2 NO		Cl_2 SO_2	HCl	

思考题

1. 列表归纳实验室制备各种气体的方法和装置特征。

方法与特征	有代表性的装置图	可制备的气体
固体加热分解		
液体加热分解		
固体跟液体加热反应		
固体跟液体不加热反应		
液体跟液体加热反应		
固体跟固体加热反应		
电解		
气体跟气体反应生成另一种气体		

2. 自行设计列表归纳比较实验室各种有毒尾气的处理回收和利用方法及所用到的原理。

3. 自行设计列表归纳比较实验室各种气体的净化方法、原理及相应的标准。

4. 请列表比较各种气体干燥剂的适宜和不适宜范围。

5. 从绿色化学的角度评价、优选制备氧气的理想方法。

参考文献

[1] 鲍正荣. 化学实验的绿色化改造. 四川师范学院学报(自然科学版),2000,21(3):287~290

[2] 蔡铎昌,鲍正荣,邹荣贤. 化学微型实验及教学研究. 重庆:西南师范大学出版社,1997

[3] 范杰. 化学实验论. 太原:山西科学技术出版社,2001

[4] 刘怀乐. 中学化学教学实证与求索. 重庆:西南师范大学出版社,2001

[5] 刘怀乐. 中学化学教学实验与教学研究. 重庆:西南师范大学出版社,1996

(鲍正荣、杨长军、成超、韩得花、孙杰)

4.4 实验装置的设计与装配

实验装置是实现实验意图的手段,关系到实验的成败。玻璃仪器以其特有的透明、易洗涤、可加热、耐腐蚀等性质广泛用于化学实验，由玻璃仪器装配的系统也就成为化学实验中最常用的装置。所以，应了解实验装置设计的一般性原则和装置现场布局，以及仪器的选择、搭配、连接、固定、检查各个环节的具体操作，从而使装置设计达到宏观目的明确，微观滴水不漏的境界，确保实验的成功。

4.4.1 装置设计的原则

随着学科发展，化学实验类型及实验条件始终在不断变化，不仅不同的实验会设计出不同的装置，而且同一个实验也可以用不同的装置来实现。可以说，化学实验中最能综合反映实验者知识、能力、经验的就是实验装置设计。实验装置设计应遵循如下5项原则。

(1) 针对性

任何实验在开始之前都具有明确的目的，目的不同所依据的化学原理必然不同，目的相同也可以用不同原理实现，所以，实验装置自然会大相径庭。通常，物质制备、性质(结构)分析或浓度(含量)检测的实验装置绝对不会一样。例如，制备实验装置一般都需要包括反应器、控制器、净化干燥器、收集器、废气(物)处理器几个部分，各部分还需由连接器连为一体。所谓的"通用性"实验装置都是有前提的或必须根据具体目的要进行修改的。

(2) 科学性

这是实验装置设计的精髓。科学性是指整个实验装置以及该装置规定的操作步骤、关键环节和注意事项是否符合物理、化学原理，是否能够反映客观事实和规律。

(3) 安全性

实验中的事故和人身伤害有相当一部分是由实验装置设计不合理所留下的安全隐患所造成的。通常，化学实验中由于化学因素引起的危险性容易在反应原理分析时注意到，而诸如内压引起的爆炸、不耐热容器被加热引起的炸裂等物理因素往往容易被忽视。

(4) 简易性

"简"是指原理简明、装置简洁、操作简便，有利于把握操作要领和突出反应现象；"易"则指仪器、药品和其他材料廉价易得，装置易装、易拆，易于观察，实验易于成功。

(5) 先进性

在充分突出实验目的、体现实验科学原理并比较已有实验装置的基础上，使装置更加简洁、更容易控制反应进程、更便于观察、更节约药品试剂等消耗材料、污染更小以及扩充新的功能。装置的先进性常常依赖于设计者对实验的理解和创新素质。

4.4.2 设计与装配的一般步骤

装置设计装配是实验准备阶段最主要的工作，是分析和解决问题的思维活跃过程，也是实验成败的关键。

(1) 设计工艺,确定各部件功能

根据实验目的确定反应原理,按照针对性和科学性原则设计出工艺流程图,确定各工艺步骤的功能。

(2) 根据功能选择仪器

首先必须通过对反应原理作详细分析。如反应物和产物的形态,反应物和生成物有无腐蚀性和毒性,反应是否需要加热及加热程度,体系是否需要通电,反应是否需要催化剂以及反应速度等多种影响实验的因素。然后按照科学性和安全性原则,详细分析如何实现并满足实验所需的条件和设计出实验所需的仪器,并绘制出部件草图,分析各部件容量以及相互之间的控制关系和连接方式。必要时应当重新审视或修改流程图,优化部件的选择,尽量做到简易性和先进性,完成实验装置设计图。

(3) 选择、搭配、加工连接部件

根据装置设计图领取仪器,必要时作简单的加工。现实中常常会因为实验室没有设计图上的仪器或不能完全与设计相吻合而不得不变更理想中的选择。这是非常正常的,因为实验仪器和条件永远落后于科学研究的需要,任何新的实验和由此实验而发现的新的自然规律都是在“老”的仪器设备和实验条件的基础上实现的。克服困难完成实验是一个科学工作者最基本的心理素质和智力水平。

(4) 连接各部件,固定

仪器的装配要按照装配的要求,从下到上、从左到右的顺序逐件地进行安装。拆卸时应按相反的顺序逐件地进行拆卸。如需要用铁架台,要注意使装置的重心要稳,否则可能因重心不稳而翻倒(比较图 4-46 左、右两图的不同)。另外,铁夹的双钳应贴有绒布,或在仪器上缠上布条、纸条,夹持玻璃仪器要松紧适度。如果太紧,仪器在加热的情况下会发生热膨胀,使仪器损坏;如果太松,仪器容易脱落而损坏。

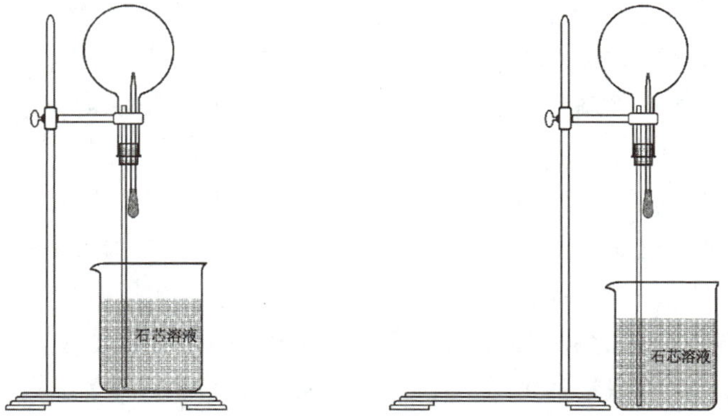

图 4-46　喷泉实验装置

实验装置在实验台上的放置形式关系到实验操作的方便性和安全性,也是影响观察实验现象的重要因素。一般说来,装置各部件应当按远高近矮、左高右矮、上轻下重、前动后静的原则摆放，并按反应从左向右进行的方向连接和固定，做到功能明确，从左到右，错落有致，安全美观。

(5) 装置检查

连接器各个结合部的密封，热源，电源，转动部件，各种减压、防堵塞、防溅出、防倒吸等部位的控制灵活性，火源、电源与试剂瓶之间的安全距离均须进行详细检查，保证装配完全正确。

4.4.3 装配部件加工

实验以其发现、举证、创新和创造的功能在学科发展中起着举足轻重的作用。正因为如此，在实验改进、改革以及科学研究中的许多仪器往往买不到或买不全，依靠外加工也不一定能满足急需，这就需要自己动手设计、加工、装配一些部件、配件或代用品。另外，为了提高实验经费的利用率和应付急需，适当修复一些破损的实验仪器也很有必要。

4.4.3.1 玻璃加工

玻璃管(棒)的主要加工技巧包括弯管、做头和拉制三类。

(1) 截断

截断玻璃管(棒)一般包括锉痕、截断和熔光3个步骤。

·锉痕。用锉刀的边棱或小砂轮在玻璃管(棒)需要切割的地方朝一个方向用力锉(不要往复锉)出一道凹痕。锉出的凹痕须与玻璃管(棒)垂直，才能保证断面平整。

·折断。用双手握住玻璃管(棒)，以拇指顶住凹痕的背面向前推，同时朝两边拉而折断。断面应平整。如先在凹痕处滴水再操作则效果更好。

·熔光。锋利的新断面须在火中烧熔使之光滑以免伤人，称为熔光。熔光的方法是将玻璃管(棒)断面端以45°在灯焰上烧并不断来回转动，直至管口变成平滑为止。

(2) 弯管

将截取的玻璃管弯曲成不同角度的曲玻璃管，一般包括烧管、弯管两个步骤。

·烧管。先将玻璃管在火上稍预热，然后双手持管，把要弯曲的部位放在火焰上边加热，边不断缓缓地转动玻璃管使之受热均匀。加热至玻璃管发黄变软时即可从火中取出(不可在火中弯管)。

·弯管。将变软的玻璃管取出来后，两手在上方，玻璃管的弯曲部分在两手中间的正下方，缓缓地将其弯成需要的角度。弯好后，待其冷却后才能把手松开。

弯管的方法有吹气法和不吹气法两种。一般弯制角度较大的管子可以用不吹气法，弯制角度较小或直径较大的管子最好用吹气法(或分几次弯，每次弯一定的角度，每次加热的部位应稍有偏移，用积累的方式达到所需角度的弯管)。弯管的弯曲处管径应当与直管处一致，如果出现瘪陷、纠结、收缩等均会使管径变小，影响使用。

(3) 扩口、封头、熔接

·扩口。将要扩口的玻璃管以40°角斜插入火焰中加热，并不断转动。待管口灼烧至红热后，用金属锉刀柄斜放入管口内迅速而均匀地旋转玻璃管，将其管口扩开。或简单地将已烧软了的玻璃管口垂直地放在石棉网上，轻轻向下按，使其管口扩开。

· 封头。将玻璃管要焊死的部位在火焰上烧软，离开火焰，缓缓地向两边将玻璃管拉细，接着在主细管的根部加热，使主细管折断而被焊死。一开始焊死处形成小乳头凸起，继续加热使凸出部分变软后，移出火焰并迅速用嘴小心吹它，直至回缩呈平滑状为止。

· 熔接。将洗净干燥的待接管一端用湿的纸团或棉球堵死，用火焰尖将需熔接位置加热至呈红白色时离开火焰，迅速于开口端用力吹气，将烧熔的地方吹成薄泡，弄破泡的端部使成喇叭口；将两根管子的喇叭口同时加热至熔融时迅速对到一起，均匀转动，慢慢冷却即成。

熔接操作要领可以用16个字来描述：质料相同，干净无垢，断面新鲜，准确快速。

图 4-47　电动台钻

(4) 拉管

先将玻璃管均匀加热烧软化，取出火焰，两手立即顺着水平方向边转动玻璃管边拉，直至需要的细度时，一手持玻璃管向下垂一会儿使之冷却。

拉好的玻璃管即可按需要截取。如果是制作滴管，截得的两个尖嘴管经大头扩口、小头熔光，安上胶头即可。

4.4.3.2　瓶塞加工

实验室常用的塞子有玻璃塞、橡皮塞和软木塞等。由于目前大多采用磨口仪器，软木塞已基本不用，橡皮塞偶尔在一些场合使用。

橡皮塞由于具有不易被酸碱腐蚀、型号齐全、加工容易、使用方便等优点，曾经在化学实验中广泛应用。但是，它易被强酸和某些有机试剂(如汽油、乙醚、苯、二氧化碳、溴和丙酮等试剂)侵蚀而溶胀。因此，盛装或有这类试剂的实验不能用橡皮塞。使用时塞子的大小以能塞进仪器口1/2为宜。

在化学实验中，根据实验需要，常需在塞子上钻孔以装配各种导管或温度计、搅拌棒等。钻孔的常用工具是电动台钻。

电动台钻省力，钻出的孔规则平滑。钻孔时左手一定要按紧塞子，不能使塞子移动，否则高速旋转的钻头容易伤手。在使用时，若实在按不住橡皮塞，要立即松开手，转动手柄，使钻头缓缓复位，再重新操作。由于台钻有一定的危险性，新手需要经过训练方能独立使用。

4.4.3.3　配合

通常，加工玻璃管、瓶塞都是为满足整套实验装置的需要，一般充当装置的连接器。因此，加工好后需作简单装配成组件后才能装配到实验装置中。

(1) 管—塞配合

把玻璃管插入塞孔时，应先在插入端蘸上肥皂水或清水减小摩擦，然后用毛巾把玻璃管包住，左手持塞子，右手握玻璃管，稍稍用力向前转动，直到合适为止。

管—塞配合的装配看似简单，可是在实际操作中稍有不慎，常发生玻璃管折断扎破手的事故。因此应当特别注意：

· 插入玻璃管时一定要用毛巾包住管子。

· 右手握玻璃管的位置一定要靠近插入端。

· 插弯成一定角度的曲玻璃管时，不要把住弯角处用力旋扭。

· 如果因塞子孔径略小于玻璃管的外径而插入困难，可用圆锉稍作修理，把孔扩大后再插入。

(2) 管—管连接

仪器之间的玻璃导管常用橡胶管或乳胶管连接。所选用的胶管口径应略微小于玻璃导管的口径，这样才能保证连接处的严密。连接时要先将玻璃管沾上水，然后将玻璃管边旋转边向胶管里套，一般要使玻璃管插入胶管内约 1～1.5 cm。如插进太短，不易保证严密，太长则装卸不便，又造成浪费。两导管之间连接的胶管，如无特殊的要求，则要越短越好，尽可能将两导管在胶管里接触在一起。

(3) 气密性的检查

气密性检查是防止泄漏，保证实验顺利进行的必不可少的前期工作。

检查仪器装置的气密性的常用方法是液柱法，该方法的基本思路是：

· 将整个被测试装置连接成一个封闭的体系，把唯一的出口(玻璃管)没入水中。

· 水进入玻璃管形成液柱。例如，可以使体系某处微热发生气体膨胀，排出少量气体，停止加热后水就吸入玻璃管形成液柱。

· 若液柱稳定一段时间，则表示气密性良好。

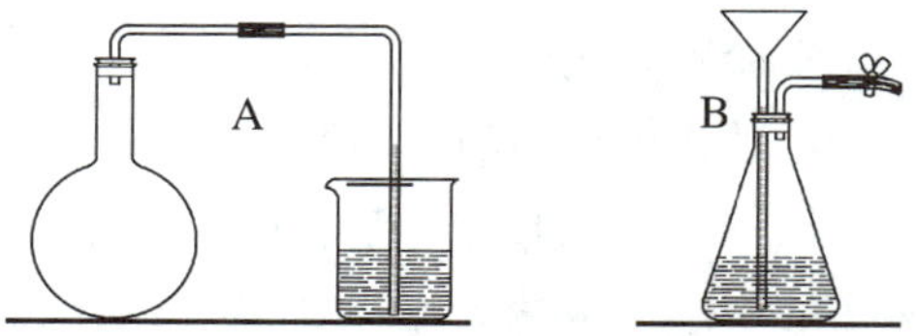

图 4-48　气密性检查(示液柱形成)

图 4-48A 是用手温排气形成水柱的例子，图 4-48B 表示的是往漏斗中加入水，当淹没漏斗的下端后，用弹簧夹夹住胶管，继续往漏斗中加入水，使之形成一段水柱，如果在一段时间里水柱不下降，则装置不漏气，是密闭的，反之则不密闭。

4.4.4　案例分析

(1) 气体制备装置——氯气制备(高一)

在实验室里一般都采用试剂反应制备气体。

氯气是一种典型的有毒气体，在高一化学教材中给出了它的实验室制备装置图(图 4-49A)和反应方程式。这是一个加热固体与液体的反应：

$$4HCl(浓) + MnO_2 \xlongequal{\triangle} MnCl_2 + 2H_2O + Cl_2\uparrow$$

对此装置的分析可以看出：烧瓶是反应器，广口瓶是收集器，盛氢氧化钠溶液的烧杯是废(尾)气处理器，分液漏斗和酒精灯除分别为进料器和热源外，还兼作控制器。这些部件由两个双孔塞及其配套的玻璃导管连接起来。

可是，进一步分析表明，该装置是有缺陷的。由于反应物之一的浓盐酸具有挥发性和烧瓶被持续加热，沿着玻璃导管进入广口瓶的气体必然混有氯化氢和水蒸气，收集的氯气将严重不纯。所以，应当在收集器前方增加净化、干燥装置。而且，由于1体积的水能够溶解约2体积的氯气，尾气吸收器中将有发生倒吸的风险，特别是当实验结束撤去热源时。

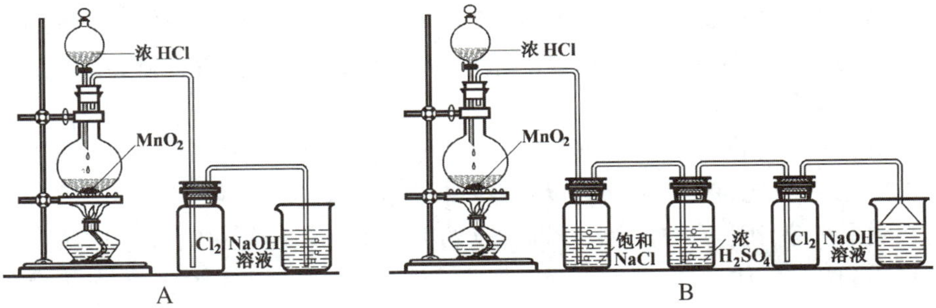

图 4-49　氯气制备装置

根据以上分析，将图中A修改为B。这样，烧瓶中反应后的气体通过盛有饱和食盐水的广口瓶，既可以除去HCl，达到除杂效果，又可以防止过多的氯气被水溶解，消耗氯气。盛浓硫酸的广口瓶能除去水蒸气，起到干燥作用。尾气管连接了一个倒置的漏斗，漏斗沿接触液面，既保证尾气不至于泄漏，又免除了倒吸之虞。

(2) 液体制备装置——煤的干馏

高二教材中给出的煤的干馏装置如图4-50。图中，瓷管是反应器，U形管是收集器，酒精喷灯作为反应所需的热源并兼作控制器，直立导管作为尾气处理器，用点燃来最终消除尾气污染，装置的连接器十分简单，很好地体现了简易性原则。

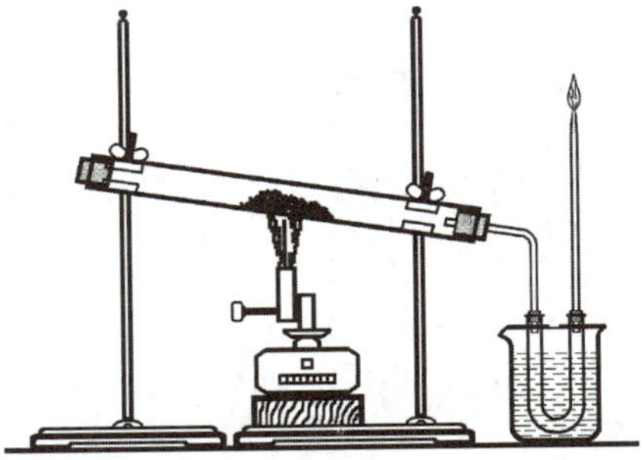

图 4-50　煤的干馏

与氯气制备装置不同，图中没有干燥净化器，这是因为尽管U形管中凝结出的产品是混合物，但它们容易自然分成水相和油相。不过，如果把尾气也作为气态产品，倒是可以先行除杂净化再收集。

通过以上两个案例的分析可以看出，制备实验的装置好比一条典型的化工生产线，各个化工单元一应俱全，丝毫也不能含糊。当然，由于目的不同，装置的部件选择、连接方式、控制原理、处理设施、装配布局都必须根据其化学原理设计，是不能照搬的。

思考题

1. 实验装置设计的原则是什么？回忆一下中学化学课中曾用实验室制法制备过哪些气体？比较它们所用的方法和制备装置，分析各部分是如何适应功能要求的。

2. 一个构思科学而巧妙的装置如果装配不善仍然达不到预期的实验效果，而气密性是装配中最重要的问题。试运用学过的检查气密性的方法讨论图 4-49 和图 4-50 装置的气密性检查要领和过程。

3. 已知氯气可以使湿润的色布褪色，可以氧化 I^- 因而能使湿润的淀粉碘化钾试纸变蓝。如果图 4-49 是演示实验，在装置中增加一个什么部件，使得在制备氯气的同时完成这两个演示实验？

4. 请设计一套能同时制取纯净甲烷气体并进行性质实验的实验装置，讨论其中连接器加工要求、装置装配和气密性检查以及系统控制操作要领。

5. 参观实验室中陈列的实物，分析启普发生器每一部分的功能、使用中的注意事项和适合于制备哪些气体，并根据本节讨论的装置设计的 5 个基本原则，用启普发生器设计一套气体制备及性质实验的实验装置和实验方案。要求画出所设计的实验装置图并说明图中各个仪器的作用及实验操作方法。

6. 阅读并查阅其他基础化学实验教材中关于玻璃管（棒）加工的内容，理解加工方法、安全注意事项和成品质量评价方法。到实验室看看，有哪些玻璃管（棒）器具，加工质量如何。

7. 结合说明书，观察实验室中电动台钻的结构和使用方法。开机空转，轻轻扳动手柄，让钻头上下移动，体会机器工作时的状态，并在木板上钻孔，思考应当如何安全使用。

参考文献

[1] 孙尔康，吴琴媛，周以泉，陆婉芳等. 化学实验基础. 第 1 版. 南京：南京大学出版社，1991

[2] 蔡维平主编. 基础化学实验（一）. 第 1 版. 北京：科学出版社，2004

[3] 古凤才，肖衍繁，张明杰，刘炳泗. 基础化学实验教程. 第 2 版. 北京：科学出版社，2005

[4] 郭春红. 化学实验设计激活创新意识. 中国现代教育装备，2004(3)：40～43

[5] 熊言林. 化学实验设计的思路和策略. 实验教学与仪器，2004(10)：20～22

[6] 胡艳生. 如何进行化学实验设计. 中国教育技术装备，2003(10)：20～21

[7] 任有良，石启英. 一种多功能化学实验装置的设计. 商洛师范专科学校学报，2000，14(2)：68～73

（李天安　卢一卉　张 亮）

[下篇]

实验

I　基本实验

实验一　常用玻璃仪器洗涤与干燥，固、液试剂的取用

一、实验目的

1. 练习并掌握常用玻璃仪器的洗涤和干燥方法。
2. 练习并掌握固、液试剂的取用和加热方法。

二、预习要求

实验前预习 1.1 和 1.2 节的内容，并回答下列问题：

1. 玻璃仪器常用的洗涤和干燥方法有哪些？根据什么原则进行选择？
2. 如何判断玻璃仪器是否洗干净？
3. 使用铬酸洗液时应注意什么？
4. 取用固、液试剂时应注意哪些事项？

三、实验器材与试剂

仪器：见仪器清单；固体试剂：$CuSO_4 \cdot 5H_2O$ 晶体；液体试剂：NH_4Cl（0.1 mol/L）。

材料：pH 试纸。

四、实验内容

1. 检查仪器

对照仪器清单清理、认识常用仪器，熟悉其名称、用途，了解使用注意事项。

2. 洗涤仪器

(1) 用自来水洗刷全部发给个人使用的仪器。

(2) 用去污粉洗刷干净 2 支试管、1 个小烧杯和 1 个锥形瓶，并交给指导老师检查。

(3) 用铬酸洗液洗干净1个容量瓶和1支酸式滴定管(注意洗液用后倒回原瓶)，然后交给指导教师检查。

3. 仪器的干燥

(1) 用酒精灯小火烤干上面洗净的1支试管、1个小烧杯，交给指导老师检查。

(2) 将上面洗净的另一支试管和锥形瓶在气流烘干器上干燥。

(3) 将其余已洗净的仪器合理地置于柜内，晾干备用。

4. 用水练习估量液体的方法

(1) 用滴管向量筒中滴加自来水至10 mL，看看1 mL相当于多少滴。

(2) 用量筒取1 mL，2 mL，5 mL自来水，分别加入3支小试管中，对比观察各占试管体积的几分之几。

5. 固体试剂的取用和加热

在干燥试管内放几粒$CuSO_4 \cdot 5H_2O$晶体，按固体试剂的加热方法加热，待所有晶体变为白色时，停止加热。当试管冷却至室温后，加3～5滴水，注意颜色的变化，用手摸一下试管有什么感觉。

6. 液体试剂的取用和加热

在试管中加入NH_4Cl溶液，用pH试纸检验其pH值，加热后再用pH试纸检验其pH，观察pH试纸颜色的变化，冷却后仍用pH试纸检验，观察颜色又有何变化。

思考题

1. 在洗涤试管和烧杯时，为什么不可以使用无直立竖毛的秃头毛刷？

2. 带有刻度的计量仪器为什么不能用毛刷刷洗？如何洗涤计量仪器，如容量瓶、移液管、滴定管等？

3. 用洗液洗涤时，决不允许将毛刷放入洗液中，为什么？

4. 烤干试管时为什么要始终保持试管口略向下倾斜？带有刻度的计量仪器为什么不能用加热的方法干燥？

5. 在试管中加热固体和液体试剂时有哪些注意事项？

参考文献

[1] 蔡维平主编. 基础化学实验(一). 第1版. 北京：科学出版社，2004

[2] 古凤才等主编. 基础化学实验教程. 第2版. 北京：科学出版社，2005

[3] 崔学桂，张晓丽主编. 基础化学实验(Ⅰ)—无机及分析化学部分. 第1版. 北京：化学工业出版社，2003

[4] 张开诚，李建芬，张瑞华主编. 实验化学教程. 第1版. 武汉：湖北科技出版社，2003

(周娅芬)

实验二　量液器的校准

一、实验目的

学习常用量液器校准的方法——称量法和相对校准法；初步掌握容量瓶、滴定管和移液管的校准方法。

二、预习要求

阅读本教材 1.3 和 1.5 节，进一步熟悉量液器的使用操作，了解影响密度的因素。

三、实验原理

实验室中使用的玻璃量器都具有刻度和标称容量，它们都有一定的允许容量误差，如果实验对精度的要求很高时，有必要对所用的滴定管、移液管以及容量瓶进行校准。

通常校准量液器的方法有两种，即称量法和相对校准法。

1. 称量法

用分析天平称量被校量容器中量入或量出的纯水的质量 m，根据纯水的密度 ρ，计算出被校量器的实际容量 V：

$$V=\frac{m}{\rho}$$

液体体积的基本单位是 L，真空中 1 kg 水在最大密度时（3.98 ℃时）所占的体积为 1 L。

但是，水的密度受温度的影响，玻璃量器随温度变化发生胀缩，空气的浮力使质量发生改变，因此由质量换算容积时必须考虑这些因素。

考虑上述的影响，按一定的公式可以计算出在不同温度时 1 L 的玻璃容器所盛水的质量（见表 I -1），根据表中的数据可以方便地计算量器的校正值。

如某支 50 mL 移液管在 25 ℃放出的纯水质量为 49.842 g，密度为 0.99617 g/mL，计算该移液管在 25 ℃时的实际容积。

$$V_{25}=\frac{49.842\ \text{mg}}{0.996\ 17\ \text{mg/mL}}=50.03\ \text{mL}$$

则这只移液管的校正值为 50.03 mL － 50.00 mL ＝（＋）0.03 mL。

2. 相对校准法

利用两种容器之间存在的一定的比例关系进行校正。

如果只要求两种容器之间有一定的比例关系，而无需知道它们各自的准确体积，这时可用容量相对校准法。经常配套使用的移液管和容量瓶，采用相对校准法更为重要。

例如，用 10 mL 移液管取蒸馏水于干净且晾干的 50 mL 容量瓶中，到第 5 次重复操作后，观察瓶颈处水的弯月面下缘是否刚好与刻线上缘相切。若不相切，应重新作一记号为标线，以后此移液管和容量瓶配套使用的时候就用作标准的标线。

表Ⅰ-1　不同温度下 1 L 水的质量(在空气中用黄铜砝码称量)

t/℃	m/g	t/℃	m/g	t/℃	m/g
10	998.39	19	997.34	28	995.44
11	998.33	20	997.18	29	995.18
12	998.24	21	997.00	30	994.91
13	998.15	22	996.80	31	994.64
14	998.04	23	996.60	32	994.34
15	997.92	24	996.38	33	994.06
16	997.78	25	996.17	34	993.75
17	997.64	26	995.93	35	993.45
18	997.51	27	995.69		

注意：

· 校准不当所造成的误差可能超过允许误差或量器本身的误差。因而在校准时务必正确、仔细地进行操作，尽量减少校准误差。

· 校准次数不能少于两次，且两次校准数据的偏差不得超过该量器允许误差的 1/4，并取其平均值作为校准值。

· 室温最好为(20±5)℃，温度变化率不得超过 1 ℃/h。

· 量入式量具在校正之前要干燥。

四、实验器材

25 mL 移液管，100 mL 容量瓶，50 mL 滴定管，50 mL 锥形瓶(带磨口玻璃塞)，分析天平。

五、实验内容

1. 滴定管的校准(称量法)

(1)将已经洗净且外表干燥的带磨口玻璃塞的锥形瓶放在分析天平上称量，得空瓶质量 $m_{瓶}$，记录至 0.001 g。

(2) 将已经洗净的滴定管盛满纯水，调至 0.00 mL 刻度处，从滴定管中放出一定体积(V_0)纯水于已称量的锥形瓶中，盖紧塞子，称出"瓶＋水"的质量 $m_{瓶+水}$，两次质量之差即为放出水的质量 $m_{水}$。用同样的方法称量滴定管从 0～10 mL，0～15 mL，0～20 mL，0～25 mL……刻度间的 $m_{水}$。

(3)用实验温度时水的密度来除每次 $m_{水}$，即可得到滴定管各部分的实际容量 V_t。

重复校准一次，两次相同刻度间的水质量差应小于 0.02 g。求出平均值。

(4)计算校正值 $\Delta V = V_t - V_0$。以 V_0 为横坐标，ΔV 为纵坐标，绘制滴定管校准曲线。现将一支 50 mL 滴定管在水温 21 ℃校准的部分实验数据列于表Ⅰ-2。

表Ⅰ-2　50 mL 滴定管校正值表(水温 21 ℃，ρ=0.997 00 g/mL)

V_0/ mL	$m_{瓶+水}$/g	$m_{瓶}$/g	$m_{水}$/g	V_{21}/mL	$\Delta V_{校正值}$/mL
0.00～5.00	34.148	29.207	4.941	4.96	−0.04
0.00～10.00	34.317	29.315	10.002	10.03	+0.03
0.00～15.00	44.304	29.350	14.954	15.00	0.00
0.00～20.00	49.395	29.434	19.961	20.02	+0.02
0.00～25.00	54.286	29.383	24.903	24.98	−0.02

移液管和容量瓶也可用称量法进行校准。校准容量瓶时，不必用锥形瓶，且称准至 0.01 g 即可。

2. 移液管和容量瓶的相对校准

用洁净的 25 mL 移液管移取纯水于干净且晾干的 100 mL 容量瓶中，操作 4 次后，观察液面的弯月面下缘是否恰好与标线上缘相切，否则用胶布在瓶颈上另作标记。以后实验中，此移液管和容量瓶配套使用时，应以新标记为准。

3. 操作练习

(1)配制 25 mL10%的食盐水溶液，再用此溶液配制 10 mL5%的食盐溶液和 50 mL1%的食盐溶液。

(2)用 25 mL 移液管将储液瓶中自来水分 10 次转入 250 mL 的容量瓶中，观察液面位置是否与容量瓶的标线相切，从而确定自己的操作是否规范、准确。

(3)在 10 mL，25 mL 和 50 mL 的容量瓶中加入自来水至刻度，然后将它们对应转移至 10 mL，25 mL 和 50 mL 的量筒中，观察其刻度，为什么会有差异？

思考题

1. 校准滴定管时，锥形瓶和水的质量只需称准到 0.001 g，为什么？
2. 为什么需要将未被校准的容量瓶晾干？用于配制标准溶液的容量瓶是否也要晾干？
3. 在实际分析工作中，如何应用滴定管的校正值？
4. 分段校准滴定管时，为什么每次都要从 0.00 mL 开始？
5. 试写出以称量法对移液管(单标线吸量管)进行校准的简要步骤。

参考文献

[1] 武汉大学主编. 分析化学实验. 第 4 版. 北京：高等教育出版社，2002
[2] 蔡维平主编. 基础化学实验(一). 北京：科学出版社，2004

(蒋晓慧)

实验三　分析天平称量练习

一、实验目的

1. 了解托盘天平和电光分析天平的构造。
2. 学习电光分析天平的正确使用方法。

二、预习要求

1. 预习托盘天平和电光分析天平的基本构造。
2. 熟悉托盘天平和电光分析天平使用方法和步骤。

三、实验原理

用天平进行称量，一般可采用直接称量法和减重法。前者用来称取没有吸湿性的样品，如金属片、合金片等。称量时将试样放在已知质量的干净且干燥的小表面皿上或硫酸纸上，一次称取一定质量的试样。后者是由两次称量的差来计算出所称试样的量。

电光分析天平是精密仪器，称量时要认真仔细。称量操作一般按下列步骤进行：

1. 检查

称量前应先检查一遍天平是否水平，圈码是否挂好，圈码指数盘是否指在“0.00”位置，两盘是否空着。用小毛刷将天平盘清扫一遍。

2. 零点调节

接通电源，开动升降旋钮，这时可以看到缩微标尺的投影在光屏上移动，当投影稳定后，如果光屏上的刻度线不与标尺的0.00重合，可以通过调屏拉杆，移动光屏位置，使刻度线与标尺的0.00重合，零点即调好。如果将光屏移到尽头后，刻度线还不能与标尺的0.00重合，则需要调节天平横梁上的平衡螺丝。

3. 称量

把要称量的物体放在天平左盘的中央（在此之前，应先在台秤上粗称物体的质量），然后把比粗称质量略大的砝码放在右盘中央，缓慢开动升降旋钮，观察光屏上标尺移动的方向。如果标尺向负方向移动，表示砝码比物体重，应立即关好升降旋钮，减少砝码再称量。如果标尺往正方向移动，则有两种可能，一种是标尺稳定后，与刻度线重合的地方在10.0 mg以内，这时可直接读数；另一种是标尺向左迅速移动，表示砝码太轻，应立即关好升降旋钮，增加砝码后再称量。这样反复加减砝码，当砝码比重物体轻到1 g之内时关紧边门，转动圈码指数盘，用与加砝码相同的方法调节圈码，直到光屏上标线与标尺投影上某一读数重合时为止。

注意，在加减砝码或圈码时，应按一定顺序加减才能使称量迅速，这种顺序称“对折法”。例如：加 10 g 太重改为加 5 g；如加 5 g 太轻，则改加 7 g 或 8 g；如加 8 g 还轻，则加 9 g；如果 9 g 重了，证明物体质量在 8～9 g 中间，这时在 8 g 的基础上再加 500 mg 圈码……照此一步一步进行下去，直到光屏上的标线与标尺投影上某一读数重合为止。

4. 读数

当光屏上标尺投影稳定后，就可以从标尺上读出 10 mg 以下的质量，有的天平上既有正值的刻度，也有负值的刻度。有的天平则只有正值刻度。称量时一般都使标线落在正值的范围之内（即读数时加上这部分毫克数），而不取负值，以免计算总质量时有加有减发生错误。

标尺上一大格为 1 mg，一小格为 0.1 mg。物体的质量＝砝码质量＋圈码质量＋标尺读数值。读完数应立即关上升降旋钮。

5. 善后

称量完毕，记下物体质量，将物体取出，砝码放回到砝码盒中原来的位置上，关好边门，将圈码指数盘轻轻地恢复到“0.00”的位置，拔下电源插头并罩好天平盒外边的罩子。

四、实验器材与试剂

仪器：托盘天平，电光分析天平，称量纸（于干燥器内干燥），称量瓶。

药品：氧化铜粉末（干燥）。

五、实验内容

1. 直接称量练习

分别取一个洁净、干燥的称量纸、称量瓶和约 1 g 氧化铜，先在台秤上粗称一下，然后在电光天平上准确称量。

2. 差减法称量练习

用差减法称取 1 g 氧化铜固体。在前面称量过的称量瓶里装入约 2 g 氧化铜固体。用一张宽 2 cm、长 10 cm 的纸条套住称量瓶，放在天平的左盘上，取下纸条，按上述称量方法准确称量盛有氧化铜固体的称量瓶总质量，设为 W_1。用纸条套住称量瓶从天平上取出，取下瓶盖，以瓶盖轻敲瓶口，倾出约一半氧化铜固体，放在另一干净容器中。盖上称量瓶，再准确称量，设此时称量瓶和氧化铜质量为 W_2，则倒出的氧化铜的准确质量为 $W=W_1-W_2$。

一般的，当“容器＋样品”的初始称量值为 W_1，连续 n 次倾出所需样品后其称量值为 W_{n+1}，则倾出的样品的总质量为 $W_{总}=W_1-W_{n+1}$。

3. 结果处理

(1)直接称量结果

称量物名称	称量纸	称量瓶	CuO
称量物质量(g)			

(2)差减法称量氧化铜试样

称量顺序号	Ⅰ	Ⅱ
称量瓶+样品(倾出样前)(g)	$W_1=$	$W_2=$
称量瓶+样品(倾出样后)(g)	$W_2=$	$W_3=$
倾出样质量(g)	$W_1-W_2=$	$W_2-W_3=$

复核:两次倾出样总质量 $W_{总}$=试样减少量$=W_1-W_3=$________。

思考题

1. 在放置待测物体或加减砝码时,应特别注意什么事项?
2. 为什么要测定天平的零点?天平的零点和停点有何区别?

参考文献

[1] 北京师范大学无机化学教研室等编.无机化学实验.第2版.北京:高等教育出版社,1991

[2] 古凤才,肖衍繁主编.基础化学实验教程.北京:科学出版社,2000

(耿志远)

实验四 电子天平

一、实验目的

1. 了解 FA1004 型电子天平的构造及主要部件。
2. 掌握电子天平的基本操作。
3. 掌握实物称量的技术。

二、预习要求

1. 了解电子天平的构造、称量原理。
2. 熟悉电子天平的使用方法及注意事项。

三、实验仪器与器材

FA1004 型电子天平，称量瓶，称量纸，试剂勺，小烧杯，CuO。

四、基本原理

电子天平如图 2-6 所示，其称量是依据电磁力平衡原理。称量通过支架连杆与一线圈相连，该线圈置于固定的恒磁铁——磁钢之中，当线圈通电时，自身产生的电磁力与磁钢的磁力相互作用，产生向上的作用力。该力与称盘中称量物的向下重力达平衡时，此线圈通入的电流与该物重力成正比。利用该电流大小可计量称量物的质量。其线圈上电流大小的自动控制与计量是通过该天平的位移传感器、调节器及放大器实现的。当盘内物重变化时、与盘相连的支架连杆带动线圈同步下移，位移传感器将此信号检出并传递、经调节器和电流放大器调节线圈电流大小，使其产生向上之力推动称盘及称量物恢复原位置为止，线圈电磁力与物体重力重新达到平衡，此时的电流可计量物体质量。

电子天平是物质计量中唯一可自动测量、显示甚至可自动记录、打印结果的天平。其最大称量与精度与前述分析天平相同，最高读数精度可达±0.01 mg，实用性很宽。但应注意其称量原理是电磁力与物质的重力相平衡，即直接检出量是 mg 而非物质质量 m。故该天平使用时，要随使用地的纬度和海拔高度随时校正其 g 值，方可获取准确的质量数。常量或半微量电子天平一般内部配有标准砝码和质量的校正装置，经随时校正后的电子天平可获取准确的质量读数。

五、FA1004 型电子天平的使用方法

1. 主要技术参数

称量范围：0～100 g；读数精度：0.1 mg；再现性（标准偏差）：0.000 2 g；线性误差：±0.000 5 g；稳定时间（典型）：≤6 s；功率：15 W。

2. 使用方法

（1）开机，轻按“ON”键，天平进行自检，最后显示“0.000 0 g”。

（2）置容器于称盘上，显示出容器质量。

（3）轻按“TAR”清零、去皮键，随即出现全零状态，容器质量显示值已去除，即去皮重。

（4）放置被称物于容器中，这时显示值即为被称物的质量。

（5）累计称量：用去皮重称量法，将被称物逐个置于称盘上，并相应逐一去皮清零，最后移去所有被称物，则显示数的绝对值为被称物的总质量。

（6）加物：按住 INT 键不松手，可调至 INT-0 模式，置容器于称盘上，去皮重。将称物（液体或松散物）逐步加入容器中，能快速得到连续读数值。当加物达到所需称量，显示器最左边“0”熄灭，这时显示的数值即为用户所需的称量值。当加入混合物时，可用去

皮重法，对每种物质计净质量。

(7) 读取偏差：置基准砝码(或样品)于称盘上，去皮重，然后取下基准码，显示其质量负值。再置称物于称盘上，视称物比基准砝码重或轻，相应显示正或负偏差值。

(8) 下称：拧松底部下盖板的螺丝，露出挂钩，将天平置于开孔的工作台上，调整水平，并对天平进行校准工作，就可用挂钩称量挂物了。

3. 注意事项

(1)严格按上述操作步骤进行。

(2)按钮时不可用力太大。

(3)不得随意改变天平的位置，否则必须重新调水平。

(4)称量易挥发和具有腐蚀性的物品时，要盛放在密闭的容器中，以免腐蚀和损坏电子天平。

5. 用完后关好并罩好天平、切断电源。

思考题

1. 使用电子天平应该注意些什么？

2. 电子天平在首次使用前天平显示零位是否便可直接称量，还是必须进行校准操作，为什么？

3. 有的人认为在电子天平量程范围内称量的物体越重对天平的损害也就越大。这种认识是否正确？

参考文献

[1] 李龙泉，林长山，朱玉瑞，吕敬慈，江万权. 定量分析化学实验. 合肥：中国科学技术大学出版社，2001

[2] 胡满成，张昕主编. 化学基础实验. 北京：科学出版社，2001

[3] 吴泳主编. 大学化学实验新体系. 北京：科学出版社，2001

（王志华）

实验五　水银温度计的校正

一、实验目的

1. 掌握水银温度计 0 ℃～95 ℃的读数校正方法和校正曲线的绘制。

2. 掌握露茎校正方法。

3. 了解水银温度计的零点校正。

二、预习要求

1. 为什么要对温度计进行校正，是否每次使用前都得校正？

2. 水银温度计的校正应注意哪些事项？

三、实验原理

1. 零点校正

用冰点仪进行零点校正，如图Ⅰ-1所示。最简单的冰点仪是颈部下端套有一橡皮管的普通玻璃漏斗，并用夹子夹住橡皮管，如图Ⅰ-2。漏斗内盛有蒸馏水制成的冰，冰要粉碎并压紧，并加少量预冷的蒸馏水淹没过冰层，多余的水从橡皮管放出。将已冷至－2 ℃～－3 ℃的待校温度计垂直插入冰中，使零线高出冰面5 mm以下，10 min后开始读数，每隔1～2 min读一次数，读数稳定后，以连续3次读数的平均值作为冰点的测定值。

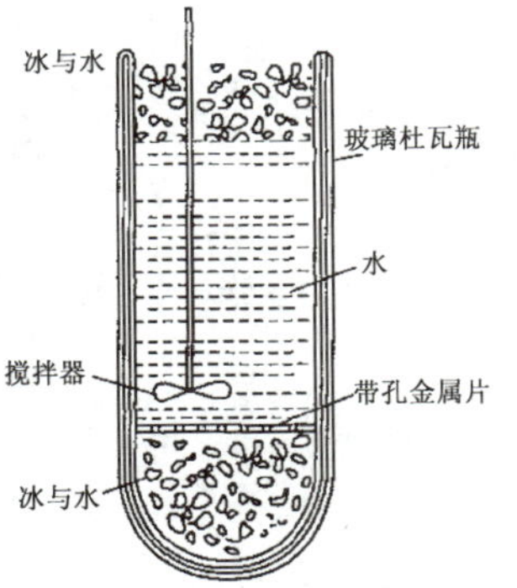

图Ⅰ-1　冰点仪

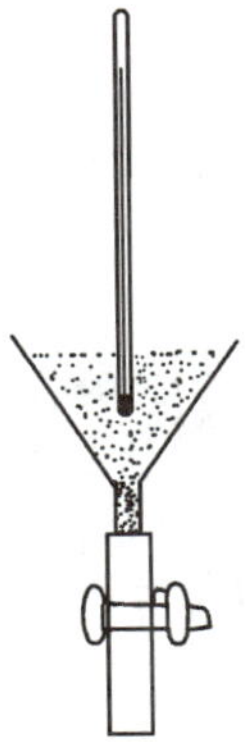

图Ⅰ-2　简易冰点仪

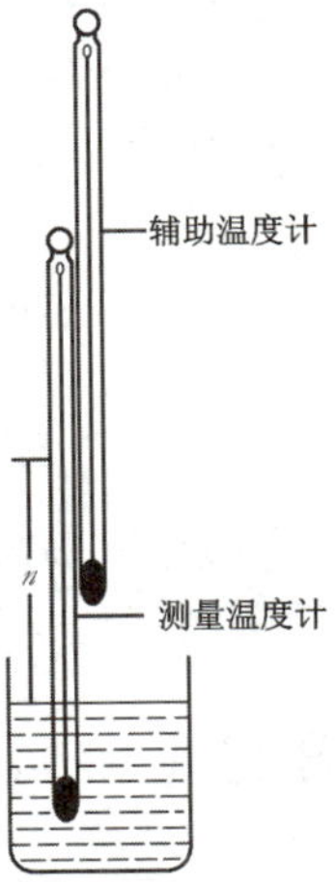

图Ⅰ-3　温度计露茎校正

标准温度计、精密温度计都附有零点标记。对于要求不太高的温度计，可每2～6个月检定一次。要求高的温度计（如标准温度计），则每次测定完后都应检定冰点，对加热引起的暂时变化才能考虑在内。对不超过400 ℃的温度计，可认为冰点位置的改变将引起温度计所有示值都有相同的改变。例如，温度计检定书上的零点位置是－0.02 ℃，而现在测得零点位置是＋0.03 ℃，说明零点位置已升高了0.03 ℃－（－0.02 ℃）＝0.05 ℃，所以温度计读数也相应增加了0.05 ℃，这时应从读数中减去0.05 ℃才是准确温度。温度示值应按下式求得：

改正值＝检定书上的校正值＋（检定书上的零点位置示值－新测得零点位置示值）

如果零点位置示值不变，则用检定书上改正值。

注意，一等标准水银温度计的示值改正，是把零点位置换算为恰在0 ℃时给出的改正值，故一等标准温度计的改正值按下式计算：

改正值＝检定书上改正值－新测得零点位置示值

2. 读数(示值)校正

由于毛细管不均匀、水银和玻璃膨胀系数的非线性关系造成的读数误差可用下法校正。

选用二级标准温度计与待测温度计作比较(二级标准温度计一套共 7 支，刻度范围各为：－30 ℃～－20 ℃，0 ℃～50 ℃，50 ℃～100 ℃，100 ℃～150 ℃，150 ℃～200 ℃，200 ℃～250 ℃，250 ℃～300 ℃)。校正时将标准温度计与待测温度计(全浸)悬入玻璃水浴恒温槽中，两水银球应在同一水平面尽量接近的位置，恒温槽温度控制在被校温度上下不超过 0.1 ℃。待温度稳定 10 min 后，记录两温度计的读数，然后再调节恒温槽到另一被校正温度，重复上述步骤。测出 5～6 对校正数据，将被校温度计读数作横坐标，相应的标准温度计读数为纵坐标作图，即得被校温度计读数校正曲线。使用时用内插法即可查得各校正值。注意分段标定时应选用同一套标准温度计。

3. 水银柱露出待测体系部分(露茎)的校正

水银温度计露茎的校正公式见 2.3.2 节。

例如：由温度计读出温度 $t_{观}=85.56$ ℃，插入待测介质只到刻度 20.0 ℃处，由放置露出一半位置处的另一辅助温度计读出水银柱露出部分的平均温度(有效温度)$t_{环}$ 为 38.0 ℃，则：

$\Delta t=Kn(t_{观}-t_{环})=0.000\,16\times(85.56-20.0)\times(85.56\text{ ℃}-38.0\text{ ℃})=0.50$ ℃。

所以

$$t_{校}=t_{观}+\Delta t=85.56\text{ ℃}+0.50\text{ ℃}=86.06\text{ ℃}。$$

注：由于辅助温度计露出部分的平均温度并不很准确，故露出部分的误差校正，也可以用各种测量范围的标准温度计加以比较之。

四、实验器材与试剂

普通温度计(0 ℃～100 ℃)，标准温度计(0 ℃～100 ℃)，恒温水浴槽，坐标纸。

五、实验内容

按照上述的方法练习一支普通温度计(0 ℃～95 ℃)的读数校正并绘出校正曲线。

思考题

1. 水银温度计为什么要进行校正？
2. 水银温度计主要应从哪几个方面进行校正？

参考文献

[1] 臧瑾光主编. 物理化学实验. 第 1 版. 北京：北京理工大学出版社，1995

[2] 山东大学,山东师范大学等校合编.基础化学实验(Ⅲ)—物理化学实验.第1版.北京:化学工业出版社,2004

[3] 孙尔康,徐维清,邱金恒编.物理化学实验.第1版.南京:南京大学出版社,1998

(耿志远)

实验六 重结晶法提纯乙酰苯胺

一、实验目的

1. 通过提纯乙酰苯胺,了解重结晶法分离提纯固体物质的方法、原理和步骤。

2. 练习溶解、结晶、热过滤、抽滤和干燥等基本操作。

二、预习要求

1. 阅读教材4.1节,预习重结晶分离提纯固体物质的基本操作和步骤。

2. 查阅固体物质分离提纯的常用方法、原理、溶剂选择以及检测纯度的一般方法。注意比较采用不同沸点的溶剂与加热溶解方法在重结晶实验中的优缺点。

3. 查阅乙酰苯胺的工业制备、用途等方面的内容。

三、实验原理

重结晶是纯化固体化合物的重要方法之一。

从反应中分离出的固体化合物往往是不纯的,其中常夹杂一些反应副产物、未反应的原料等。纯化这类物质的有效方法通常是用合适的溶剂进行重结晶。

固体化合物在溶剂中的溶解与温度有密切关系。一般而言,温度升高,溶解度增大。重结晶就是利用固体混合物中某种目标组分在溶剂中的溶解度随温度变化的明显差异,实现分离提纯。即在热的溶剂中因为目标组分在较高温度下溶解度大,且呈饱和状态,当降低温度时,由于溶解度降低,溶液变成过饱和析出结晶,从而使杂质全部或大部分留在溶液中,达到提纯的目的。

其一般过程为:

(1) 将被纯化的化合物在已选好的溶剂中,制成沸腾或接近于沸腾温度下的饱和浓溶液。

(2) 若溶液含有色杂质,可加适量活性炭煮沸脱色。

(3) 热过滤此溶液,以除去其中不溶性杂质及活性炭。

(4) 将滤液冷却,使结晶从过饱和溶液中析出。

(5) 抽气过滤,将结晶从母液中分离出,洗涤结晶。

(6) 结晶经干燥后测定熔点。如发现其纯度不符合要求时,可重复上述操作,直至熔点不再改变。

四、实验试剂与器材

实验试剂:粗乙酰苯胺、活性炭。

实验器材:锥形瓶、烧杯、保温漏斗(或无颈玻璃漏斗)、布氏漏斗、抽滤瓶、滤纸、煤气灯(酒精灯)、循环水多用真空泵等。

五、实验步骤

(1)称取 2~3 g 乙酰苯胺粗品,放入锥形瓶中,加入少许水,投入 1~2 粒沸石,加热。在加热过程中不断用玻璃棒搅动,使固体完全溶解(若有不溶固体或油状物,可每次再加 5 mL 热水,直至固体或油状物恰好完全溶解)。再加水至总体积约 90 mL,溶液稍冷后,加入半匙活性炭,继续加热微沸 10 min。

(2)保温过滤,或事先在烘箱中烘热无颈漏斗,过滤时趁热从烘箱中取出。把漏斗安置在漏斗架上,于漏斗中放一预先叠好的折叠滤纸,并用少量热水润湿。将上述热溶液通过折叠滤纸,迅速地滤入 150 mL 烧杯中。每次倒入漏斗中的液体不要太满,也不要等溶液全部滤完后再加。在过滤过程中,应保持溶液的温度。为此将未过滤的部分继续用小火加热以防冷却。待所有的溶液过滤完毕后用少量热水洗涤锥形瓶和滤纸。

(3)滤毕,用表面皿将盛滤液的烧杯盖好,放置一旁,稍冷后,用冷水冷却以使结晶完全。

(4)结晶完成后,用布氏漏斗抽滤(滤纸先用少量冷水润湿,抽气吸紧),使结晶与母液分离,并用玻璃塞挤压,使母液尽量除去。拔下抽滤瓶上的橡皮管(或打开安全瓶上的活塞),停止抽气。加少量冷水至布氏漏斗中,使晶体润湿,然后重新抽干,如此重复 1~2 次。

(5)将产品移至培养皿中干燥,称重并测其熔点,计算回收率:

$$回收率=\frac{提纯后固体质量}{提纯前固体质量}\times 100\%$$

纯乙酰苯胺为无色鳞片状晶体,熔点 114.3 ℃,有条件的可以用熔点法测试产品纯度。

注意事项:

· 当用沸点较低的有机溶剂进行重结晶时,应选择水浴加热。

· 制饱和溶液时,溶剂不可一下子加得太多,以免过量。造成被提纯物的损失。由于抽滤时有部分溶剂挥发,饱和溶液制成后,一般再补加过量 15%~20%的溶剂。补加溶剂时应移去热源。

· 加活性炭脱色时,要注意先让溶液稍冷后才加活性炭,不可趁热加入以免爆沸冲料。加完活性炭,需煮沸一段时间才能达到脱色效果。活性炭用量为粗品的1%~5%,不宜加多,以免吸附部分产品。

· 热过滤是重结晶的关键步骤。应事先做好准备,过滤要迅速,避免热溶液冷却而有结晶在漏斗内析出。

· 滤液要慢慢冷却,这样得到的结晶,晶形好,纯度高。如果没有晶体析出,可用玻璃棒摩擦器壁产生静电,增大分子间引力,同时使分子相互碰撞几率增大,使晶体加速析出。

· 停止抽滤前,应先将吸滤瓶上的橡皮管拔去,以防水泵的水发生倒吸。

· 洗涤时,应先拔开吸滤瓶上的橡皮管,加少量溶剂在晶体上,溶剂用量以使晶体刚好湿润为宜,再接上橡皮管将溶剂抽干。

六、实验数据处理和讨论

1. 数据记录

称取粗品质量	重结晶后质量	熔点	回收率

2. 实验讨论

根据实验过程和产品收率,分析实验流程中哪些是关键步骤,如何控制操作使收率更高,剩余母液如何处理(利用)。

思考题

1. 重结晶所用的溶剂为什么不能太多,也不能太少?如何正确控制溶剂量?

2. 在活性炭脱色热抽滤时,若发现母液中有少量活性炭,试分析可能由哪些原因引起的?应如何处理?

3. 停止抽滤后,发现水倒流入抽滤瓶中去,这是什么原因引起的?

4. 本实验结果一般收率较低,产品熔点偏低,试分析原因。

5. 重结晶法提纯固体有机化合物,有哪些主要步骤?简单说明每步的目的。

6. 举例说明分离提纯固体有机化合物的方法及应用。

参考文献

[1] 黄涛,张治民.有机化学实验.第2版.北京:高等教育出版社,1998

[2] 北京大学化学学院.有机化学实验.第2版.北京:北京大学出版社,2002

(彭秧)

实验七　乙醇的蒸馏

一、实验目的

1. 熟悉蒸馏的原理和作用。
2. 初步掌握常压蒸馏装置的安装。
3. 掌握乙醇的常压蒸馏操作。

二、预习要求

预习本教材 3.1.1 节和 4.2.1.1 节，了解影响沸点的因素和共沸点的概念。

三、实验原理

将液体加热汽化，再将气体冷凝为液体的联合操作叫做蒸馏。

一般而言，蒸馏主要用于以下三个方面：

(1)分离和纯化液体有机化合物，一般要求被分离的液体有机化合物之间的沸点差别在 30 ℃以上。

(2)测定纯净液态有机化合物的沸点(常量法)。

(3)在有机合成和天然有机物的提取中，回收有机溶剂。

四、实验药品和器材

药品：灯用酒精(15 mL)。

器材：蒸馏瓶(或圆底烧瓶和蒸馏头)、温度计、锥形瓶、直形水冷凝管、接液管、酒精灯、沸石。

五、实验装置

根据蒸馏的定义可知，一般的常压蒸馏装置主要由三部分组成，即汽化、冷凝和接收等三个组件(见图 4-15)。

1. 气化部分

(1)热源：有直接热源或间接热源，本实验可用酒精灯作为热源，但最好使用电热套。

(2)蒸馏瓶：蒸馏瓶用于盛放被蒸馏的液体，其大小应根据被蒸液体的量确定，常压蒸馏时液体的体积为蒸馏瓶容积的 1/3～2/3。

注意：蒸馏瓶的瓶颈有长有短，在蒸馏低沸点液体时，最好选择长颈蒸馏瓶；而蒸馏高沸点液体时，宜选用短颈蒸馏瓶。

(3) 温度计：应根据被蒸馏液体的沸点来选择温度计，被蒸馏液体的沸点必须在温度计的量程之内。安装温度计时，必须保证温度计水银球的上限与蒸馏瓶支管口的下限水平（见图 4-15 A）。

2. 冷凝部分

冷凝部分包括冷凝管和引入冷凝水的橡皮管。根据冷却介质不同，冷凝管可分为水冷凝管和空气冷凝管两类，被蒸发液体沸点低于 140 ℃时用水冷凝管，而被蒸发液体沸点高于 140 ℃（有的教材上指明 130 ℃）应用空气冷凝管。根据形状的不同，冷凝管有直形、球形和蛇形 3 种。本实验采用直形冷凝管。

3. 接收部分

(1)接液管：旧式的接液管有具支接液管和非具支接液管，而磨口仪器只有具支接液管。

(2)接收瓶：一般常压蒸馏可用锥形瓶或圆底烧瓶作为接收器，但减压蒸馏只能用圆底烧瓶为接收瓶。

蒸馏装置的安装顺序一般为从下到上，从左到右；而拆卸仪器的顺序则相反。

六、蒸馏操作

仪器安装好后，可按如下步骤进行蒸馏操作。

(1)加料。仪器装好后，取下温度计，通过长颈玻璃漏斗加入 15 mL 灯用酒精于蒸馏瓶中（或在安装仪器之前，直接沿着面对支管口的瓶壁加入被蒸馏的液体，注意不能使液体从支管流出）。加入几粒沸石，塞好温度计，检查仪器的各部分是否漏气。

(2)加热。通入冷凝水，加热，注意观察蒸馏瓶里的现象。加热一段时间后，液体沸腾，蒸气逐渐上升。上升到温度计水银球时，温度计水银柱急剧上升。此时应控制火焰，使蒸气量不要过大。控制加热速度，控制馏出液滴以每秒 1～2 滴为宜。在整个蒸馏过程中，应始终保持水银球上有液滴。

(3)馏出液收集。蒸馏前准备两个锥形瓶作为接受器，一个收集温度稳定前的馏分，而另一个接收温度稳定后的馏分（即被纯化的有机物）。记下此时温度计的读数，待蒸馏瓶中只剩余 0.5 mL 液体时，停止蒸馏，记下此时温度计的读数，前后两次读数即为工业酒精——95%乙醇的沸程。

(4)仪器拆除。蒸馏完毕，先停止加热，稍冷后停止通水，然后按与仪器装配时相反的顺序拆除，即先拆除接受器，然后依次拆下接液管、冷凝管、温度计和蒸馏瓶等。

注意：

· 常压蒸馏装置一定要保证与大气相通，否则对密闭体系加热会十分危险。

· 如果蒸馏时同时测定被蒸馏物的沸点，应使温度计水银球的上限和蒸馏瓶支管的下限在同一水平线上。

·冷凝器的进出水必须下进上出。

·控制馏出速度为每秒 1～2 滴。

思考题

1. 沸石的作用是什么？为什么要在加热前加入沸石？当重新蒸馏时，用过的沸石能否继续使用？

2. 为什么蒸馏时最好控制馏出液的速度为每秒 1～2 滴为宜？

3. 常量法测定液体的沸程可以判断该化合物的纯度，为什么？

4. 如果液体物质具有恒定的沸点，能否认为一定是纯物质？为什么本次实验收集的是 95%的乙醇，而不是纯净的乙醇？

（蒋晓慧）

实验八　减压蒸馏

一、实验目的

1. 了解减压蒸馏的原理和应用范围。

2. 认识减压蒸馏的主要仪器设备。

3. 掌握减压蒸馏仪器的安装和操作方法。

二、预习要求

预习 4.4 节和真空泵、压力计的相关知识。

三、实验原理

液体的沸点是指它的蒸气压等于外界压力时的温度，因此液体的沸点是随外界压力的变化而变化的，如果借助于真空泵降低系统内压力，就可以降低液体的沸点，这便是减压蒸馏操作的理论依据。

减压蒸馏是分离和提纯有机化合物的常用方法之一。它特别适用于那些在常压蒸馏时未达沸点即已受热分解、氧化或聚合的物质。

四、实验试剂与装置

实验试剂：乙酰乙酸乙酯 、苯甲酰、呋喃甲醛或苯胺。

装置如图Ⅰ-4 所示。

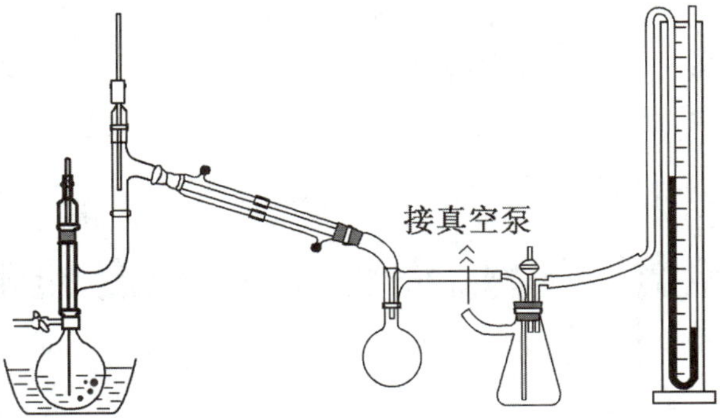

图Ⅰ-4　减压蒸馏装置

五、实验内容和注意事项

1. 乙酰乙酸乙酯的蒸馏

市售的乙酰乙酸乙酯中常含有少量的乙酸乙酯、乙酸和水，由于乙酰乙酸乙酯在常压蒸馏时容易分解产生去水乙酸，故必须通过减压蒸馏进行提纯。下表列出了不同压力下乙酰乙酸乙酯的沸点。

在 10 mL 蒸馏瓶中，加入 20 mL 乙酰乙酸乙酯，按减压蒸馏装置图装好仪器，通过上述减压蒸馏操作进行纯化。

表Ⅰ-3　乙酰乙酸乙酯沸点与压力的关系

压力/mmHg*	760	80	60	40	30	20	18	14	12
沸点	181	100	97	92	88	82	78	74	71

* 1mmHg≈133 Pa

纯乙酰乙酸乙酯的沸点为 180.4 ℃，折光率 $n_D^{20}=1.419\ 2$。

2. 苯甲酰、呋喃甲醛或苯胺的蒸馏

用蒸馏乙酰乙酸乙酯同样的方法，通过减压蒸馏提纯苯甲醛、呋喃甲醛或苯胺。减压蒸馏苯甲醛时，要避免被空气中的氧气所氧化。

在蒸馏之前，应先从手册上查出它们在不同压力下的沸点，供减压蒸馏时参考。

思考题

1. 减压蒸馏和常压蒸馏相比有哪些优缺点？

2. 在怎样的情况下才用减压蒸馏？

3. 在进行减压蒸馏时，为什么必须用热浴加热，而不能用明火直接加热？为什么进行减压蒸馏时须先抽气才能加热？

4. 当减压蒸完所要的化合物后，应如何停止减压蒸馏？为什么？

5. 具有什么性质的化合物需用减压蒸馏进行提纯?
6. 使用水泵减压蒸馏时,应采取什么预防措施?
7. 使用油泵减压时,要有哪些吸收和保护装置?其作用是什么?

(孙都成)

实验九 食用白醋中总酸度的测定

一、实验目的

1. 掌握滴定操作程序及移液管、容量瓶的使用。
2. 掌握强碱滴定弱酸的反应原理,指示剂选择及滴定过程。
3. 学习并掌握食醋中总酸度的测定方法。

二、预习要求

实验前须预习相关内容,并思考回答下列问题:
(1)食醋中总酸度的测定中,如何选择指示剂?
(2)对测定中用的蒸馏水有何特别要求?

三、实验原理

食用白醋的主要成分是 CH_3COOH(30～50 mg/mL),但还含有其他少量有机弱酸。若用 NaOH 标准溶液进行滴定,当 $c \cdot Ka \geqslant 10^{-8}$ 时,弱酸都可以被滴定,因此,测定结果为白醋中的总酸度,但分析结果通常用含量最多的 CH_3COOH 表示,反应为:

$$NaOH + CH_3COOH = CH_3COONa + H_2O$$

化学计量点时,产物呈碱性,滴定突跃在碱性范围,故选用酚酞作指示剂。

四、实验器材

仪器:50 mL 碱式滴定管 1 支,250 mL 锥形瓶 3 个,50 mL 量筒 1 支,25 mL 移液管 2 支,250 mL 容量瓶 1 个。

试剂:0.1 mol/L NaOH 标准溶液,食用白醋,酚酞指示剂。

五、实验内容

1. 0.1 mol/L HCl 和 NaOH 溶液的配制

首先计算配制 500 mL 0.1 mol/LHCl 溶液所需浓盐酸的毫升数，然后用洁净的 10 mL 量筒量取该体积的浓 HCl 倒入 500 mL 烧杯中，加水稀释至 500 mL，摇匀，再转移到磨口试剂瓶中，贴上标签备用。

计算配制 500 mL 0.1 mol/L NaOH 溶液需固体 NaOH 的质量，迅速在台秤上称取比计算量多 20%的 NaOH 于烧杯中，用煮沸并冷却后的蒸馏水快速洗涤 2～3 次。每次加入 10～15 mL 水作洗涤液，以除去 NaOH 表面上少量的 Na_2CO_3。剩余的固体 NaOH 用水溶解后，稀释至 500 mL，装入带橡皮塞的试剂瓶中，摇匀，贴上标签。也可通过取 NaOH 的饱和水溶液（12∶10）来配制 0.1 mol/L 标液，这种方法也可消除 Na_2CO_3 的影响。

2. 0.1 mol/LNaOH 溶液的标定

准确称取在 105 ℃～110 ℃干燥至恒定质量的邻苯二甲酸氢钾（KHP）0.4～0.5 g 于 250 mL 锥形瓶中，然后加入新煮沸过的冷蒸馏水 20～30 mL，小心摇动使之溶解，加 1～2 滴酚酞，用 0.1 mol/L NaOH 溶液滴至溶液呈微红色，0.5 min 不褪色为终点，平行标定 3 份，记录每次耗用的 NaOH 溶液的体积。计算 NaOH 标准溶液的浓度。

3. 食用白醋中总酸度的测定

用洁净的移液管准确移取 25.00 mL 食用白醋于 250 mL 容量瓶中，用蒸馏水稀释、摇匀、定容。

用另一支洁净移液管移取上述溶液 25.00 mL 于 250 mL 锥形瓶中，加 2～3 滴酚酞指示剂，用 NaOH 标准溶液滴定至微红色，30 s 内不褪色即为终点。记录所消耗 NaOH 的体积，平行测定 3 份，要求相对平均偏差小于 3%。

六、数据记录与处理

次数 / 记录与项目	Ⅰ	Ⅱ	Ⅲ
$c(NaOH)/\ mol \cdot L^{-1}$			
$V(HAc)/mL$			
$V(NaOH)/mL$	初： 终： 实：	初： 终： 实：	初： 终： 实：
$c(HAc)(g/100\ mL)$	$\dfrac{c(NaOH)\times V(NaOH)\times Mr(HAc)/1\ 000}{25.00\times 25.00/250.00}\times 100$，$Mr(HAc)=60.05\ g/mol$		
$c(HAc)(g/100\ mL)$			
相对平均偏差			

注：表格中 CH_3COOH 用符号“HAc”表示。

七、扩展实验：电导滴定法测定白醋的总酸度

1. 原理

在电导滴定中，将 NaOH 标液滴加于被测 CH_3COOH 试液中，由于它们之间发生化学反应，所产生的新的反应产物与原反应物的电导不同，从而使整个溶液的电导随滴定剂的加入而变化，以溶液的电导为纵坐标，以加入 NaOH 的量(体积)为横坐标，绘制滴定曲线，找到其终点。

2. 步骤

首先于 50 mL 碱式滴定管中装入 NaOH 标准溶液，然后准确移取 5.00 mL 白醋于 250 mL 烧杯中，加入 100 mL 去离子水，放入搅拌子，且置于电磁搅拌器上，插入电导电极，开启搅拌器测定其电导率。开始滴定之后，每加入 1.00 mL，测定一次电导率，测定 20～25 个点，绘制滴定曲线，找到终点 V(NaOH)，平行测定 3 次，计算 CH_3COOH 含量(g/100 mL)。

思考题

1. 食用白醋在标定前为何要稀释？
2. 移取食用白醋试样的移液管未经润洗，会对测定结果产生什么影响？
3. 强碱滴定弱酸的滴定条件是什么？本实验属于哪种滴定类型？

(陈中兰)

实验十　电解水

一、实验目的

1. 进一步练习低压直流电源的使用方法。

2. 学习定量计算电解气体产物的方法，用绿色化学理念评价和选择较为理想的制备氧气和氢气的方法与途径。

二、预习要求

1. 复习中学学过的有关用电仪器及其使用方法，阅读本教材 4.3 节和课外文献。
2. 针对本实验的方法、原理、仪器、装置，归纳总结方法的特点。
3. 运用所学知识评价该方法的作用及经济价值，提出自己的优选方案。

三、实验原理

$$2H_2O \xlongequal{\text{电解}} O_2\uparrow + 2H_2\uparrow$$

四、实验器材与试剂

铁架台、试管、水槽、量筒、酒精灯。

装置见图 4-35。

五、实验内容

在小水槽中放入 200 mL5%的稀硫酸，在量筒中装满 5%的稀硫酸，堵住量筒口，倒立于水槽中，固定在铁架台上。阴、阳极都用 15 A 电保险丝，分别插入两支量筒口，露在量筒口外的部分用细橡皮管套包住，留出导线连接头。用导线连通阴、阳两极，两电极相距 1～2 cm。接通直流电源，调节滑动变阻器，使电流为 0.1 A，为保证气体纯度，放弃初始放出的气体。在收集气体的同时记录时间。收集到一定体积气体后，停止通电。先读出并记下通电时间和阳极管中气体的体积，换算成标准状况的体积，检验两极收集的气体，计算产率和误差。

思考题

1. 为什么电解水的电解液用的是稀硫酸？还可以用别的溶液吗？
2. 为什么电解水要先通电电解一阵后，再收集气体？
3. 评价电解水的能耗与成本。

参考文献

[1] 蔡铎畅，鲍正荣，邹荣贤. 化学微型实验及教学研究. 重庆：西南师范大学出版社，1997

[2] 范杰. 化学实验论. 太原：山西科学技术出版社，2001

[3] 刘怀乐. 中学化学教学实证与求索. 重庆：西南师范大学出版社，2001

[4] 刘怀乐. 中学化学教学实验与教学研究. 重庆：西南师范大学出版社，1996

（鲍正荣）

实验十一　电解饱和食盐溶液

一、实验目的

1. 了解食盐水溶液电解的原理。
2. 培养实验观察能力和动手能力。

二、实验原理

$$2Cl^- -2e = Cl_2\uparrow \quad 2H^+ +2e = H_2\uparrow$$

三、实验仪器与药品

U型管、炭棒、烧杯、量筒、直流电源、饱和食盐水溶液、NaOH 和 Na_2CO_3 混合溶液、酚酞、盐酸。

四、实验装置

见图 4-36。

五、实验步骤

(1) 用精制食盐配制 50 mL 饱和食盐溶液,浓度约为 310～315 g/L,pH=7～8。

(2) 在U型管的两端各配一个双孔橡胶塞,其中一个孔各插一根石墨电极,阳极的胶塞另一孔插一支干燥管(供收集氯气用),阴极的胶塞另一孔插一段玻璃尖嘴管,玻璃尖嘴上倒扣一支小试管(供收集氢气用)。U型管中装入 10 mL 饱和食盐溶液,预热到 70 ℃～ 80 ℃。

(3) 用导线分别将阴、阳极连接在低压直流电源上,打开开关,接通电流,调节稳压电源到 6～12 V。

(4) 分别用尖嘴管和干燥管将电解产生的氢气和氯气从U形管中导出,用小试管收集氢气检验,氯气用红磷检验。

本实验值得注意的问题与讨论:

(1) 实验的快慢取决于电源电压及电流。电压高,电流强,反应就快。一般可用 6～12V 稳压电源。

(2) 本实验最好用纯净的氯化钠来配制饱和溶液,杂质会产生下列不良影响:

· 影响产品纯度。

· 耗电。

· SO_4^{2-} 能与阳极碳反应,腐蚀碳极。

· Ca^{2+} 和 Mg^{2+} 电解时能生成氢氧化物沉淀,阴极区可能会出现不应有的白色浑浊现象。

所以,如果用粗食盐配制饱和食盐水,则在实验前应对粗食盐水进行除杂精制,具体方法见综合实验一。

思考题

1. 工业上电解饱和食盐溶液收集的主要产品是什么?
2. 加碘食盐可否用于配制饱和溶液进行电解?为什么?

参考文献

[1] 蔡铎畅,鲍正荣,邹荣贤.化学微型实验及教学研究.重庆:西南师范大学出版社,1997

[2] 范杰.化学实验论.太原:山西科学技术出版社,2001

[3] 刘怀乐.中学化学教学实证与求索.重庆:西南师范大学出版社,2001

[4] 刘怀乐.中学化学教学实验与教学研究.重庆:西南师范大学出版社,1996

(鲍正荣)

实验十二　塑料电镀

一、实验目的

1. 练习稳压电源和恒温水浴等用电仪器的使用。
2. 了解塑料电镀的原理。
3. 了解塑料电镀的工艺过程及工艺条件对镀层质量的影响。

二、实验原理

绝大部分塑料都是绝缘体,不能在塑料上进行电镀;若要电镀,必须对塑料制品的表面进行金属化处理,即用化学沉积镀的方法给塑料制件表面镀上一层导电的金属薄膜,使其能导电,再进行电镀。

塑料制件金属化的方法很多,如真空镀膜、金属喷镀、阴极溅射、化学沉淀等。比较行之有效的是化学沉淀法，因而它在化学工业生产中得到广泛应用。

利用化学沉积法进行塑料电镀的现行工艺通常由下列各步组成：塑料制件的准备⟶除油⟶粗化⟶敏化⟶活化⟶化学镀⟶电镀⟶成品检验。其中每个过程又有不同的方法和配方。

1. 除油

为了使塑料制件表面能很快地被水浸润，为化学粗化做好准备，其表面必须除油。除油的方法又有有机溶剂除油、碱性化学除油和酸性化学除油等，常用的是碱性化学除油法。

2. 粗化

在塑料表面造成凹坑、微孔等均匀的微观粗糙状况，以保证金属镀层与塑料表面具有较好的结合力。这一过程叫塑料件粗化处理，粗化的方法有两种：机械粗化和化学粗化。由于机械粗化有一定的局限性而很少使用，常用化学粗化。例如对 ABS 塑料，化学粗化处理一般用硫酸和铬酸的混合溶液来侵蚀，使塑料表面的丁二烯珠状体溶解，留下凹坑，形成（微观）粗糙表面，同时还增加了表面积。通过红外光谱检测，还发现化学粗化过的表面存在着活性基团—COOH，—CHO，—OH 等，这些基团的存在也会增加镀层与基体的结合力。

3. 敏化

为了在下一道活化处理时通过还原反应，使塑料表面附着一层金属薄层，镀件需要敏化。敏化就是在经粗化后的塑料表面上吸附上一层容易被还原的物质，最常用的敏化剂是氯化亚锡，再放入水洗槽中。由于清洗水的 pH 值高于敏化液而使二价锡水解：

$$SnCl_2 + H_2O \xlongequal{} Sn(OH)Cl + HCl$$

$$SnCl_2 + 2H_2O \xlongequal{} Sn(OH)_2 + 2HCl$$

$$Sn(OH)Cl + Sn(OH)_2 \xlongequal{} Sn_2(OH)_3Cl$$

$Sn_2(OH)_3Cl$ 是一种微溶于水的凝胶状物质，会沉积在塑料表面，形成一层几纳米到几百纳米厚的凝胶层。

4. 活化

活化处理就是在塑料工件上产生一层具有催化活性的贵金属，如金、银、钯等，以便加速后面要进行的化学沉积速度。活化好坏决定化学镀的成败。活化的原理是让敏化处理塑料表面吸附的还原剂从活化液中还原出一层贵金属来。最常用的活化液是硝酸银型的。敏化过的工件浸入硝酸银溶液中时，发生反应如下：

$$Sn^{2+} + 2Ag^{+} \xlongequal{} Sn^{4+} + 2Ag\downarrow$$

5. 化学镀

化学镀是利用化学还原的方法在工件表面镀上一层沉积金属，使原来不导电的塑料表面沉积薄薄的一层导电的铜、银或镍层，便于随后进行电镀各种金属。化学镀是塑料电镀前处理的一道关键工序，切不可疏忽大意。常用的化学镀铜的原理是在硫酸铜溶液中加入碱：

$$CuSO_4+2NaOH = Cu(OH)_2+Na_2SO_4$$

当溶液中同时存在酒石酸钾钠时，则会生成酒石酸铜络合物：

$$Cu(OH)_2+NaKC_4H_4O_6 = NaKCuC_4H_2O_6+2H_2O$$

在溶液中加入甲醛后，铜的络合物被还原分解生成氧化亚铜：

$$2NaKCuC_4H_2O_6+HCHO+NaOH+H_2O = Cu_2O+ 2NaKC_4H_4O_6+HCOONa$$

然后工件上的催化银膜进一步使氧化亚铜或络离子中的二价铜离子直接还原为铜，形成覆盖工件表面的铜层：

$$NaKCuC_4H_2O_6+HCHO+NaOH \xlongequal{Ag} Cu+HCO_2Na+NaKC_4H_4O_6$$

当塑料表面形成了一层有一定厚度的紧密的化学镀金属层后，就可以像金属电镀一样，在它们上面进行常规的电镀处理。

注意：并非所有塑料都能进行电镀，目前可镀的有ABS、聚砜类、聚丙烯、聚酰胺、聚甲醛、聚苯乙烯、聚乙烯等。最常用的是ABS。

三、实验器材与试剂

仪器：

双路稳流稳压直流电源，恒温水浴锅，废旧塑料片，铬酐，50 mL、10 mL量筒各1支，150 mL、200 mL烧杯各2个，放大镜，镊子，阳极磷铜板，千分卡尺。

溶液：

化学除油液：磷酸三钠(20 g/L)，碳酸钠(15 g/L)，白猫洗衣粉(5 g/L)。

化学粗化液：重铬酸钾(120 g/L)，硫酸(500 g/L)，Al^{3+}(10 g/L)。

敏化液：氯化亚锡(100 g/L)，盐酸(50 mL/L)，锡条1根。

活化液：硝酸银(15 g/L)，氨水(7 mL/L)。

化学镀铜液：酒石酸钾钠(43 g/L)，氢氧化钠(10 g/L)，硫酸铜(10 g/L)，40%甲醛100 mL(化学镀前临时加入)。

酸性光亮镀铜液：$CuSO_4\cdot 5H_2O$(200 g/L)，H_2SO_4(60 g/L)，HCl(1 mL/L)，KG-l光亮剂(3～5 mL/L)。

四、实验内容

(1)按上述配方配制好所需的各种溶液各100 mL。

(2)取一片工程塑料，测量并记录面积，然后放在35 ℃的化学除油液中浸泡30 min，取出洗净后，放入70 ℃的粗化液中粗化1 h。粗化后，用放大镜观察粗化效果，效果良好之后，用水洗净，不挂水珠，放入常温的敏化液中敏化5 min，取出后用热水洗10 min以上，放入活化液中在室温下活化10 min。镀件漂洗干净后放入化学镀铜液中，在25 ℃～30 ℃下处理至化学镀层完好，取出漂洗干净，用下图所示的装置镀酸性光亮铜。电镀时应让镀件带电下槽，在室温下，电流密度为 $3A/dm^2$ 左右。当镀层达一定厚度（约 20 min），表面镀件光亮后，取出镀件，清洗后放入钝化液中钝化几秒后，洗净即可。

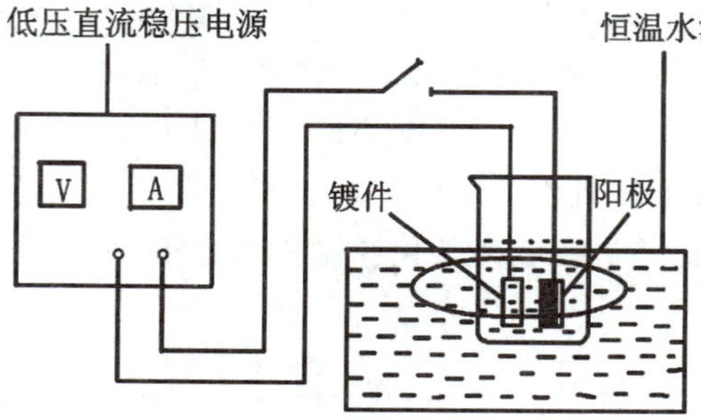

图Ⅰ-5　酸性光亮镀铜装置

注意：

(1)塑料前处理的每一步完成后必须先用自来水、后用蒸馏水漂洗干净，以免将污物带入下一步的溶液中而影响质量。

(2)粗化时，必须不断翻动工件并搅拌溶液才能得到好的结果。

(3)镀层质量检验，目前国内还没有颁布塑料电镀件的质量标准，这里只涉及国内有关装饰性镀件检验的主要项目。

·外观质量检验。一般包括：镀层的颜色、光洁度应均匀一致；不允许镀层有针孔、起泡、脱皮、龟裂和烧焦等现象；不允许镀件的表面有未洗净的各种盐类痕迹等，其方法一般是在光照下用肉眼检查。

·镀层厚度的检验。对于不同用途的镀件，对镀层厚度要求不同。按电子工业部标准化研究所的规定，一般化学镀层厚度要求为 0.2 μm，光亮酸性铜层厚度要求为 20～25 μm。

检验方法有溶解法、重量法和直接测量法。本实验采用直接测量法。在镀件上选择一合适位置，用千分卡尺测量电镀前后的厚度变化，计算镀层厚度。

·剥离强度检验。一般要求 0.35～0.5 kg/cm，美国 ASTMB533～70 规定了具体测定方法。

·冷热循环试验。冷热循环试验的目的是定性评价镀层的结合力。测试是基于塑料的热胀系数比金属镀层相差 6～7 倍，因而温度的任何变化将会在金属和塑料界面上产生应力，当镀层结合力弱时就会遭到破坏。现行的冷热循环试验有多种不同的方法，如电子工业部提出的方法，德国塑料电镀工作者协会提出的方法。本实验采用国内工厂中常用的一种快速检验法：让电镀塑料件在 100 ℃下用开水煮沸 20～25 min，然后转入 0 ℃～5 ℃的冷水浴中保持 3 min，要求中间转换的时间不超过 1 min。经一个循环后，若镀层无起泡、脱层等现象则视为合格。

思考题

1. 为什么要进行化学粗化？如何掌握粗化的程度？
2. 配制化学镀铜液时，甲醛为什么要在镀前临时加入？
3. 电镀铜时为什么要用磷铜板作阳极？电流密度对电镀质量有何影响？

（鲍正荣）

实验十三 茶叶中咖啡因的提取

一、实验目的

1. 熟悉萃取、蒸馏的方法。
2. 认识升华、凝华现象。

二、预习要求

阅读教材4.2节，并查阅有关的物质萃取、尤其是固体物质萃取的资料，理解萃取过程的原理、适用范围、操作程序、条件控制等技术要素。

查阅天然物质提取的资料，有哪些是用萃取法提取的，列表比较它们在装置、步骤、条件、纯度方面的异同。

查阅资料，了解获取咖啡因的主要途径，从茶叶中提取咖啡因的方法，这些方法的优缺点。

三、实验原理

咖啡因是嘌呤的衍生物，其结构式如下：

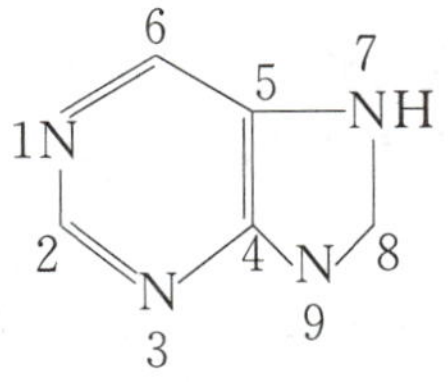

（嘌呤）

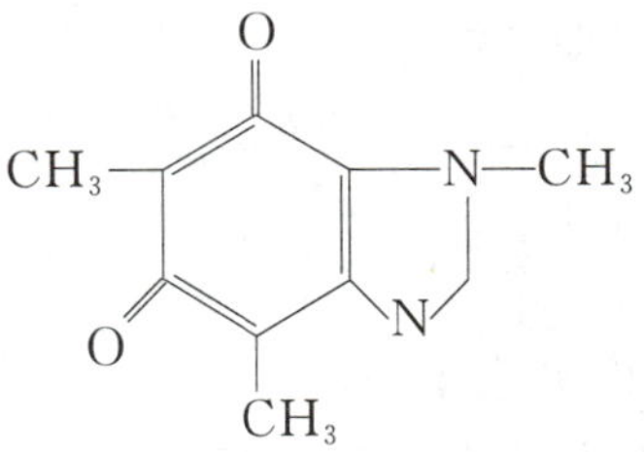

（咖啡因）

咖啡因是弱碱性化合物，故又称为咖啡碱，是茶叶中含量较多的一种生物碱，约占1%～5%。咖啡因易溶于氯仿(12.5%)、水(2%)及乙醇(2%)等。在苯中的溶解度为

1%，热苯可达5%。根据这个性质，可以用适当的溶剂来萃取。含结晶水的咖啡因系无色针状结晶，味苦，100 ℃时即失去结晶水，并开始升华，120 ℃时升华相当显著，至178 ℃时升华很快，因而可以用升华来提纯。

除咖啡因之外，茶叶中还含有11%～12%的丹宁酸（又名鞣酸）和不到1%的色素等物质。

四、实验器材与试剂

方案一　常量实验

仪器：索氏脂肪提取器1套、"蒸馏回流器＋接收器"1套、调温电热套、蒸发皿、漏斗。

试剂：10 g茶叶，95%乙醇，生石灰粉

方案二　微型实验

仪器：微型玻璃烧瓶1只、等压漏斗2只、回流管1个、调温电热套、蒸发皿、漏斗或烧杯。

试剂：5 g茶叶，95%乙醇，生石灰粉。

五、实验内容

1. 安装实验装置

方案一：

取索氏脂肪提取器一套，折一个滤纸套，其要求方便取放且高度不能超过虹吸口。称取10 g茶叶末放入脂肪提取器的滤纸套筒中，以低于纸套上沿至少1 cm为宜。

将盛有茶叶的纸套放入提取器，按图4-23C装好装置。注意提取器的虹吸管极易折断，取拿和装置仪器时务必特别小心。

在提取器的烧瓶中加入95%乙醇70～80 mL。

方案二：

取等压漏斗一只，漏斗底部放入一小滤纸片，以免茶叶堵塞漏斗口。称取5 g茶叶放入等压漏斗中。装配成图4-23D的提取装置。

取30 mL95%乙醇，先用一部分乙醇把茶叶浸没，剩余部分加入50 mL圆底烧瓶，按竖式蒸馏装置将烧瓶、漏斗、回流管装好。

2. 提取

方案一：

用电热套加热，连续提取2～3 h，直至提取液颜色很淡时即可停止。

方案二：

用电热套加热。当乙醇回流液将茶叶浸没时，打开漏斗活塞，乙醇放入烧瓶，再关闭活塞。连续提取5～6次，直到茶叶颜色明显变浅或发白。

3. 回收溶剂

方案一：

待冷凝液刚刚虹吸下去时，立即停止加热。稍冷后，改成蒸馏装置，回收提取液中的大部分乙醇。

方案二：

停止加热，保留原装置，另取一只干净等压漏斗替换，蒸馏回收提取液中大部分乙醇。

4. 干燥

趁热将瓶中的残液倾入蒸发皿中，拌入3～4 g生石灰粉搅成糊状，在文火上边搅拌边加热直至蒸干，注意随时压碎块状物。再微热片刻，充分干燥。最后将蒸发皿放在石棉网上，用小火焙炒片刻，务使水分全部除去。颜色为深绿色。冷却后，把皿内粉末轻轻刮至底部，形成均匀薄层，以免在升华时污染产物。	同左。生石灰粉减至2 g左右。

5. 升华及产品收集

配置好升华收集装置。用一只口径合适的玻璃漏斗，罩在隔以刺有许多小孔滤纸的蒸发皿上，把电热套加热至约300 ℃（温度不可过高，以免把粗提物烤焦。可在套内悬挂温度计测量），关闭电源，趁热将收集装置放上，观察有白烟，滤纸孔和漏斗内壁有白色毛状结晶生成。自然冷却至100 ℃左右。小心取下漏斗，揭开滤纸，用刮刀将纸上和器皿周围的咖啡因刮下。残渣经拌和后再升华一次。	同左。可作如下改动： （1）不用滤纸，减少产品刮取时的损失。 （2）改用烧杯收集产品，便于观察升华白烟。

合并两次收集的咖啡因，称重，计算提取率。

取少量产品在熔点测定仪上测定熔点，评价产品纯度。纯咖啡因的熔点为234.5 ℃。

思考题

1. 本项目的操作步骤和实验装置等可否再作改进以提高效率？（例如改为连续式提取。）

2. 为什么用乙醇提取出的产物被称为粗提物？查阅资料并结合其外观分析粗提物中还有哪些杂质，并讨论在升华纯化时，杂质再次进入产品的可能性。

3. 查阅资料，看看粗提物中的杂质中是否有有价值的物质，试着设计一个程序和相应的实验装置来实现多种有用组分的连续分离。

4. 根据咖啡因的物理性质，是否可以用水来提取？如果可以，试讨论提取的实验装置、程序和粗提物的杂质构成，并试着做一做。

参考文献

[1] 兰州大学，复旦大学编．有机化学实验．第2版．北京：高等教育出版社，1994

[2] 孙文基主编．天然药物成分提取分离与制备．第2版．北京：中国医药科技出版社，1999

[3] 宋光泉主编．通用化学实验技术(上册)．第1版．广州：广东高等教育出版社，1998

(樊小林　李天安)

实验十四　Grignard试剂的制备与应用

一、实验目的

1. 掌握回流和蒸馏分离的方法。
2. 理解无水条件在物质制备中的意义并训练其操作方法。
3. 掌握自发反应的控制方法。

二、预习要求

阅读教材4.2和4.4节，理解液液分离的原理和装置，并结合本实验的装置，讨论各部件的功能、安装要求和操作控制要点。

三、实验原理

本实验中的Grignard试剂是卤代烷或溴代芳烃与金属镁反应生成的烃基卤化镁RMgX，是非常活泼的化合物，可以和含活泼氢、活泼卤代烷、金属卤化物、极性双(或叁)键化合物反应，因而是有机合成中重要的中间体。

$$RX + Mg \xrightarrow{\text{无水乙醚}} RMgX$$

因其活泼性，Grignard试剂不宜较长时间保存，总是随制随用。而且必须在无水条件下制备，所用仪器和试剂均需干燥，否则微量水会阻止反应的引发和促进产物的分解。所以，本实验成败的关键就在于Grignard试剂制备时无水环境的保证。

本实验有关的反应如下：

$$n\text{-}C_4H_9Br + Mg \xrightarrow{\text{无水乙醚}} n\text{-}C_4H_9MgBr$$

$$n\text{-}C_4H_9MgBr + CH_3\underset{\underset{O}{\|}}{C}CH_3 \xrightarrow{\text{无水乙醚}} n\text{-}C_4H_9\underset{\underset{OMgBr}{|}}{C}(CH_3)_2$$

$$n\text{-}C_4H_9\underset{\underset{OMgBr}{|}}{C}(CH_3)_2 + H_2O \xrightarrow{H^+} n\text{-}C_4H_9\underset{\underset{OH}{|}}{C}(CH_3)_2 + Mg^{2+} + OH^- + Br^-$$

四、实验器材与试剂

仪器:图Ⅰ-6所示装置一套、蒸馏接受器一套、磁力搅拌水浴、分液漏斗、温度计。

试剂:镁屑或镁条、正溴丁烷、丙酮、无水乙醚、10%硫酸溶液、5%碳酸钠溶液、无水碳酸钾。

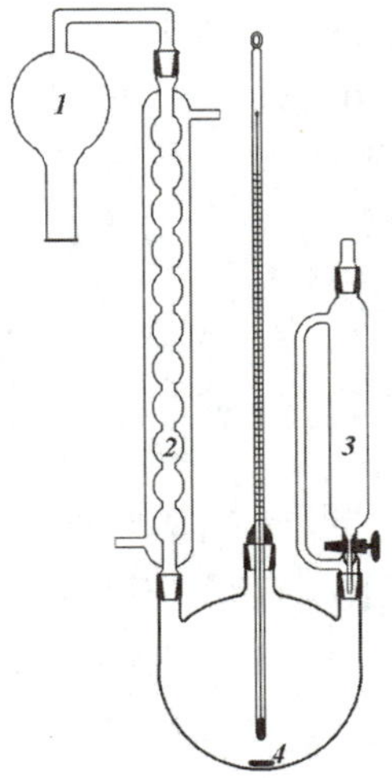

1. 无水氯化钙干燥管　2. 冷凝器
3. 滴液漏斗　4. 搅拌子

图Ⅰ-6　实验十四反应装置图

五、实验内容

1. Grignard试剂——正丁基溴化镁的制备

在水浴上安装好如图Ⅰ-6所示的装置,并确认所有部件都是干燥无水的。在三颈瓶内装入1.6 g去氧化层镁屑、4 mL无水乙醚及一小粒碘片的预置液。滴液漏斗中加入7 mL正溴丁烷与7.5 mL无水乙醚的混合液。

先向瓶内放入约2.5 mL混合液,再微搅拌数分钟后即开始反应,溶液微沸且碘色快速褪去。若不发生反应,可微热或补加一小粒碘片;反应过于剧烈,可用冷水冷却。逐滴滴入剩余混合液。滴加速度以维持反应液呈微沸状态即可。滴加完毕继续回流20 min,使镁屑几乎反应完全。

2. 2-甲基-2-己醇的制备

滴液漏斗中装入5 mL丙酮和7.5 mL无水乙醚的混合液,将上述水浴改作冰浴。开动微搅,逐滴滴入混合液,勿使反应过于猛烈。滴加完毕继续搅拌7～8 min,观察溶液中有白色黏稠状固体析出,随后又消失,变成黑褐色。

滴液漏斗中装入10%硫酸溶液50 mL,边搅拌边滴加入反应瓶,使产物分解。分解完全后在分液漏斗中从反应液中分出醚层。用12.5 mL乙醚萃取水层,共两次。合并醚层,用5%碳酸钠溶液15 mL洗涤一次,用无水碳酸钾干燥。

把干燥后的醚溶液滤入25 mL蒸馏瓶,先在温水浴中蒸去乙醚,再加热蒸馏收集137 ℃～141 ℃的馏分。

3. 实验结果评价

本实验投加的反应物为1.6 g镁屑、8.8 g正溴丁烷和4 g丙酮。将收集的产物进行称量,计算产率。

纯2-甲基-2-己醇的沸点为143 ℃,折光率为1.4175。试测试其中一个参数,评价产品的纯度。

思考题

1. 讨论本实验哪些地方可以改进以提高收率?

2. 除 4.2 和 4.4 节之外，列表表示出本实验还涉及本书哪些章节介绍的基础知识和操作。请选择 1～2 个知识点，讨论它们在本实验中的作用和与其他知识点的关系。

3. 本实验是利用 Grignard 试剂合成结构复杂的醇的主要方法。查阅有机化学理论和实验教材，找到与此有关的章节，试着读读，理解其反应原理。再查阅资料，看看还有哪些化工产品是利用格氏试剂的方法合成的。

参考文献

[1] 周宁怀，王德琳. 微型有机化学实验. 第 1 版. 北京：科学出版社，1999

[2] 张毓凡. 有机化学实验. 第 1 版. 天津：南开大学出版社，1999

[3] 兰州大学，复旦大学编. 有机化学实验. 第 2 版. 北京：高等教育出版社，1994

[4] 韩广甸，赵树纬，李述文等编译. 有机制备手册(中卷). 第 1 版. 北京：石油化学工业出版社，1977

（樊小林　李天安）

实验十五　7,7-二氯双环[4.1.0]庚烷的制备

一、实验目的

1. 掌握有机合成中常用的利用回流来控制反应条件的方法。
2. 掌握利用蒸馏和水蒸气蒸馏法分离提纯有机物的方法。

二、预习要求

阅读教材 4.2 和 4.4 节，并查阅资料，了解液液分离的原理和装置，并结合本实验的装置，讨论各部件的功能、安装要求和操作控制要点。

本实验使用的 1,2-二氯乙烷是有毒药品，查阅资料，了解应该如何安全使用。

三、实验原理

本实验是有机合成中季铵盐相转移催化剂的经典催化合成实验之一，其中涉及的实验原理将在今后学习，这里只就操作层面讨论。

首先，在回流条件下非水相制备催化剂 TEBA——$C_6H_5CH_2N^+(CH_2CH_3)_3Cl$。

然后，同样在回流条件下制备 7,7-二氯双环[4,1,0]庚烷。

最后，用蒸馏或水蒸气蒸馏法分离提纯产物。

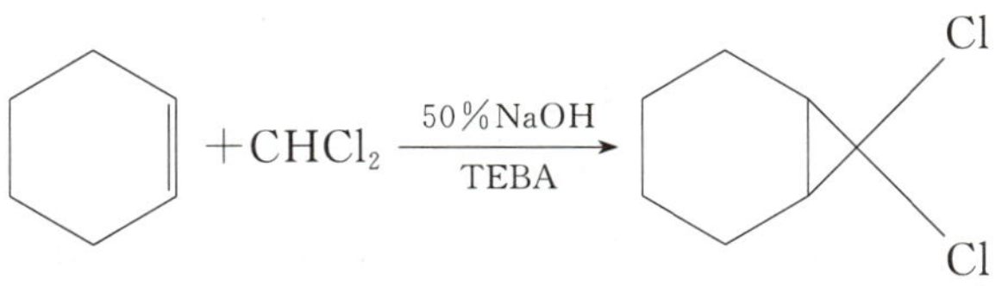

四、实验器材与试剂

仪器:微型蒸馏回流器、接受器一套、磁力搅拌电热套、分液漏斗、锥形瓶、温度计。

试剂:苄氯、三乙胺、1,2-二氯乙烷、NaOH、环己烯、氯仿、无水乙醚、无水硫酸镁。

五、实验内容

建议学生可分别执行两个方案,然后进行对比,评价二者的优缺点。

方案一:	方案二:
① 配制 50%NaOH 溶液 称取 9 g 氢氧化钠溶于 9 mL 水中,在水浴中冷却至室温。	同左。
② 制备 TEBA 在装有搅拌子、回流冷凝管的三口瓶中,加入 2.3 mL 苄氯、3.5 mL 三乙胺和 9 mL 1,2-二氯乙烷,搅拌回流 15 min,待反应物冷却析出晶体后抽滤。再用少量二氯甲烷或无水乙醚洗涤,干燥后保存于干燥器中备用。	同左。析出晶体后不必抽滤、洗涤、干燥,直接为下一步使用。
③ 合成 在装有搅拌子、回流冷凝管和温度计的 50 mL 三颈瓶中加入 5 mL 环己烯、0.25 gTEBA 和 15 mL 氯仿,开动搅拌器,从冷凝管上口慢慢滴加 NaOH 溶液,约 7 min 滴完。继续反应约 30 min,上层颜色逐渐变深。关闭热源,如溶液不再有气泡产生,说明反应完成,停止加热。否则,继续反应。	同左。
④ 萃取与干燥 将反应物冷却至室温,加入 30 mL 水稀释后转入分液漏斗,分出有机相。水相用 25 mL 乙醚提取 1 次,合并醚萃取液和	加入蒸馏水和沸石后即装配成简易水蒸气蒸馏装置。加热蒸馏,收集 100 ℃时的馏分,蒸至无油滴蒸出为止。将馏分转

有机相。用等体积的水洗涤两次后，用无水硫酸镁干燥。

⑤ 蒸馏纯化

将干燥过后的溶液，倒入蒸馏瓶中，加沸石，用常压蒸馏的方法，收集 190 ℃～198 ℃馏分，直到蒸馏瓶中的液体基本被蒸完。

入分液漏斗，分出有机相，用无水硫酸镁干燥。

同左。低温馏分弃去。

将收集的产物称量，计算收率。

思考题

1. 讨论本实验哪些地方可以改进以提高收率？

2. 除 4.2 和 4.4 节之外，列表表示出本实验还涉及本书哪些章节介绍的基础知识和操作。请选择 1～2 个知识点，讨论它们在本实验中的作用和与其他知识点的关系。

3. 本实验是利用卡宾(Carbene，通式 $R_2C:$)与碳碳双键发生加成反应，生成环丙烷及其衍生物的经典实验，也是合成三元环的主要方法。查阅有机化学理论和实验教材，找到与此有关的章节，试着读读、理解卡宾催化原理。再查阅资料，列出有哪些化工产品含三元环，它们是用什么方法合成的？用本方法合成的有哪些？

参考文献

[1] 黎明，马桂芝，陈艳琴．相转移催化及其在有机合成中的应用．第 1 版．长春：东北师范大学出版社，1987

[2] 范如霖，徐传宁编译．有机合成中的相转移催化作用．第 1 版．上海：上海科学技术出版社，1982

[3] 曾昭琼主编．有机化学实验．第 1 版．北京：高等教育出版社，1981

[4] 周宁怀，王德琳．微型有机化学实验．第 1 版．北京：科学出版社，1999

[5] 王福来．有机化学实验．第 1 版．武汉：武汉大学出版社，2001

[6] 兰州大学，复旦大学编．有机化学实验．第 2 版．北京：高等教育出版社，1994

(樊小林　李天安　万莹　黄利娥)

实验十六　特殊溶液的配制

一、实验目的

在化学反应和实际工作中往往需要特殊用途的溶液。本实验主要学习生物制品溶液(如蛋白质溶液)、常见指示剂、常见洗液的配制和使用方法。

二、预习要求

1. 阅读本教材1.4节,掌握几种浓度溶液的配制。

特殊溶液的配制是相对于我们经常使用的溶液而言的,那些在实践中不常使用的溶液构成了这里所说的特殊溶液。特殊溶液要针对具体溶质的物理和化学性质,选择适当的条件和配制方法得到所需的溶液。如蛋白质在高温或在酸、碱、盐存在下会变性,因此蛋白质溶液的配制就要避免这些因素。

2. 对下列几种情况的溶质选定合适的溶解条件:

(1)溶解时要放出大量的热;

(2)溶质具有非常强的腐蚀性;

(3)溶质在水里不溶解,但溶于有机溶剂如乙醇、丙酮等。

3. 要配制具有一定特殊性质的溶液,如能除去二氧化锰、油污或有机物的洗液,需要的溶液应含有什么物质?

三、试验器材与试剂

烧杯、玻璃棒、鸡蛋清、酚酞、浓硫酸、酚酞、甲基橙、甲基红。

四、实验内容

1. 生物制品溶液的配制

生物制品如蛋白质、酶是具有生物活性的大分子物质。由于其特殊的结构,遇酸、碱能破坏其高级结构,加热时也能变性,因此这类物质配成溶液时,只能将其溶解于蒸馏水中,室温搅拌均匀即可。

2. 分析化学特殊试剂溶液的配制

分析化学中使用的试剂多种多样,比如铝试剂、镁试剂、镍试剂等检验金属离子的特定试剂,这类试剂由于配制简单,参看一些手册即可完成。

3. 指示剂溶液的配制

指示剂是一类特殊的辅助试剂，在指示剂的存在下可以指示反应的终点。由于化学反应各种各样，因此指示剂的种类也多种多样。如酸碱指示剂，利用其酸式结构与其相应的共轭碱结构具有不同颜色的性质，当溶液的 pH 发生变化时，溶液的颜色发生相应改变以指示反应的终点；又如氧化还原反应指示剂，在滴定过程中，指示剂要发生氧化还原反应且其氧化态与还原态的颜色不同从而指示反应的终点。总之，指示剂在滴定过程会发生反应，且其反应前后颜色改变明显，因而能指示反应进行的程度。

下面列举几种指示剂的配制方法：

(1)甲基红：变色范围为 pH＝4.2～6.2，0.1 g 溶解于 18.6 mL 0.02 mol/L 氢氧化钠溶液中，再用水稀释到 250 mL。

(2)甲基橙：变色范围为 pH＝3～4.4，0.1 g 溶解于 100 mL 蒸馏水中。

(3)酚酞：变色范围为 pH＝7.4～10.0，1 g 溶解于 60 mL 乙醇中并用水稀释到 100 mL。

以上均为酸碱指示剂，其他指示剂的配制见本实验列出的参考文献。

4. 实验室用洗液的配制见本书“1.1 器皿洗涤”相应内容。

思考题

1. 查阅相应的文献资料，指出特殊溶液究竟特殊在哪里？今后我们还可能遇见一些新的特殊溶液的配制，你认为配好这类溶液最基本的要求是什么？

2. 实验室要洗净带油污的器皿需要用什么洗液？如何配制？

参考文献

夏玉宇. 化验员实用手册. 第 1 版. 北京：化学工业出版社，1999

（刘全忠）

实验十七　特殊污渍的洗涤

一、实验目的

1. 学会根据仪器上特殊污渍的性质选择合适的洗涤方法。
2. 练习并掌握用洗液洗涤仪器的方法。

二、预习要求

实验前预习第 1 章中 1.1 节的内容及本实验原理，并回答下列问题：

(1)什么情况下采用洗液法洗涤仪器？是否仪器都用洗液洗涤更好？

(2)洗液法洗涤的本质是什么？根据什么来选择洗液？

(3)使用洗液时应注意哪些事项？

三、实验原理

实验室中经常见到某些反应后仪器上留有不溶于水的污渍，某些长期贮存试剂的试剂瓶，其瓶内或瓶口常结有一层难溶物，这些仪器若没有及时清洗，长期放置后更难洗涤。这时常常需要根据污渍的化学性质，“对症”地选用适当的试剂，才能将其很好地去除。一般是利用酸碱中和反应、氧化还原反应、配位反应等，将不溶物转化为易溶物再进行清洗。一些常见污渍的处理方法如下。

· 一些难溶的碳酸盐、氢氧化物、氧化物，如碱土金属碳酸盐、氢氧化铁、MnO_2 等可用盐酸处理，生成可溶氯化物。

· 附着在器壁上的硫黄用煮沸的石灰水处理：

$$3Ca(OH)_2+12S=2CaS_5+CaS_2O_3+3H_2O$$

· 沉积在器壁上的铜或银用硝酸处理。

· 沉积的难溶性银盐可用 $Na_2S_2O_3$ 溶液洗涤，AgCl 也可用氨水，Ag_2S 则用热、浓硝酸处理。

· 高锰酸钾污迹，用草酸溶液处理。

· 沾有碘迹，可用 KI 溶液浸泡，也可用温热的稀 NaOH 或 $Na_2S_2O_3$ 溶液处理。

· 瓷研钵内的污渍，可用少量的 NaCl 在研钵内研磨，倒掉后再水洗。

· 残留在容器内的 Na_2SO_4，$NaHSO_4$ 固体，可加水煮沸使其溶解，趁热倒出。

· 蒸发皿和坩埚内的污渍，用浓硝酸或王水洗涤。

· 被有机试剂染色的比色皿，可用体积比为 1∶2 的盐酸-乙醇溶液处理。

· 有机实验中残留的胶状或油状有机物，可视情况用低规格或回收溶剂(如乙醇、丙酮、苯、乙醚等)浸泡，也可用稀 NaOH 或用浓硝酸煮沸处理。绝大多数不溶于水的有机残渣，都可用该实验中回收的少量废溶剂、酸、碱洗去。

· 少量的炭化残渣，可用铬酸洗液浸泡一段时间后，在小火上加热，直至冒出气泡。

· 煤焦油污迹，可用浓碱浸泡一段时间(约 1 天)后，再用水冲洗。

上面的方法中需浸泡时，溶剂应分次加入，充分振荡后弃去，再加新鲜浸泡溶液，必要时可于热水中加热，加快溶解。一般重复 2～3 次后即可。若污渍与洗液会剧烈反应，应分批、少量地添加洗液，以防意外，同时也要尽量节约用量。用以上的方法洗涤后的仪器，都需用自来水冲洗，必要时用去离子水淌洗并干燥。

四、实验器材与试剂

固体试剂：食盐。

液体试剂：NaOH(6 mol/L、40%)、HCl(6 mol/L、浓)、浓 HNO_3、铬酸洗液、石灰水。

材料：沾有污渍的蒸发皿、坩埚和瓷研钵，沾有油脂的酸式滴定管，有机反应后残留有胶状或油状有机物的试管，熔烧过硫粉的试管，银镜反应后的试管。

五、实验内容

根据上面的实验原理，将所提供的沾有污渍的仪器洗涤干净。

思考题

1. 根据所学知识，思考沾有下列污渍的器皿应如何洗涤？

(1) 长期盛放 $AgNO_3$ 溶液的试剂瓶口的黑渍。

(2) 用高锰酸钾与盐酸反应制取氯气后，烧瓶底部或颈部的黄褐斑。

(3) 长期盛放 $FeCl_3$ 溶液的试剂瓶。

(4) 长期盛放奈斯勒试剂的试剂瓶。

(5) 手上不小心沾上的高锰酸钾。

2. 观察实验室中的试剂瓶还有哪些容易出现污物，思考如何根据污物的性质将其除去。

3. 到有机实验室向教师索取几件待洗涤的玻璃仪器，思考应该用什么方法洗涤，并实际操作。

参考文献

[1] 王少亭主编. 大学基础化学实验. 第 1 版. 北京：高等教育出版社，2004

[2] 刘宝殿主编. 化学合成实验. 第 1 版. 北京：高等教育出版社，2005

[3] 孙尔康，吴琴媛，周以泉等主编. 化学实验基础. 第 1 版. 南京：南京大学出版社，1991

[4] 徐伟亮主编. 基础化学实验. 第 1 版. 北京：科学出版社，2005

（周娅芬）

实验十八 玻璃工操作

一、实验目的

1. 了解酒精喷灯的构造和工作原理，正确使用酒精喷灯。

2. 掌握基本的玻璃加工技术，会进行基本的玻璃管切断、熔烧、弯曲和拉制。

二、预习要求

阅读教材 3.1 和 4.4 节并查阅其他基础化学实验教材中对这两方面的操作描述，理解酒精喷灯的使用方法和简单玻璃加工的操作程序，并回答下列问题：

(1) 怎样调节喷灯使其正常工作？考虑使用过程中一般故障的排除。

(2) 玻璃管和玻璃棒的加工原理、方法是什么？怎样进行加热处理操作？

(3) 本实验过程中，如何防止烫伤、失火等相关的安全问题？

三、实验器材与试剂

仪器与材料：酒精喷灯、玻璃管、玻璃棒、三角锉或砂轮片、镊子、石棉网、小木板。

试剂：灯用酒精。

四、实验内容

1. 酒精喷灯的使用

对照图 3-2，熟悉酒精喷灯的构造，试着松动火焰调节手柄，看是否灵活，理解它的工作原理和火焰的特点。

打开储罐旋盖，添加酒精，注意座式喷灯内酒精量不能超过储罐容积的 2/3。

在预热盘中添加酒精后点燃，上下移动空气调节手柄，使灯管火焰“呼呼”地喷燃到最佳时，旋紧固定空气调节手柄。如果预热盘中的酒精燃尽后灯管仍不喷火，须待火焰熄灭后再加酒精预热。如果还不能喷火，则须用探针疏通酒精蒸气出口后方可再次预热。所有添加酒精的步骤均须等稍冷后进行，严禁带火添加酒精。

2. 基本的玻璃加工

(1) 操作练习

利用废弃的玻璃管(棒)，按照 4.4.3.1 的描述进行如下练习：

· 截断并熔光。注意体会锉痕、折断和熔光的技术要领。熔光完成的灼热玻璃管应放在石棉网上冷却，不要放在桌子上，以免烧焦桌面，也不要用手摸，以免烫伤。

· 拉管。注意观察和体会烧管均匀、预热火候和拉制时的手法。

· 扩口。练习直接在石棉网上垂直加压扩口和用锉刀柄旋转扩口的方法。注意观察管口预热的火候和操作时的手法。

(2) 玻工制作

在上述练习之后，取新的长玻璃管截取 15 cm，17 cm 各两段和 27 cm 玻璃棒两段为材料，完成如下制作：

· 弯曲玻璃管。适当扩大加热长度预热玻璃管，至加热段发黄变软时离开火焰，稍等 1～2 s，使各部分温度均匀，准确地把它弯成所需的角度。120 ℃以上的角度，可以一次弯成。较小的锐角可分几次弯成，先弯成一个较大的角度，然后在第一次受热部位的偏右、偏左处进行第二次加热和弯曲，再第三次加热和弯曲，直到弯成所需的角度为止。

· 滴管。用拉细和扩口操作分别制作滴管的小口端和大口端。注意制作小口端时，不能始终放在火焰中，否则管口直径就会收缩，甚至封死。

· 搅拌棒。把玻璃棒的下端适当位置放在火焰上烧至红热时，用镊子夹住将其弯曲成一定的形状。

五、扩展实验

拉制毛细管：操作方法与拉制滴管类似，需要注意以下三点：

· 选取干净厚壁玻璃管；

· 要有足够的加热长度，且受热均匀；

· 拉伸速度均匀，动作干净利索。

六、作业

1. 截出 5 cm，10 cm 和 15 cm 长的玻璃管(棒)各一根，并对其进行熔光处理。
2. 将玻璃管弯出 90°，60°弯管各一支(用 15 cm 长的玻管，在 10 cm 处弯头)。
3. 制作滴管 2 支(要求 17 cm 长)。
4. 制作搅拌棒 2 支(要求 17 cm 长)。

思考题

1. 座式和挂式喷灯的结构有何不同？工作原理呢？喷灯最容易出现的故障有哪些？这些故障是否会发生危险？如何排除故障？
2. 玻璃管的加工过程中如何防止烫伤？
3. 弯曲玻璃管时为什么会发生瘪陷、纠结、收缩等现象？如何防止？
4. 怎样才能拉制出端正、均匀的滴管小口端？

参考文献

[1] 孙尔康，吴琴媛，周以泉，陆婉芳等．化学实验基础．第 1 版．南京：南京大学出版社，1991

[2] 宋光泉主编．通用化学实验技术(上册)．第 1 版．广州：广东高等教育出版社，1998

[3] 古凤才，肖衍繁，张明杰，刘炳泗．基础化学实验教程．第 2 版．北京：科学出版社，2005

(樊小林　李天安)

Ⅱ 综合实验

综合一 由工业盐制备试剂级氯化钠

一、实验目的

1. 学习粗食盐的提纯原理。

2. 练习溶解、过滤、蒸发、结晶和气体的发生及净化等基本操作。

3. 学习在分离提纯物质过程中，定性检验某种物质是否除去，掌握用目视比色法、比浊法限量分析某种物质的方法和原理。

二、预习要求

1. 查看相关书籍了解同离子效应的概念。

2. 查找钙、镁、钡的碳酸盐和硫酸盐以及氢氧化镁和氢氧化铁的溶度积。

3. 了解 Ca^{2+}，Mg^{2+} 和 SO_4^{2-} 的定性检出方法。

4. 了解目视比色法和比浊法的原理。

三、实验原理

粗食盐中，除含有泥沙等不溶杂质外，还含有 K^+，Ca^{2+}，Fe^{3+} 和 SO_4^{2-} 等可溶性杂质。不溶性杂质可用过滤法除去，可溶性杂质 Ca^{2+}，Mg^{2+}，SO_4^{2-} 和 Fe^{3+} 则通过加入 $BaCl_2$，NaOH 和 Na_2CO_3 溶液生成沉淀滤除，也可加入 $BaCO_3$ 固体和 NaOH 溶液反应生成相关沉淀。

$$BaCO_3 = Ba^{2+} + CO_3^{2-}$$

$$Ba^{2+} + SO_4^{2-} = BaSO_4$$

$$Ca^{2+} + CO_3^{2-} = CaCO_3$$

$$Mg^{2+} + 2OH^- = Mg(OH)_2$$

$$Fe^{3+} + 3OH^- = Fe(OH)_3$$

产生的沉淀用过滤法除去，过量的碱用盐酸中和。

在提纯后的饱和 NaCl 溶液中仍会有一定量的 K^+，再用浓缩结晶的方法使其留在母液中。生成的 NaCl 晶体必须进行重结晶才能达到试剂级的要求。

而另一种方案则是向饱和的 NaCl 溶液中加入 HCl 气体，因同离子效应析出 NaCl。由于 KCl 的溶解度大于 NaCl，K^+ 残留在母液中除掉。产品经酒精洗涤，水浴加热，除掉少量吸附的 HCl、水和酒精。

本实验在除杂质、制备 NaCl 晶体和纯度检验 3 个步骤中分别提供 2 种方案，各教学单位根据实际情况选做。

四、实验器材与试剂

仪器：天平、烧杯、布氏漏斗、抽滤瓶、蒸发皿、表面皿、漏斗、蒸馏烧瓶、比色管架、比色管、量筒、移液管、三脚架、石棉网、滴管、酒精灯、广口瓶、恒压滴液漏斗、温度计、玻璃棒、滤纸、pH 试纸。

试剂：粗食盐、$BaCO_3$ 固体、NaCl（化学纯）、饱和$(NH_4)C_2O_4$溶液、NaOH（2 mol/L，6 mol/L）、硫酸（浓）、乙醇（95%）、Na_2CO_3（1 mol/L）、HCL（3 mol/L，6 mol/L）、$BaCl_2$（25%，1 mol/L）、KSCN（25%）、镁试剂。

五、实验内容

方案一

1. 粗盐溶解

称取 10.0g 粗食盐，加入约 35 mL 水，加热搅拌使其溶解。

2. 除杂质

在粗食盐水溶液中，加入 0.5 g $BaCO_3$ 固体，在 90 ℃左右搅拌 20～30 min，取上层清液，用饱和$(NH_4)C_2O_4$ 检验 Ca^{2+}，若未除尽，继续加热搅拌至除尽为止。

用 6 mol/L NaOH 调节上述溶液至 pH 为 11 左右。取其清液，用镁试剂在碱性条件下鉴定 Mg^{2+}，除尽后，加热，趁热过滤。

用 6 mol/L 的盐酸调节溶液 pH 为 1～2。

方案二

在热的粗食盐水中，边搅拌边滴加 1 mol/L $BaCl_2$ 溶液 1.5～2 mL，继续加热数分钟，使 $BaSO_4$ 颗粒长大，停止加热，待沉淀沉降后，向上层清液中滴加 2～3 滴 $BaCl_2$ 溶液，如果无混浊现象，说明 SO_4^{2-} 已经完全沉淀，若发生混浊，则继续滴加 $BaCl_2$ 溶液至沉淀完全为止。

趁热加入 1 mL 2 mol/L NaOH 溶液和 5 mL 1 mol/L Na_2CO_3 溶液到沉淀完全，过滤。

用 6 mol/L 的盐酸调节溶液 pH 为 1～2。

3. 制备 NaCl 晶体

将上述溶液转移至蒸发皿中,微火蒸发浓缩至稠状,趁热抽滤,烘干。冷却到室温,称重,计算产率。

如图Ⅱ-1 安装好反应装置,检验并确定装置的气密性。

称取 20.0 g 化学纯 NaCl 加入蒸馏烧瓶中,往恒压滴液漏斗中加入 20 mL 浓 H_2SO_4。打开漏斗旋塞使浓 H_2SO_4 缓慢滴入蒸馏烧瓶中,调节火焰以控制气体的产生速度。

HCl 气体经缓冲瓶,导入处理过的饱和 NaCl 溶液中,由于同离子效应使 NaCl 晶体析出,未被吸收的 HCl 气体经吸收瓶处理,避免外逸。

待 NaCl 晶体不再析出时,将连接蒸馏烧瓶与缓冲瓶的橡皮管拔掉,停止通入 HCl 气体,减压过滤。用 95%的乙醇淋洗产品 2～3 次,烘干,称量,计算产率。

4. 纯度检验

取少量粗盐和产品,各分 3 份溶于试管中,组成 3 组对照溶液,分别检验 Ca^{2+},Mg^{2+} 和 SO_4^{2-}。

在第一组溶液中,各加入 2 滴 1 mol/L 的 $BaCl_2$ 溶液。

在第二组溶液中加入 2 滴饱和的 $(NH_4)C_2O_4$ 溶液。

在第三组溶液中各加入 1 滴镁试剂。

若在提纯后的食盐溶液中均无混浊现象,且加入镁试剂无天蓝色,则表明符合要求。

Fe^{3+} 的限量分析:

Fe^{3+} 的标准溶液色阶浓度(0.003 mg/25 mL ,0.009 mg/25 mL ,0.015 mg/25 mL)(实验室准备)。

称取 3.0 g NaCl 产品,放入 25 mL 比色管中,加入 10 mL 蒸馏水使其溶解,再加入 2.00 mL 25%的 KSCN 溶液和 2 mL3 mol/LHCl 溶液,加蒸馏水稀释至刻度,摇匀。

将试样溶液与标准溶液进行比浊,确定产品等级。

SO_4^{2-} 的限量分析:

SO_4^{2-} 的标准溶液色阶浓度(0.01 mg/25 mL ,0.02 mg/25 mL ,0.05 mg/25 mL)(实验室准备)。

称取 1.0 g 产品,放入 25 mL 比色管中,加入 10 mL 蒸馏水使其溶解,再加入 3.00 mL25%的 $BaCl_2$ 溶液,1 mL3 mol/L HCl 溶液及 5 mL95%的乙醇,加蒸馏水稀释至刻度，摇匀。

将试样溶液与标准溶液进行比浊，确定产品等级。

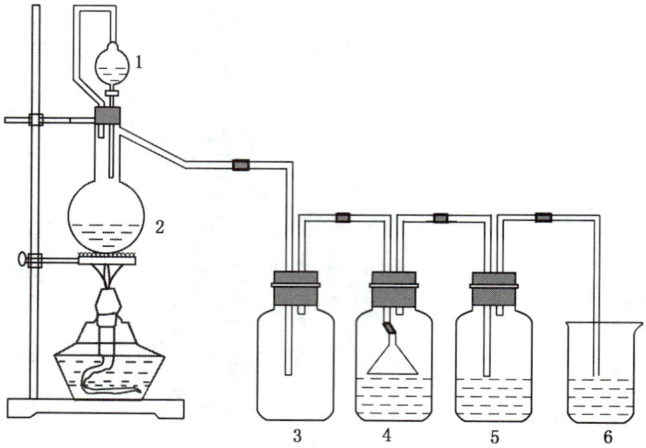

1. 滴液漏斗 2. 支管圆底烧瓶 3. 缓冲瓶 4. NaCl饱和溶液
5. 吸收瓶(40%NaOH溶液) 6. 烧杯(稀NaOH溶液)

图Ⅱ-1 精制氯化钠方案二装置图

思考题

1. 食盐中有哪些杂质，如何用化学方法除去？
2. 如何证明你所加的沉淀剂是足量的？
3. 试描述由粗食盐制备试剂级氯化钠的原理。

参考文献

[1] 袁书玉主编. 无机化学实验. 北京：清华大学出版社，1996

[2] 中山大学等校编. 无机化学实验. 北京：高等教育出版社，1992

[4] 北京师范大学无机化学教研室等. 无机化学实验. 第3版. 北京：高等教育出版社，1983

（姚虹）

综合二　氧气制备实验方案的评价与选择

一、实验目的

1. 进一步系统学习氧气的各种制备方法。
2. 学习用绿色化学理念评价和选择较为理想的制备氧气的方法与途径。

二、预习要求

1. 复习中学有关氧气制备的各种方法，阅读本教材 4.3 节、课外文献和本实验指导。
2. 针对本实验的各种方法、原理、仪器、药品、装置，归纳总结各种方法的特点。
3. 运用所学知识评价这些方法的优劣，提出自己的优选方案。

三、实验原理

$$2KClO_3 \xlongequal[\triangle]{MnO_2} 2KCl + 3O_2\uparrow$$

$$2KMnO_4 \xlongequal{\triangle} K_2MnO_4 + MnO_2 + O_2\uparrow$$

$$2H_2O_2 \xlongequal{MnO_2} O_2\uparrow + 2H_2O$$

$$2H_2O \xlongequal{电解} O_2\uparrow + 2H_2\uparrow$$

四、实验器材与试剂

铁架台、试管、水槽、量筒、酒精灯、单孔橡皮塞、导气管、氯酸钾、高锰酸钾、二氧化锰、过氧化氢、脱脂棉、氧化铜、氧化钙。

装置见图 4-25、图 4-33 和图 4-35。

五、实验内容

1. 高锰酸钾受热分解制备氧气

取固体高锰酸钾 0.5 g，用纸槽把高锰酸钾送入 20 mL 的硬质试管底部，管口塞上一团疏松的脱脂棉，塞紧单孔橡皮塞，检查，使体系不漏气。如图 4-25。将 500 mL 的量筒装满水，用手掌盖住量筒口，倒立于水槽中。点燃酒精灯，预热后，加热试管中的高孟酸钾。待有气泡放出时，收集气体。记下产生气体的体积，计算产率。用润湿的碘化钾淀粉试纸检验，看是否变颜色。再用带火星的木条检验，看能否使带火星的木条复燃。

2. 二氧化锰催化氯酸钾分解制备氧气

取固体氯酸钾 0.5 g,送入 20 mL 的硬质试管底部,混入少量二氧化锰粉末,塞紧单孔橡皮塞,检查,使体系不漏气。如图 4-25。将 500 mL 的量筒装满水,用手掌盖住量筒口,倒立于水槽中。点燃酒精灯,预热后,加热试管中的氯酸钾。待有气泡放出时,收集气体。记下产生气体的体积,计算产率。用润湿的碘化钾淀粉试纸检验,看是否变颜色。再用带火星的木条检验,看能否使带火星的木条复燃。

3. 二氧化锰催化过氧化氢分解制备氧气

取量筒量取 2 mL10%的过氧化氢,倒入 20 mL 的硬质试管底部,撒入少量二氧化锰粉末,塞紧单孔橡皮塞,检查使体系不漏气。如图 4-33。将 500 mL 的量筒装满水,用手掌盖住量筒口,倒立于水槽中。点燃酒精灯,预热后,加热试管中的过氧化氢。待有气泡放出时,收集气体。记下产生气体的体积,计算产率。并用润湿的碘化钾淀粉试纸检验,看是否变颜色。再用带火星的木条检验,看能否使带火星的木条复燃。

六、扩展实验

(1)取固体氯酸钾 0.5 g,送入 20 mL 的硬质试管底部,混入少量氧化铜粉末,塞紧单孔橡皮塞,检查,使体系不漏气。将 500 mL 的量筒装满水,用手掌盖住量筒口,倒立于水槽中。点燃酒精灯,预热后,加热试管中的氯酸钾。待有气泡放出时,收集气体。记下产生气体的体积,计算产率。用润湿的碘化钾淀粉试纸检验,看是否变颜色。再用带火星的木条检验,看能否使带火星的木条复燃。

(2)取固体氯酸钾 0.5 g,送入 20 mL 的硬质试管底部,混入少量氧化钙粉末,塞紧单孔橡皮塞,检查,使体系不漏气。将 500 mL 的量筒装满水,用手掌盖住量筒口,倒立于水槽中。点燃酒精灯,预热后,加热试管中的氯酸钾。待有气泡放出时,收集气体。记下产生气体的体积,计算产率。并用润湿的碘化钾淀粉试纸检验,看是否变颜色。再用带火星的木条检验,看能否使带火星的木条复燃。

(3)取固体氯酸钾 0.5 g,送入 20 mL 的硬质试管底部,不用任何催化剂,塞紧单孔橡皮塞,检查,使体系不漏气。将 500 mL 的量筒装满水,用手掌盖住量筒口,倒立于水槽中。点燃酒精灯,预热后,加热试管中的氯酸钾。待有气泡放出时,收集气体。记下产生气体的体积,计算产率。并用润湿的碘化钾淀粉试纸检验,看是否变颜色。再用带火星的木条检验,看能否使带火星的木条复燃。

思考题

1. 请进一步阅读文献资料,把本实验和资料介绍的内容进行比较,从生产制氧原材料高锰酸钾、氯酸钾和过氧化氢的成本和产率、利用率角度,评价哪种方法制备氧气最经济。

2. 请进一步阅读文献资料,把本实验和资料介绍的内容进行比较,从产生的氧气检验结果和产物类型，看哪种制备氧气的方法最清洁(即不污染环境)。

3. 请进一步阅读文献资料，思考二氧化锰在氯酸钾分解制备氧气的机理中究竟起什么作用。

参考文献

[1] 郑长龙. 化学实验新视野. 第1版. 北京：高等教育出版社，2003. 84～85

[2] 鲍正荣. 化学实验的绿色化改造. 四川师范学院学报(自然科学版)，2000，21(3)：287～290

(鲍正荣)

综合三　固体与液体反应制备气体

一、实验目的

1. 进一步系统练习启普发生器等仪器操作技能。
2. 进一步系统学习用固体与液体反应制备各种气体的方法。
3. 用绿色化学理念寻找实验产物回收和利用的途径。

二、预习要求

1. 复习中学有关氢气、二氧化碳、硫化氢等气体制备的各种方法，阅读本教材4.3节、课外文献和本实验指导。

2. 针对本实验的各种方法、原理、仪器、药品、装置，归纳总结本方法的特点和用途。

三、实验原理

$$Zn+H_2SO_4(\text{稀})═ZnSO_4+H_2\uparrow$$

$$CaCO_3+2HCl═CaCl_2+CO_2\uparrow+H_2O$$

$$FeS+H_2SO_4(\text{稀})═FeSO_4+H_2S\uparrow$$

$$Na_2S+H_2SO_4(\text{稀})═Na_2SO_4+H_2S\uparrow$$

$$Cu+4HNO_3(\text{浓})═Cu(NO_3)_2+2NO_2\uparrow+2H_2O$$

$$Na_2SO_3+HCl═2NaCl+H_2O+SO_2\uparrow$$

$$CaC_2+2H_2O═Ca(OH)_2+C_2H_2\uparrow$$

$$2KMnO_4+16HCl(\text{浓})═2MnCl_2+2KCl+5Cl_2\uparrow+8H_2O$$

$$MnO_2(\text{固})+4HCl(\text{浓})\overset{\triangle}{═}MnCl_2+Cl_2\uparrow+2H_2O$$

$$NaCl(固)+H_2SO_4(浓) \xlongequal{\triangle} NaHSO_4+HCl\uparrow$$

$$NaCl(固)+NaHSO_4(浓) \xlongequal[\triangle]{MnO_2} Na_2SO_4+HCl\uparrow$$

$$Na_2SO_3(固)+H_2SO_4(较浓) \xlongequal[\triangle]{MnO_2} Na_2SO_4+H_2O+SO_2\uparrow$$

$$Cu(固)+H_2SO_4(浓) \xlongequal[\triangle]{MnO_2} CuSO_4+SO_2\uparrow$$

$$3Cu(固)+8HNO_3(稀) \xlongequal[\triangle]{MnO_2} 3Cu(NO_3)_2+2NO\uparrow+4H_2O$$

四、实验器材与试剂

铁架台、启普发生器、圆底烧瓶、锥形瓶、水槽、集气瓶、酒精灯、单孔橡皮塞、导气管、锌粒、高锰酸钾、二氧化锰、铜片、亚硫酸钠、石灰石、大理石、硫化亚铁、氨水。

装置见图 4-25,4-26,4-27,4-28,4-29。

五、实验内容

1. 制备氢气

用玻璃丝挡住启普发生器的细颈处,取锌粒 4 g,放入启普发生器的球形容器里,装上排气活塞,检查启普发生器的气密性,往球形漏斗倒入稀硫酸。将集气瓶装满水,用毛玻璃片盖住瓶口,倒立于水槽中。开启启普发生器的排气活塞。检验氢气的纯度,待纯净以后,收集两瓶氢气,关闭排气活塞,停止产生氢气。

2. 制备二氧化碳

用玻璃丝挡住启普发生器的细颈处,取大理石 4 g,放入启普发生器的球形容器里,装上排气活塞,检查启普发生器的气密性,往球形漏斗倒入稀盐酸。开启启普发生器的排气活塞,将产生的气体通入集气瓶中。用燃着的木条检验二氧化碳气体是否装满,待装满以后,用毛玻璃片盖住瓶口,停止反应。

3. 制备硫化氢

方法同 2,不同的只是将大理石换为硫化亚铁或硫化钠固体。要注意的是硫化氢气体有剧毒,尾气必须用氢氧化钠溶液吸收。

4. 制备氯气

在圆底烧瓶中加入少量二氧化锰粉末,塞紧带分液漏斗的双孔塞,检查使体系不漏气。往分液漏斗里装入 10 mL 密度为 1.19 g/cm^3 的浓盐酸,开启分液漏斗向烧瓶中加入浓盐酸,缓慢加热圆底烧瓶使反应进行。将产生的氯气通入集气瓶中,塞紧集气瓶口的双孔橡皮塞,多余的氯气用氢氧化钠溶液吸收。待集气瓶装满黄绿色气体后,取下用毛玻璃片盖住瓶口。尾气继续用氢氧化钠溶液吸收。

六、扩展实验

用类似制备氯气的实验方法还可以做电石与水反应制乙炔、高锰酸钾跟浓盐酸不加热反应制氯气、氯化钠跟浓盐酸加热反应制氯化氢气体、亚硫酸钠跟硫酸反应制二氧化硫气体、铜片与稀硝酸反应制一氧化氮气体、铜片与浓硝酸反应制二氧化氮气体、铜片与浓硫酸加热反应制二氧化硫气体等。

思考题

1. 请进一步阅读文献资料，把本实验和资料介绍的内容进行比较，看固体跟液体反应制备气体还有哪种方法和装置？

2. 进一步阅读文献资料，比较扩展实验中的各种气体制备，有什么不同的要求和条件？

3. 请思考分析本实验中除气体废弃物之外，还有没有液体或固体废弃物需要处理、回收和利用？怎么处理、回收和利用？

参考文献

[1] 蔡铎畅，鲍正荣，邹荣贤. 化学微型实验及教学研究. 重庆：西南师范大学出版社，1997

[2] 范杰. 化学实验论. 第1版. 太原：山西科学技术出版社，2001

[3] 刘怀乐. 中学化学教学实证与求索. 重庆：西南师范大学出版社，2001

[4] 刘怀乐. 中学化学教学实验与教学研究. 重庆：西南师范大学出版社，1996

（鲍正荣）

综合四　用绿叶制备叶绿素铜钠

一、实验目的

1. 掌握从固体原料中萃取分离物质的方法。

2. 掌握蒸馏操作的技术方法。

二、预习要求

(1)阅读教材 4.1，4.2 和 4.4 节，结合本项目叙述，分析本实验装置各部分的功能和操作控制要求。

(2)查阅有关叶绿素产品应用的文献，了解叶绿素产品的用途、产品的来源、市场容量、国内产量、价格走势、产品发展以及国家有关的使用规定和质量标准。

三、实验原理

叶绿素是绿色植物的重要色素，主要有叶绿素 a 和叶绿素 b 两种形式，在叶绿体中与类胡萝卜素共同存在并推动光合作用的光反应。这些色素的共同特点是不溶于水，而溶于有机溶剂，如乙醇、丙酮、乙醚、氯仿等，因而常用乙醇(或丙酮)、乙醇、水的混合液来提取。

叶绿素是卟啉的衍生物，卟啉环上的共轭双键和中央镁原子易被光激发而引起电子得失，从而使叶绿素具有特殊的光化学性质。环Ⅳ上的丙酸基侧链以酯键与亲脂的叶醇相结合，从而决定了叶绿素的脂溶性。

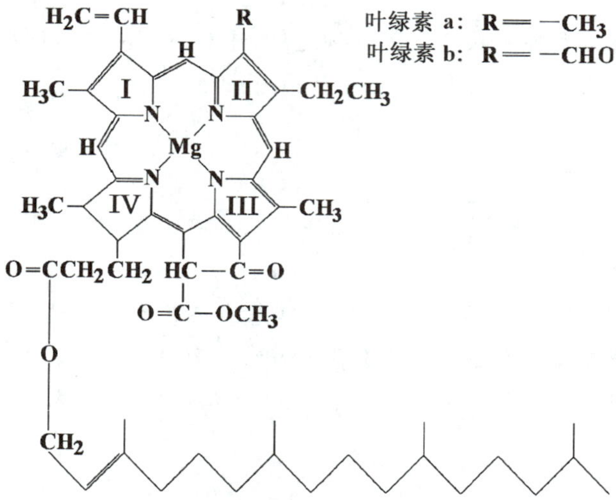

叶绿素 a：R＝—CH_3
叶绿素 b：R＝—CHO

卟啉环中的镁原子在酸性条件下容易失去，并可被其他金属所置换。其中，Cu^{2+} 取代容易且形成的铜代产物非常稳定，是国家允许使用的食品添加剂。

四、实验器材与试剂

仪器：100 mL 圆底烧瓶、100 mL 恒压漏斗 2 个、50 mL 烧杯 1 个、冷凝管(配胶管)、分液漏斗、天平、电热调温磁力搅拌器。

试剂：60～90 石油醚、浓盐酸、结晶硫酸铜、氢氧化钠。

五、实验内容

(1)溶液配制

① 乙醇提取液

95%乙醇用 6 mol/L 硫酸调节至 pH=2～3，再加入 1.2 g 硫酸铜晶体。实际用量 60 mL。

② 皂化液

向 95%乙醇中加入 4 倍体积的 10%氢氧化钠水溶液。实际用量 15 mL。

(2)安装实验装置

采摘新鲜的绿叶，以含汁液少、较绿的为佳，洗净、剪碎、称量后装入 100 mL 恒压漏斗中，装填量应至少低于漏斗侧管上口 1 cm。称量剩余绿叶，扣减后得实际用量。

向 100 mL 烧瓶中加入 60 mL 乙醇提取液，按图 4-23D 连接好仪器。

(3)提取

① 用电热套加热搅拌回流。当乙醇回流液将绿叶浸没时，打开漏斗活塞，乙醇缓缓放入烧瓶，再关闭活塞。如此连续提取 5～6 次，直到绿叶颜色明显变浅或发白。此步骤大约需时 1 h。

② 放完最后一次提取液即停止加热，待烧瓶不再产生蒸气，另取一只干净恒压漏斗替换，重新安装好装置回收乙醇。当烧瓶中的液体少于 10 mL 时结束回收，冷却后加入三倍体积的水稀释。

③ 用 20 mL 石油醚萃取，收集上层油相，再用少量的水和稀醇洗涤收集的萃取液两次。

④ 将净化的萃取液转移至烧瓶中回收石油醚。当烧瓶中剩余液量小于 5 mL 时，停止加热，冷却，移去恒压漏斗。

⑤ 加入 15 mL 皂化液于烧瓶中，装上回流管搅拌。在此期间，可短暂停止搅拌，观察上层石油醚的色泽，若绿色褪去、颜色变黄则表明反应完全。停止回流。此步骤大约需时 1h。

⑥ 反应液转至分液漏斗静置 15 min，收集下层水相，再用少量石油醚洗涤 2 次。

⑦ 水相转至 50 mL 烧杯中，在通风橱中用浓盐酸酸化至 pH=2～3。可见有墨绿色叶绿素铜酸析出，固形物的密度与水接近。

⑧ 过滤，并用水冲洗，再用少量水将固形物冲至小烧杯中。置于烘箱中烘至稍干，用石油醚少量多次洗涤至几近无色。

⑨ 稍加热使石油醚挥发，然后小心边滴加皂化液边振荡，仔细观察铜酸颗粒直至刚好溶解完。

⑩ 将溶液放入烘箱，于 100 ℃～105 ℃烘干，研细，即获成品。

(4)实验结果评价

根据表中的示例，把实验现象和对现象的分析填入下表。并据此讨论哪些是本实验的关键步骤，它们是如何决定实验的效果的。计算产率，并与你查的资料比较，讨论产率差异的原因。

步骤	实验现象	耗用时间	叶绿素的位置	叶绿素的状态	产品流失途径
开始	——	——	绿叶	天然状态	——
①	绿叶褪色		乙醇提取液	铜代叶绿素	未提取干净
②					
⑦	固形物析出，水褪色		固形物	叶绿素铜酸	

思考题

1. 查阅资料，了解绿色植物细胞内含物中哪些可能在萃取操作时也被带入萃取液，这些组分中哪些可能妨碍叶绿素产品的进一步纯化，从而评价本项目操作程序中选用含汁液少的植物材料的要求是否科学。

2. 在步骤⑤中选用的是含乙醇的皂化液。试讨论乙醇的作用。

3. 为什么用上层石油醚的颜色变黄来代表皂化反应完成？查阅资料分析这些黄色物质是什么。如果其中也有有用物质，尝试设计一个工艺流程，同时从植物材料中提取叶绿素和这些天然产品。

参考文献

[1] 四川省轻工业局科学研究所，中国医药工业公司无锡第二制药厂．制取叶绿素铜钠盐的试验．日用化学工业.1978(1):19～23

[2] 兰州大学，复旦大学编．有机化学实验．第2版．北京:高等教育出版社，1994

[3] 蔡成翔等．草坪草制取叶绿素铜钠盐工艺研究．广西右江民族师范专科学校学报，2005,18(6):44～48

[4] 黄森科．水浮莲叶制取叶绿素铜钠盐的工艺研究．食品工业科技，2002,23(6):37～38

（李紫阳　章肸焘　李天安）

综合五　碘盐中碘含量的测定

一、实验目的

1. 巩固试剂取用和溶液配制操作，掌握硫代硫酸钠和碘标准溶液的配制与标定方法。

2. 巩固滴定操作技术,掌握碘量法测定碘盐中碘含量的原理及方法。

3. 了解淀粉指示剂的作用原理。

二、预习要求

1. 阅读教材第一章各节,熟悉玻璃仪器洗涤、量器使用、化学试剂级别和取用、溶液配制、滴定操作的基本要求和方法。

2. 查阅资料,了解碘量法的一般原理和反应条件,理解滴定度的概念。

3. 查阅资料,了解碘缺乏和高碘会导致什么病症。

三、实验原理

在酸性溶液中,试样中的碘酸根氧化碘化钾析出单质碘,用硫代硫酸钠标准溶液滴定,测定碘离子的含量,方程式如下:

$$IO_3^- + 5I^- + 6H^+ = 3I_2 + 3H_2O$$

$$2S_2O_3^{2-} + I_2 = S_4O_6^{2-} + 2I^-$$

四、实验器材与试剂

仪器:50 mL 碱式滴定管,250 mL 碘量瓶,10 mL 移液管,250 mL 容量瓶,分析天平。

试剂:硫代硫酸钠,碘酸钾,1 mol/L 磷酸,50 g/L 的碘化钾溶液,5 g/L 淀粉溶液。

五、实验内容

1. 溶液配制

① 0.002 mol/L 硫代硫酸钠标准溶液的配制

称取 6.3 g 硫代硫酸钠和 1.0 gNaOH,溶于 250 mL 水中,贮于棕色瓶,取上层清液,稀释 50 倍,得到浓度约为 0.002 mol/L,贮于棕色瓶中,备用。

② 碘酸钾标准溶液的配制

称取经(110±2)℃烘至恒重的基准碘酸钾 0.356 8 g,称准至 0.000 1 g,加水溶解。转入 250.0 mL 容量瓶,稀释至刻度,此时溶液浓度为 0.006 667 mol/L,用水准确稀释 20 倍,得到 0.000 333 3 mol/L。

2. 硫代硫酸钠标准溶液的标定

吸取 10.00 mL 0.000 333 3 mol/L 碘酸钾标准溶液于 250 mL 碘量瓶,加约 80 mL 水,2 mL 1 mol/L 磷酸溶液,5 mL 50 g/L 碘化钾,立即用 0.002 mol/L 硫代硫酸钠标准溶液滴定,滴定至溶液呈浅黄色时,加入约 4 mL 5 g/L 淀粉溶液,继续滴定至蓝色恰好消失为止。平行测定 3 次。

3. 试滴定

称取 10.0 g 加碘食用盐，置于 250 mL 碘量瓶中，加约 80 mL 水，2 mL 1 mol/L 磷酸溶液，5 mL 50 g/L 碘化钾，立即用硫代硫酸钠标准溶液滴定，滴定至溶液呈浅黄色时，加入约 4 mL 5 g/L 淀粉溶液，继续滴定至蓝色恰好消失为止。

平行测定 3 次，按照以下方法计算结果。

① 硫代硫酸钠标准溶液对碘离子的滴定度计算：

$$T_{I^-/Na_2S_2O_3}=\frac{c(KIO_3)\times 216.9\times 10.0\times 1\,000}{V}$$

$T_{I^-/Na_2S_2O_3}$——硫代硫酸钠标准溶液对碘离子的滴定度，单位为 μg/ mL。

V——硫代硫酸钠标准溶液的用量，单位为 mL。

216.9——碘的摩尔质量，单位为 g/moL。

10——碘酸钾标准溶液取样量，单位为 mL。

② 碘离子含量的计算：

$$碘离子含量(\mu g/g)=\frac{T_{I^-/Na_2S_2O_3}\times V(Na_2S_2O_3)}{10.0}$$

③ 分别计算食盐样品含碘量，按下式计算相对偏差：

偏差＝测量值－算术平均值

比较 3 次的相对偏差，如果超过 0.3%须查找原因，再重新进行滴定。

4. 正式测试

在教师处领取编号的固体样品，用“3”中的同样方法配制溶液并滴定，计算 3 次平行测定的含碘量，使相对偏差不超过 0.3%，根据各号测定数据撰写实验报告，交教师作为本实验成绩评定的依据。

思考题

1. 试着查阅碘盐中碘含量的测定有哪些测定方法，各适用于什么样品的测定？
2. 标定硫代硫酸钠的基准物质有哪些？ 标定时，为什么要加入过量的碘化钾和磷酸溶液？
3. 为什么要等滴定到浅黄色时才加入淀粉指示剂？
4. 查阅标准，了解加碘盐的合格标准，怎样判断产品是否合格？
5. 查阅文献，尝试设计出用碘量法测定海带中碘含量的实验程序。

参考文献

[1] GB/T 13025.7-1999 制盐工业通用试验方法 碘离子的测定
[2] 武汉大学主编．分析化学．第 4 版．北京：高等教育出版社，2000

（孔 玲）

综合六　自来水中总氯的测定

一、实验目的

1. 巩固试剂取用和溶液配制操作，掌握硫代硫酸钠和碘标准溶液的配制与标定方法。

2. 巩固滴定操作技术，掌握碘量法测定自来水中总氯的原理及方法。

3. 了解淀粉指示剂的作用原理。

二、预习要求

1. 阅读教材第1章各节，熟悉玻璃仪器洗涤、量器使用、化学试剂级别和取用、溶液配制、滴定操作的基本要求和方法。

2. 查阅资料，了解碘量法的一般原理和反应条件。

三、实验原理

总氯又称为总余氯，包括游离氯（次氯酸、次氯酸盐离子和单质氯）和氯胺、有机氯胺类等化合氯的总称。采用碘量法测定，氯在酸性溶液中与碘化钾作用，释放出定量的碘，再用硫代硫酸钠标准溶液滴定。

$$2KI+2CH_3COOH \longrightarrow 2CH_3COOK+2HI$$

$$2HI+HClO \longrightarrow I_2+HCl+H_2O（或者\ 2HI+Cl_2 \longrightarrow 2HCl+I_2）$$

$$2Na_2S_2O_3+I_2 \longrightarrow Na_2S_4O_6+2NaI$$

四、实验器材与试剂

仪器：50 mL 碱式滴定管，300 mL 碘量瓶，20 mL 和 100 mL 移液管，天平。

试剂：碘化钾（要求不含游离碘及碘酸钾），（1∶5）硫酸溶液，重铬酸钾，硫代硫酸钠，1%淀粉，乙酸盐缓冲溶液（pH=4，称取 146 g 无水乙酸钠溶于水中，加入 457 mL 冰乙酸，用水稀释至 1000 mL）。

五、实验内容

1. 溶液配制

① 重铬酸钾标准溶液的配制

称取0.304 5 g优级纯重铬酸钾，溶于水中，移入250.0 mL容量瓶中，用水稀释至刻度，摇匀。

② 0.05 mol/L硫代硫酸钠标准溶液的配制

称取约6.3 g硫代硫酸钠($Na_2S_2O_3 \cdot 5H_2O$)，溶于已煮沸放冷的水中，稀释至500 mL。加入0.1 g无水碳酸钠，贮于棕色瓶中，溶液可保存数月。

③ 0.010 0 mol/L硫代硫酸钠标准溶液的配制

把已按步骤2标定的0.05 mol/L硫代硫酸钠标准溶液用煮沸放冷的水稀释5倍。

2. 硫代硫酸钠标准溶液的标定

用移液管吸取20.00 mL重铬酸钾标准溶液于碘量瓶中，加入50 mL水和1 g碘化钾，再加5 mL(1∶5)硫酸溶液混匀。静置5 min后，用硫代硫酸钠滴定至淡黄色时，加入1 mL1%淀粉溶液，继续滴定至蓝色消失为止(注意：此时应带淡绿色，因为含有Cr^{3+})，记录用量。平行测定3次。

3. 试测定

移取水样100.0 mL(氯含量小于1 mg/ mL，可取200 mL水样)于300 mL碘量瓶内，加入0.5 g碘化钾和5 mL乙酸盐缓冲溶液。

自滴定管加入0.010 0 mol/L硫代硫酸钠标准溶液至变成淡黄色，加入1 mL淀粉溶液，继续滴定至蓝色消失，记录用量，平行测定3份，按照以下公式计算结果。

① 硫代硫酸钠标准溶液浓度的计算：

$$c(Na_2S_2O_3)=\frac{c(K_2Cr_2O_7)\times 20.0}{V(Na_2S_2O_3)}$$

② 氯离子含量的计算：

$$\text{总氯}(Cl_2,\text{mg/L})=\frac{c(Na_2S_2O_3)\times V(Na_2S_2O_3)\times Ar(Cl)\times 1\,000}{V_{\text{水样}}}$$

式中：V的单位均为mL。

比较3次的相对偏差，如果超过0.3%须查找原因，再重新进行滴定。

4. 正式测定

在教师处领取编号液体样品，用“3”中的同样方法配制溶液并滴定，计算3次平行测定的含氯量，使相对偏差不超过0.3%，根据各号测定数据撰写实验报告，交教师作为本实验成绩评定的依据。

六、注意事项

1. 本碘量法适用于测定总氯含量大于1 mg/L的生活水样。含量较低时，可采用比色法。

2. 氯在水中很不稳定，尤其含有有机物或其他还原性无机物时，更易分解而消失，因此应在采集现场进行测定。

3. 水中如含有亚硝酸盐(如水中有游离氯则不可能存在，如采用氯胺消毒则可能存在)、高价铁和锰,能在酸性溶液中与碘化钾作用,并释放出碘而产生正干扰,所以本法采用乙酸盐缓冲溶液,pH＝3.5～4.2时,可减低上述物质的干扰作用。此时,亚硝酸盐含量高达5 mg/L也不干扰测定。

思考题

1. 硫代硫酸钠配制中,加入碳酸钠的目的是什么?为什么用煮沸后冷却的水进行配制?

2. 为什么要等滴定到浅黄色时才加入淀粉指示剂?

3. 查阅资料,了解自来水中氯的存在形式、氯的来源、氯化作用与人体健康的关系。

参考文献

[1] GB/T 11897-1989　水质游离氯和总氯的测定

[2] 武汉大学主编.分析化学.第4版.北京:高等教育出版社,2000

[3] 武汉大学主编.分析化学实验.第4版.北京:高等教育出版社,2001

(孔　玲)

综合七　水的总硬度测定

一、实验目的

1. 了解测定水的硬度的意义和常用的硬度表示方法。

2. 掌握络合滴定法测定水的硬度的原理和方法。

二、预习要求

实验前预习相关知识,并回答以下问题:

1. 以HCl溶液溶解$CaCO_3$基准物时,操作中应注意些什么?

2. 测定水的总硬度时,加入NH_3-NH_4Cl缓冲溶液的目的是什么?

3. 本实验中标定EDTA溶液浓度的基准物质应如何选择?为什么?

4. 配制EDTA溶液时称量应用何种天平?

三、实验原理

水的总硬度是指水中钙、镁离子的总浓度,包括暂时硬度(即指水中以酸式碳酸盐形

式存在的 Ca^{2+}，Mg^{2+}，加热时能转化为碳酸盐而沉淀）和永久硬度（即加热后不能沉淀下来的那部分 Ca^{2+}，Mg^{2+}）。

硬度又分由 Ca^{2+} 引起的钙硬和以 Mg^{2+} 引起的镁硬，因此，水硬度的测定分为水的总硬度测定，即测定 Ca，Mg 总量或钙硬、镁硬。

水的硬度是表示水质的重要指标，可为确定用水质量和进行水的处理提供依据。

水的硬度表示方法有多种，依各国习惯不同而异，目前我国常使用的表示方法为，将水中 Ca^{2+}，Mg^{2+} 总量换算为 CaO 的质量浓度来表示，单位为 mg/L 和(°)。水的总硬度 1°表示 1 L 水中含 10 mgCaO。

$$\text{水的总硬度}=\frac{c(\text{EDTA})\times V(\text{EDTA})\times Mr(\text{CaO})}{V_{\text{水}}}\times 1\,000\ (\text{mg/L})$$

$$\text{或}=\frac{c(\text{EDTA})\times V(\text{EDTA})\times Mr(\text{CaO})}{V_{\text{水}}}\times 100(°)$$

$V_{水}$：水样体积（mL）。

本实验用 EDTA 络合滴定法测量水的总硬度。在 pH＝10 的缓冲溶液中，以铬黑 T 作指示剂。用 EDTA 标准溶液直接滴定 Ca^{2+}，Mg^{2+} 总量。但实践证明，铬黑 T 与 Mg^{2+} 显色灵敏度高，与 Ca^{2+} 显色灵敏度低，当水样中 Ca^{2+} 含量较高而镁含量很低时，往往得不到敏锐的终点，这时可在水样中加入少许 Mg^{2+}-EDTA，利用置换滴定法原理来提高终点变色的敏锐性，也可改用 K-B 指示剂来改善终点变化。三乙醇胺掩蔽 Fe^{3+}，Al^{3+}，Cu^{2+}，Pb^{2+}，Zn^{2+} 等干扰离子。

四、实验器材与试剂

0.01 mol/L EDTA 标准溶液；NH_3-NH_4Cl 缓冲溶液：pH＝10，将 67 gNH_4Cl 溶于 300 mL 水中，加入 570 mL 浓氨水，稀释至 1 L，摇匀；铬黑 T 指示剂：铬黑 T 与固体 NaCl 按 1∶100 比例研细混匀；三乙醇胺水溶液：1∶2；Mg^{2+}-EDTA 溶液；NaOH 溶液；HCl 溶液（1∶1）。

五、实验步骤

1. Ca^{2+} 标准溶液的配制

准确称取 0.35～0.40 g$CaCO_3$ 基准物质于小烧杯中，以少量水润湿，并盖上表面皿，从烧杯嘴处滴入 10 mLHCl 溶液，使 $CaCO_3$ 全部溶解。加水约 50 mL，微沸几分钟以除去 CO_2，冷却后，用蒸馏水冲洗表面皿并定量转移 $CaCl_2$ 溶液于 250 mL 容量瓶中，摇匀，定容。

2. EDTA 溶液的配制

用天平称取所需的 EDTA 二钠盐于 200 mL 烧杯中，加水溶解配制 500 mL0.01 mol/LEDTA，冷却后备用。

3. EDTA 溶液的标定

准确移取 25.00 mLCa^{2+}溶液于 250 mL 的锥形瓶中，加入 NH_3-NH_4Cl 缓冲液 20 mL 和 1～2 滴 K-B 指示剂，用 EDTA 溶液滴定至溶液由紫红色变为蓝绿色为终点。

4. 水总硬度的测定

移取澄清水样 100 mL 于锥形瓶中，加入 5 mLNH_3-NH_4Cl 缓冲溶液和少量铬黑 T 指示剂，立即用 0.01 mol/LEDTA 标准溶液滴定至溶液由紫红色变为纯蓝色即为终点。平行做 3 份。根据 EDTA 标准溶液的浓度及用量来计算水的总硬度。

注意事项：

(1)若水中 $Ca(HCO_3)_2$ 含量高，有可能析出 $CaCO_3$ 沉淀使终点拖后，变色不敏锐，需经酸化并煮沸后再测定。

(2)应根据水样是否含有 Fe^{3+} 和 Al^{3+} 来确定是否需要加入三乙醇胺。三乙醇胺掩蔽 Fe^{3+}，Al^{3+} 应在 pH＜4 条件下加入，然后再加氨缓冲溶液调节酸度。

(3)对于硬度较大的水样，可取样 50 mL。

六、扩展实验

1. 口服钙剂中钙含量的测定

(1) 原理

钙与人体健康具有密切的关系，因此口服钙剂中钙含量成为人们关注的问题，本方法适用于市售以 $CaCO_3$ 为主要成分和以葡萄糖酸钙为主要成分的口服钙剂中钙含量测定。口服钙剂用酸溶解后调节 pH＝12～13，为减少 Mg^{2+} 干扰，采用 Ca 指示剂，以 EDTA 标准溶液作滴定剂滴定溶液中 Ca^{2+}，因指示剂与钙离子生成紫红色络合物，达终点时，EDTA 稍过量，将游离出指示剂(In)，溶液呈现蓝色而指示终点到达。

$$\text{Ca-In} + \text{EDTA} \longrightarrow \text{Ca-EDTA} + \text{In}$$

(2) 实验步骤

准确称取 0.2～0.3 g 研细的口服钙片于小烧杯中，加入 10 mL6 mol/LHCl，加热使之完全溶解，再加入 50 mL 蒸馏水继续蒸发除去过量的酸至 pH 为 7 左右，定量转移钙溶液于 250 mL 容量瓶中，摇匀，定容。准确移取上述 Ca^{2+}溶液 25.00 mL 于 250 mL 锥形瓶中，加入 20 mol/LNaOH 溶液 5 mL，蒸馏水 25 mL，摇匀，再加入钙指示剂 2～3 滴，用 EDTA 标准溶液滴定至溶液由紫红色变为蓝色为终点。平行测定 3 次，计算钙剂中 $CaCO_3$ 或葡萄糖酸钙的质量分数。

2."胃舒平"药片中 Al_2O_3 含量的测定

(1) 原理

"胃舒平"药片的主要成分为 Al_2O_3、$Mg_2Si_3O_8 \cdot 5H_2O$ 以及糊精等辅料等。药片溶解后，分离不溶物质，制成试液，其中 Al 含量可用配位滴定法测定。于部分试液中准确加入已知过量的 EDTA 标准溶液，调节 pH 为 3～4、煮沸使 EDTA 与 Al^{3+} 反应完全，再调节 pH＝5～6，以二甲酚橙为指示剂，用 Zn 标准溶液返滴定过量的 EDTA 可测出药片中 Al_2O_3 含量。

(2) 步骤

准确称取已研细的药粉 0.3～0.4 g,加入 HCl(1∶1)6 mL,并加水煮沸,冷却后过滤,收集滤液及洗液于 100 mL 容量瓶中,摇匀,定容。准确移取 10.00 mL 上述试液于 250 mL 锥形瓶中,加水于 25 mL,并准确加入 25.00 mLEDTA,摇匀,再加入 2 滴二甲酚橙,加氨水至溶液呈紫红色,再滴加 2 滴 HCl(1∶3),此溶液为黄色。将溶液煮沸 3 min 左右,冷却,再加入六次甲基四胺溶液 15 mL,溶液应为黄色,pH 为 5～6,再滴入 2 滴二甲酚橙,用锌标准溶液滴定至溶液由黄色突变为紫红色,即为终点。平行测定 3 次。计算"胃舒平"药片中 Al_2O_3 的含量。

思考题

1. 通常使用乙二胺四乙酸二钠盐配制 EDTA 标准溶液,为什么不用乙二胺四乙酸?
2. 什么是水的总硬度?怎样计算水的总硬度?如何得到镁硬?

(陈中兰)

综合八　铵盐中含氮量的测定

一、实验目的

1. 了解酸碱滴定法的应用,即弱酸或弱碱的间接测定方法,掌握甲醛法测定铵盐中含氮量的原理和方法。
2. 熟练掌握容量瓶、移液管的使用。

二、预习要求

实验前须预习相关内容,并回答如下问题:

1. 为什么不能用碱标准溶液直接滴定铵盐中氮含量?
2. 为什么不能用甲醛法测定 NH_4HCO_3 的氮含量?
3. 本法中加入甲醛的作用是什么?

三、实验原理

铵盐是常用的氮肥之一,其含氮量可通过 NH_4^+ 进行测定。由于 NH_4^+ 的酸性很弱($K\mathrm{a}=5.7\times10^{-10}$),故不能用碱标液直接滴定,可采用甲醛法和凯式定氮法测定。甲醛与铵盐的反应早在 1888 年就提出了,直到 1907 年才用于定量测定氨基酸中的氨基。本实验中甲醛法是基于如下反应:

$$4NH_4^+ + 6HCHO = (CH_2)_6N_4H^+ + 3H^+ + 6H_2O$$

生成的 H^+ 和质子化六次甲基四胺可用 NaOH 标准溶液滴定,计量点时产物为六次甲基四胺($Ka=7.1\times10^{-6}$),其水溶液呈微碱性,可选用酚酞或百里酚蓝作指示剂。也可加入过量 NaOH 标准溶液,然后用标准 HCl 溶液返滴定剩余的 NaOH。

四、实验器材与试剂

0.1 mol/LNaOH 标准溶液(其配制及标定见实验九),18%中性甲醛溶液,酚酞 2 g/L 乙醇溶液,2 g/L 甲基红指示剂,邻苯二甲酸氢钾基准试剂。

五、实验步骤

准确称取$(NH_4)_2SO_4$试样 1.5~2.0 g 于小烧杯中,加入约 50 mL 蒸馏水溶解,然后把溶液定量转移至 250 mL 容量瓶中,用蒸馏水定容,摇匀。用移液管移取 25.00 mL 试液于锥形瓶中,加入 18%中性甲醛溶液 10 mL,摇匀,放置 2 min 后,加 2 滴酚酞指示剂,用 NaOH 标准溶液滴定至溶液呈微橙红色,并保持 30 s 不褪色即为终点。平行测定 3 次。计算试样中氨含量(以氮的质量分数来表示),要求相对平均偏差小于 0.3%。

铵盐试样处理:如果铵盐中含有游离酸,在滴定前需中和除去,用移液管吸取 25.00 mL 试液于 250 mL 锥形瓶中,加 1 滴甲基红指示剂(如呈红色,表示有游离酸),用 NaOH 标准溶液滴定至橙黄色,所用 NaOH 体积不计。然后再测定试样中氨含量。

甲醛溶液处理:甲醛中常含有微量甲酸,应预先以酚酞为指示剂,用 NaOH 标准溶液中和至溶液呈淡红色以除去。

六、扩展实验:草酸酸度的测定

1. 原理

草酸是二元固体弱酸,易溶于水,且逐级解离常数均符合准确滴定的条件,则可在水溶液中用 NaOH 标准溶液进行滴定,测得其含量。滴定反应方程式为:

$$2NaOH + H_2C_2O_4 = Na_2C_2O_4 + 2H_2O$$

反应产物为强碱弱酸盐,滴定突跃在碱性范围内,可选用酚酞等在碱性范围变色的指示剂。

2. 步骤

准确称取约 0.5 g 的草酸试样,置于小烧杯中,加适量水溶解,再定容于 100 mL 容量瓶中。然后移取 25.00 mL 试液于锥形瓶中,加酚酞指示剂 1~2 滴,用 NaOH 标准溶液滴至溶液呈微红色,0.5 min 内不褪色即为终点,计算出 $H_2C_2O_4$ 质量分数。平行做 3~4 次,要求相对平均偏差在±0.2%以内。

思考题

1. 中和铵盐中的游离酸时，能否使用酚酞指示剂？为什么？
2. 试样中若含有 Fe^{3+}，对测定有什么影响？
3. 若铵盐中含有 NO_3^-，用此法测得的含氮量是否包括 NO_3^- 中的 N？

（陈中兰）

Ⅲ 设计实验

设计一 水蒸气蒸馏法提取植物芳香油

一、目的与意义

植物芳香油也叫挥发油、精油、香精油，是一类多组分的复杂混合物，一般包括烃、醇、酚、醚、酸、酯、醛、酮、内酯，含氮、含硫化合物等十大类。其中，萜类（主要为单萜和倍半萜）及其衍生物占绝大多数。广泛用于食品、卷烟、酒、医药、日化等行业。

有的植物全株均含有芳香油，有的则仅在花、果、叶、根或根茎、籽部分器官中含量较多，具有生产价值。

我国芳香植物资源丰富，据估计，仅种子植物中就多达260余科约800属，并且具有分布范围广、含量高、种类多、香型齐全的优势。据测算，人工种植芳香植物的栽培管理年费用为400～500元/亩，而收益达1 200～1 500元/亩，并且大多是一次栽培多年受益。

近年来发展的超临界液体CO_2萃取法（SCFE）是最有发展前途的提取技术。不过，传统的水蒸气蒸馏法、压榨法、吸收法或溶剂萃取法对于一些资源丰富、资金短缺、设备简陋的贫困地区仍然不失一种制取粗品的选择。

二、要求与内容

（1）查阅文献资料，确定适合本法的本地植物资源。

（2）自行采集用于实验用的植物叶片、枝条等材料，不得砍伐树木。

（3）参考4.2和4.4节，完成实验设计，内容包括材料的前处理、装置图、过程控制说明、产品质量评价、成本核算方法。

思考题

1. 本地还有哪些芳香油资源植物，存在于植物体的哪些部位，其中哪些可以用本法提取？

2. 分析评价本方法和你的实验设计的成败。（提示：适用范围、控制难易、成本-收益比、创新点、改进设想等。）

参考文献

[1] 李飞，刘桂珍. 我国芳香植物资源及其开发利用前景分析. 科技导报，1997(3)：58～60

[2] 庞建光，张明霞，韩俊杰. 植物精油的研究及应用. 邯郸农业高等专科学校学报，2003，20(1)：26～28，30

[3] 东林. 植物与芳香油. 中国林业，2001(9)：46

[4] 刘金. 中国的芳香植物资源. 中国花卉，2004(10)：4～5

[5] 吴卓珈. 生态农林新产业：芳香植物. 今日科技，2005(6)：11～13

[6] 董玉山，傅建熙，许平安等. 植物精油研究进展. 河南林业科技，1999，19(4)：22～25

（李天安）

设计二　煤矸石的利用

一、实验目的

1. 掌握固体样品的实验室粉碎、筛分、缩分、分选的程序和方法。
2. 掌握固体样品焙烧-浸取的方法。
3. 树立废弃物综合利用的观念。

二、预习要求

阅读教材第 3.4 节，并查阅资料，了解固体样品、特别是煤样品物理、化学处理的一般程序，讨论工业精煤洗选的意义并绘制出工艺流程框图。

查阅煤矸石利用的文献资料，列表比较不同来源煤矸石的化学成分，比较煤矸石化工利用在样品处理、有用组分获取的工艺流程，以及该工艺所排放的废弃物和处置方法。

尝试设计一个能同时尽可能多地利用煤矸石有用组分的工艺流程，并说明各工艺步骤的原理。

三、实验原理

煤矸石是在成煤过程中与煤层伴生的一种含碳量较低、比煤坚硬的黑灰色岩石。煤矸石含碳量一般在20%～30%，还含有氧化铝、二氧化硅和少量的氧化铁、氧化镁以及某些稀有金属。因此，煤矸石是典型的“弃之成灾、用之是宝”的废渣，有必要开展综合利用。

一般而言，煤矸石的利用首先是用物理方法洗选回收精煤，对高硫煤还同时回收大部分硫铁矿，然后再化学处理，通过浸取或焙烧-浸取回收有用元素。由于铝和硅是矸石中含量最高的，一般都被优先考虑回收。

四、实验器材与试剂

仪器：分样筛40目、研钵、500 mL烧杯1个、100 mL烧杯2个、100 mL量筒1个、25 mL瓷坩埚2个、漏斗、药物天平。

试剂：工业氯化锌。

五、实验内容

1. 精煤洗选回收

① 样品粉碎和筛分

将采集的大块矸石敲碎成小块，再用研钵磨碎，过40目筛。

② 缩分

取筛下物按四分法缩分，从最后一次得到的样品中称量出50 g试样。

③ 洗选

选择如下方案之一进行洗选。如果希望比较两种方案的效果，可在最后一次缩分时保留两份样品，分别称量出50 g试样。

方案一　水洗选	方案二　重介质洗选
	配制63%的氯化锌200 mL作为洗选液(ρ=1.8 g/mL)。
在大烧杯中先用少量洗选液充分湿润矸石试样，再加入全部洗选液。充分搅拌后静置。	同左。
待体系形成清晰的三层后，用倾析法将上层精煤和中层水倾入漏斗过滤。	同左。
	将滤液返回烧杯再洗选一次。
	将精煤转移到烧杯中，用“冷水1次→热水1次→冷水1次”数次洗涤，每次不少于5 min，以除去氯化锌，直至洗涤出水滴

加2滴1%硝酸银溶液与洗涤用水的混浊程度相当。

④ 计算精煤回收率

把漏斗上的精煤在50 ℃烘箱里干燥2～3 h,然后在室温下放置8 h以上,使达到空气干燥状态。

称量,计算精煤回收率。就耗用时间、操作难度、成本等方面评价两个方案的优缺点。

2. 铝和硅的回收——设计实验

① 要求

查阅资料,设计出从上述洗选矸石中连续回收铝(盐或 Al_2O_3)和硅(硅酸钠)的程序,并在实验室中实现。

提倡学生分成课题组,按照条件探索的完整方案,一人执行一个条件组合,然后数据集中统一分析,找出最优的实验条件。

② 提示

矸石中的这两种目标组分是惰性的,需要焙烧活化。所以焙烧的温度和时间选择是决定最终收率的关键。

③ 实验结果评价

计算各种有用组分的总回收率,其中,铝以 Al_2O_3、硅以 SiO_2 计算。

对比文献上的工艺,讨论本设计程序的创新之处和存在的问题及其改进措施。

思考题

1. 除3.4节之外,列表表示出本实验还涉及本书哪些章节介绍的基础知识和操作。请选择1～2个知识点,讨论它们在本实验中的作用和与其他知识点的关系。

2. 查阅资料,试评价煤矸石的发电、填埋、建材(砖、水泥)、化工几种利用途径在技术投入、固定资产投入、流动资金投入、产品结构、市场容量、经济效益、二次污染等方面的优缺点。

3. 本实验得到的铝和硅的产品都是基础化工原料。查阅资料,了解它们的下游产品有哪些。选择1～2个产品,了解它们的生产工艺,讨论是否可以在矸石资源回收的同时直接生产出这些产品。

参考文献

[1] 黄瀛华等编. 煤化学及工艺学实验. 第1版. 上海:华东化工学院出版社,1988
[2] 陈建. 煤化学研究进展综述. 山东化工,2005,34(6):23～25
[3] 冯臻. 以煤矸石为原料制备铝盐和白炭黑. 煤炭加工与综合利用,2005(5):32～33

[4] 李玉凤，张锦瑞．煤矸石浸出脱铁试验研究．河北理工学院学报，2005，27(3)：6～10

[5] 崔莉，杨凤玲，程芳琴．煤矸石综合利用制取絮凝剂的研究．科技情报开发与经济，2005，15(18)：177～178

（李天安）

设计三　一氧化碳还原铁矿石或氧化铁

（模拟工业炼铁及尾气利用）

一、实验目的与意义

1. 进一步熟悉工业炼铁的原理。
2. 进一步系统学习用 CO 还原法冶炼金属的方法。
3. 用绿色化学理念寻找实验产物回收和利用的途径。

二、实验要求与内容

1. 复习中学有关一氧化碳制备的各种方法，阅读本教材 4.3 节、课外文献和本实验指导。

2. 针对本实验的各种方法、原理、仪器、药品、装置，归纳总结本方法的特点和用途。

3. 设计制备 CO、用 CO 还原铁矿石粉末（无硫铁矿、黄铁矿也可用三氧化二铁以及砖瓦粉末代替）、产物检验和尾气处理或利用的组合装置。

4. 制备 CO 气体。选择适当的仪器和装置，用浓硫酸与甲酸产生 CO 气体。

5. 选择适当的仪器和装置，用作反应器。要求既可以使气体流通，还要能承受一定的加热温度。

6. 设计怎样检验产物 CO_2 和铁矿石还原生成的铁粉。

7. 反应不完的一氧化碳气体用什么方法吸收、处理与利用？如果用燃烧法，尾气燃烧的能量如何利用？

三、扩展实验

1. 类似的实验是用一氧化碳气体还原 CuO，其方法和装置都与一氧化碳还原三氧化二铁相同。

2. 氢气还原 CuO，其方法和装置也大体与一氧化碳还原三氧化二铁相同，只是产物检验略有不同。

思考题

1. 有人说，泥土中也含有铁元素，请设计一个实验证明。

2. 请进一步阅读文献资料，把本实验和资料介绍的内容进行比较，看哪些金属的冶炼可以用还原性气体反应？

3. 请进一步阅读文献资料，还有什么不同的金属冶炼方法？

4. 请思考分析本实验中除气体废弃物之外，还有没有液体或固体废弃物需要处理、回收和利用？怎么处理、回收和利用？

参考文献

[1] 蔡铎昌，鲍正荣，邹荣贤. 化学微型实验及教学研究. 重庆：西南师范大学出版社，1997

[2] 范杰. 化学实验论. 太原：山西科学技术出版社，2001

[3] 刘怀乐. 中学化学教学实证与求索. 重庆：西南师范大学出版社，2001

[4] 刘怀乐. 中学化学教学实验与教学研究. 重庆：西南师范大学出版社，1996

（鲍正荣）

设计四　工业废物中回收 $Cr(OH)_3$

一、实验目的与意义

铬是工业上一种重要的金属，广泛用于耐火材料、特殊钢、化工原料。世界铬矿总储量超过 48 200 万 t，南非和哈萨克斯坦分别占 61％和 21％，津巴布韦、印度、芬兰共占 18％。可见我国是缺铬国。

产生工业铬废渣、废水的行业多、量大、毒性高，是严重威胁生态环境和人类健康的危险废物。因此，回收利用既是减轻环境污染、又是缓和资源短缺的正确途径。

二、实验要求与内容

(1) 查阅文献资料，了解铬污染及其回收利用途径。

(2) 自行采集实验所需的废水或废渣。

(3) 完成实验设计，内容要求包括材料的前处理、装置图、过程控制说明、产品质量评价、成本核算方法。

思考题

1. 本地有哪些铬污染源，这些污染物是如何处理的？这些处理方法哪些方面还可以改进？

2. 分析评价本方法和你的实验设计的成败。（提示：适用范围、控制难易、成本-收益比、创新点、改进设想。）

参考文献

[1] 郝旭升．铬矿市场状况．耐火材料，2000(6):343

[2] 罗文谦，刘存海．电镀铬废液中铬的监测及其处理技术研究．安康师范专科学校学报，2005，15:74～75，80

[3] 王廷平，刘存海．电镀废水中铬的回收及利用．陕西科技大学学报，2005，23(3):32～36

[4] 罗惠华，钱功明，钟康年，严红喜．含铬电镀废水回收铬黄的工艺研究，化学与生物工程，2005(2):30～32

[5]刘存海，马云．从废铬液的回收辅料中研制抛光膏及其在金属抛光中的应用与表征．新技术新工艺，2004(4):47～49

[6] 石磊，赵由才，牛冬杰，铬渣．无害化处理和综合利用．中国资源综合利用，2004(10):5～8

[7] 马 云，刘存海．高浓度含铬污水中铬的回收及其应用．表面技术，2004，33(3):56～58

[8] 黄东来，张平，左社强，姜鹏宇．含铬废水的回收利用技术，化工环保，2004，24(增):102～104

[9] 王 清，江 丽，陈志传，陈文衡．高浓度含铬废水的综合利用．环境科学与技术，2003，26(5):38～39

（李天安）

附　录

附录一　实验室工作安全规程

(1) 未充分准备、完成预习或设计报告者不得进入实验室。

(2) 遵守纪律和制度，听从教师和实验室管理人员的指导和安排。

(3) 进入实验室首先须熟悉周围环境，明确总电源、气阀、水阀、药品存放处等的位置和使用方法，明确疏散口、通风机开关、消防和急救器材等的位置、标志和使用方法，并穿戴实验服。

(4) 实验室内严禁吸烟、饮食和将餐具等与实验无关物品带入。

(5) 认真清点、检查仪器，并学习使用方法及注意事项，严格照章使用，避免损坏仪器；一旦发现仪器故障，应立即停止使用，回忆操作过程和故障现象，及时报告；使用完毕须自觉填写登记表。

(6) 遵守药品领用、存放和使用规定，特别是易燃、易爆、腐蚀、有毒的药品。打开挥发性的药品如氨水、盐酸、硝酸、乙醚等药瓶封口时，应先盖上湿布，再开动瓶塞，以防溅出。未用完的药品应妥善收藏，危险药品须交实验室管理人员，养成规范放置药品、仪器的习惯。

(7) 按需按规范取用药品，不得随意过量；取用之后必须及时盖好原瓶盖，放回原处或指定地方；禁止使用不明确的药品，严禁随意混合药品和将实验室物品擅自带走。

(8) 保持实验室通风良好，严格按科学规律设计实验装置并检查装置的合理稳固性，严格按实验步骤操作，防止意外事故发生。

(9) 保持肃静，认真操作，如实记录，不得随意到处走动。

(10) 节约药品、水电、耗材，不得动用他人仪器、材料，损坏仪器须自觉登记赔偿。

(11) 实验台上物品摆放整齐有序，随时保持整洁；实验废弃物应分类倒入指定容器。

(12) 熟悉并养成安全使用水、电、气的习惯，实验完毕立即关闭水、电、气源。

(13) 发生意外事故时切忌慌张，应迅速判断事故性质，组织人员逃生、扑救（见表 0-1、附录二、附录三）并报警，发生火灾可拨打火警电话 119。

（14）实验结束，须关闭水、电、气源；拆卸装置，仪器放回指定地点；清洗玻璃仪器、清洁实验台和实验室；检查实验室内是否收拾妥当，经教师或实验室管理人员许可方能离开实验室。

（李天安）

附录二　消防标志与灭火器选用

一、灭火器选用规定

参见《建筑灭火器配置设计规范 GBJ 14090-97》。

火灾种类	举例（第 2.0.3 条）	选用灭火器（第 3.0.2 条）
A	含碳固体可燃物，如木材、棉、毛、麻、纸张等	水型、泡沫、磷酸铵盐干粉、卤代烷型
B	可燃液体，如汽油、煤油、甲醇、乙醚、丙酮等	干粉、泡沫、卤代烷、二氧化碳型，扑救极性溶剂 B 类火灾不得选用化学泡沫灭火器
C	可燃气体，如煤气、天然气、甲烷、乙炔、氢气等	干粉、卤代烷、二氧化碳型
D	可燃金属，如钾、钠、镁、钛、锆、锂、铝镁合金等	应由设计单位和当地公安消防监督部门指定
带电火灾	带电物体燃烧	卤代烷、二氧化碳、干粉型

二、常用灭火器及其适用范围

类型	成分和作用原理	适用范围
酸碱灭火器	$2NaHCO_3 + H_2SO_4 = 2CO_2\uparrow + Na_2SO_4 + 2H_2O$	非油有机固体和电器的初起火灾
泡沫灭火器	$Al_2(SO_4)_3$ 和 $NaHCO_3$	适用于油类起火
CO_2 灭火器	液态 CO_2	适用于扑灭电器设备、小范围油类及忌水的化学物品的失火

CCl_4 灭火器	液态 CCl_4	适用于电器设备、小范围的汽油、丙酮失火 不能用于扑灭活泼金属钾、钠的失火，因会强烈分解，甚至爆炸 不能用于扑灭电石、CS_2 的失火，因为会产生光气一类的毒气
干粉灭火器	主要成分是碳酸氢钠等盐类物质与适量的润滑剂和防腐剂	扑救木材、纸张等固体物质，可燃液体，可燃气体和电器设备的初起火灾，对人畜无害
1211 灭火器	CF_2ClBr 液化气体	可燃液体、可燃气体及电器设备特别是精密仪器的初起火灾，对人畜无害

三、部分消防标志

禁止烟火

禁止燃放鞭炮

禁止吸烟

禁止放易燃物

当心爆炸—爆炸物

当心火灾—易燃物

四、消防国家标准

类别	GB 标准条数	类别	GB 标准条数
消防综合	11	灭火技术	12
火警监视、报警与消防调度系统	12	消防设备与器材	47
防火技术	16	消防救生、辅助工具	2

五、重要的消防国家标准

(1)GB/T4327-1993 消防技术文件用消防设备图形符号。

(2)GB/T4968-1985 火灾分类。

(3)GB/13495-1992 消防安全标志。
(4)GB/15630-1995 消防安全标志设置要求。
(5)GB/T5907-1986 消防基本术语 第一部分。
(6)GB/T14107-1993 消防基本术语 第二部分。

六、火灾级别与灭火器通用技术标准

火灾级别	非水灭火器				水和泡沫	
	最小有效喷射时间/s	干粉/kg	卤代烷/kg	CO_2/kg	充装量	最小喷射距离/m
1A	8	≤2	≤6		≤6	3.0
2A	13	>2～4	>6		>6～9	3.0
3A	13	>4～6			>9	3.5
4A	13	>6～9				4.5
6A	13	>9				5.0
2B	8	≤1	≤1	2		
3B	8	2	2	3		
4B	8			5		
5B	8	3	3～4	7		
9B	8	4	6			
12B	10					
14B	10	5～6	5～6			
22B	14	≥8	≥8			

引自《GB4351-1997 手提式灭火器通用技术条件》。

数字:火灾级别;字母:火灾类型。

七、1211 灭火器技术规范

规格	MY1	MY2	MY3	MY4	MY6
灭火剂充装量/kg	1	2	3	4	6
有效喷射时间/s	≥8	≥8	≥8≥8	≥9	≥9
有效喷射距离/m	≥3.0	≥3.5	≥4.0	≥4.5	≥5.0
喷射滞后时间,s	≤3				
喷射剩余量/%	≤8				
充装系数/kg/L	≤1.36				

引自《GB4397-1998 手提式 1211 灭火器》。

充装系数:灭火器单位体积内装入的灭火剂质量。

M:灭火器代码;Y:灭火剂 1211(二氟一氯一溴甲烷);数字:充装量。

(李天安)

附录三　化学品急性伤害的救护常识

伤害类型		症状	急救措施
呼吸中毒	Cl_2，Br_2，HCl，H_2S，SO_2，NO_2	刺激性气体，常伴有流泪、流涕、喷嚏、咳嗽、胸部压迫感等呼吸系统症状，进一步发生头疼、头晕、恶心等中枢中毒症状	迅速离开现场，到通风良好的地方，呼吸新鲜空气
	CO，HCN	症状不明显，出现头晕无力时已十分严重	同上
酸灼伤	硫酸	轻者局部发红疼痛，中度者烧成水疱，边缘充血；重者皮肤及皮下组织坏死，烧成焦黑色，后期可结成灰褐色痂皮	饱和 $NaHCO_3$ 溶液或清水冲洗；出现水疱，须再涂以红汞或龙胆紫溶液
	硝酸	与硫酸相似，皮肤结痂呈灰黄色	同上
	盐酸	症状轻于硫酸、硝酸。皮肤发红，少有水疱或破溃	同上
	氢氟酸	症状显现迟缓，当稍有疼痛时，烧伤已到严重程度。表现为发痒、疼痛、湿疹和各种皮炎、肿胀，并迅速坏死向下深入形成溃疡，甚至深及软骨组织	迅速用稀氨水或清水冲洗，然后在伤口处敷以新鲜配制的20% MgO 甘油悬浮液或甘油一氧化镁混合药剂（2∶1）
	甲酸	5%～7%的甲酸溶液即能引起皮肤烧灼感、疼痛，甚至烧伤致破溃	清水冲洗，3%硼酸溶液涂敷
	乙酸	皮肤发红，疼痛，后结成灰白色痂皮	清水冲洗即可
	苯甲酸	刺激皮肤引发皮炎、湿疹等	同上
碱灼伤（碱金属碱类）		皮肤变白，刺痛，边缘红肿起水疱，甚至糜烂。强碱对皮肤的灼伤将在皮表留下终生难以磨灭的疤痕	用水、柠檬汁、稀醋酸或2%硼酸冲洗伤口
溴灼伤		剧烈痒痛，出现各种皮疹如斑丘疹、脓疱疹等	立即清洗：1∶1∶10（体积比）氨水∶松节油∶乙醇混合液，10% $Na_2S_2O_3$，甘油，再包扎
白磷灼伤		刺激眼粘膜引起结膜充血，角膜混浊；接触皮肤烧伤而破溃	眼粘膜损害用2% $NaHCO_3$ 溶液冲洗；皮肤烧伤先用5%硫酸铜溶液冲洗，再包扎

酚灼伤	皮肤发红、搔痒或刺痛,后表面变白,起皱纹,甚至水肿,几天后表皮脱落;重者如不及时采取补救措施,则皮表变黑,组织坏死	先用 2% $NaHCO_3$ 溶液或生理盐水冲洗,再用 4∶1(体积比)乙醇 0.3 mol/L $FeCl_3$(aq)混合液冲洗,再包扎

(李天安)

附录四　常用干燥剂的适用范围

表 1　一般用于干燥液体有机化合物的干燥剂

干燥剂	适用的物质	不适用的物质
五氧化二磷	卤代烷、烃类、卤代烃、二硫化碳	碱、酮、易于聚合的物质
氯化钙	醚、酯、卤代烃	醇、酮、胺、酚、脂肪酸
氢氧化钾	碱	酮、醛、酯、酸
硫酸钠	一般物质	
硫酸镁	一般物质	
硫酸铜	醚、醇	甲醇
金属钠	醚、饱和烃	醇、胺、酯
硫酸钙	一般物质	
浓硫酸	卤代烷、卤代烃、饱和烃	醇、酚、碱、酮

表 2　常用于干燥各种气体的干燥剂

干燥剂	气体
氯化钙	氢气、氧气、氯化氢、二氧化碳、氮气、一氧化碳、二氧化硫、烷烃、烯烃、醚
五氧化二磷	氢气、氧气、氯化氢、二氧化碳、氮气、一氧化碳、二氧化硫、甲烷、乙烯
浓硫酸	氢气、氯气、二氧化碳、氮气、一氧化碳、甲烷
氧化钙	氨、胺类
氢氧化钾	氨、胺类
溴化钙	溴化氢
碘化钙	碘化氢

附录五　常用玻璃(瓷)仪器简介

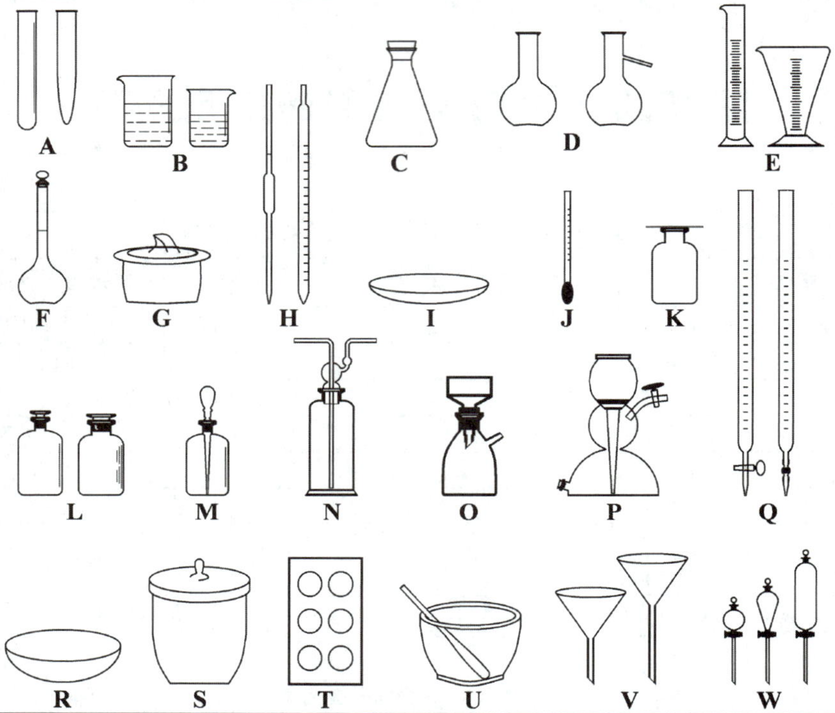

试管(A)

类别	可加热容器(离心试管不可直接加热防止炸裂)
规格	1. 玻璃制品,分硬质和软质。有普通试管(包括有支管和无支管,具塞和无塞)和离心试管两种,二者又分为有刻度和无刻度两类。 2. 有刻度试管和离心管的规格按容量通常分为5,10,15,20,25,50 mL等。 3. 无刻度试管的规格按管外径(mm)×管长(mm)来确定。
主要用途	1. 在常温或加热条件下用作少量试剂反应时的容器。 2. 制取和收集少量气体。 3. 进行溶解或小量蒸馏用。 4. 离心试管主要用于沉淀分离。

使用方法	1. 为便于振荡和防止沸腾时溶液溢出,管内液体总量不能超过容积的1/2,加热时不能超过1/3。 2. 为加快溶解或混合均匀,振荡时用手指夹持试管上端,靠腕力使试管底部来回甩动。决不能用手指堵住试管口振荡以免污染。 3. 加热前试管外面要擦干,加热时要用试管夹夹持。防止有水附着受热不均,使试管炸裂,以免烫手。 4. 加热液体时,管口不要对着人,并将试管与桌面成45°,扩大加热面防止爆沸;同时不断振荡,防止受热不均使试管炸裂。火焰上端不能超过管中液面。防止液体溅出伤人。

烧杯(B)

类别	可加热容器
规格	玻璃制品,分硬质和软质。一般型和高型,有刻度和无刻度等几种。
主要用途	1. 常温或加热条件下作大量物质反应器,反应物易混合均匀。 2. 配制溶液。容量较大的可以代替水槽或作简易水浴等盛水用器。
使用方法	1. 所盛反应液体不能超过容器的2/3。防止搅拌时液体溅出或沸腾时液体溢出。 2. 加热前要将烧杯外壁及底部擦干;加热时烧杯底要垫石棉网。不能用空烧杯干烧,也不能用火焰直接加热。防止烧杯受热不均而破裂。 3. 不可用烧杯长期存放化学试剂,也不可用烧杯作餐具、茶具。防止试剂变质并保证安全。 4. 拿烧杯时,不能用手接触烧杯内壁。防止污染。

锥形瓶(C)

类别	可加热容器
规格	玻璃制品,分硬质和软质、有塞(磨口)和无塞、广口和细口等几种。
主要用途	常用作反应容器、接收容器、容量分析时作滴定容器(便于振荡)、蒸馏时作馏出液接受器、也可作少量气体发生器。
使用方法	1. 加热时先擦干外壁,要垫在石棉网上或置于水浴中进行加热,防止受热不均而炸裂。 2. 用作反应器时,盛液体总量一般不超过容器的1/3,防止振荡时液体溅出。 3. 振荡时,用手指拿住锥形瓶的颈部,用腕力以手腕作支点,使锥形瓶做圆周运动,不能上下振动或左右摆动,防止液体溅出。

烧瓶(D)

类别	可加热容器
规格	玻璃制品,分硬质和软质,有平底、圆底、长颈、短颈、细口和厚口几种。
主要用途	通常用于在加热条件下完成各种化学反应的反应器,有时也用于蒸馏,或用来装配制取少量气体的发生装置。平底烧瓶通常用来配制各种溶液或代替圆底烧瓶用于化学反应。

使用方法	1. 盛放液体总量一般不超过容器的2/3，也不能太少。避免加热时液体喷溅或炸裂。 2. 加热时，要擦干外壁并固定在铁架台上，不能直接用火焰加热，要垫上石棉网，防止受热不均而炸裂。 3. 用做加热条件下的反应器或蒸馏时，一般用圆底烧瓶而不用平底烧瓶。因为平底烧瓶膨胀系数小，受热易破裂。 4. 取用时不能拿支管，一定要拿烧瓶的颈部或球体部分。防止折断支管。

量筒、量杯(E)

类别	计量仪器
规格	玻璃制品，按刻度所量度的最大容量(mL)分，常用的量筒有10，25，50，100，250，500，100等。量杯常用的有5，10，50，500，1000等。
主要用途	主要用于量取一定体积的液体(但量杯的精确度比量筒差)。
使用方法	1. 使用前先要弄清量筒的分度值和起始分度。分度值按自上而下的顺序递增排列。分度值不是从底刻起，而是从相当于全量的1/10开始刻起。 2. 不能加热，更不能在量筒内配制溶液或溶解固体，以防止容积量取不准确或炸裂。 3. 使用时，应将量筒竖直放在水平的桌面上。读数时，视线应与液面最凹点在同一水平面上，读取与液面弯月面相切的刻度值。

容量瓶(F)

类别	计量仪器
规格	玻璃制品，有白色和棕色两种。根据仪器的最大容量(mL)，常用的有25，50，100，250，500，1000等。
主要用途	常用于较精密地配制一定体积和浓度的溶液。
使用方法	1. 不能加热或放在烘箱里烘烤，以免温度高使容量瓶的容量增大，影响容量瓶的准确度；不能代替试剂瓶来存储溶液，以免溶液腐蚀容量瓶，影响容量瓶的准确度。 2. 配制溶液时，先将固体放在烧杯里加水溶解后，使溶液冷至室温后才能转入容量瓶中。溶解时的热效应(或固体溶解不完全等)会影响溶液的准确度。

称量瓶(G)

类别	计量仪器
规格	玻璃制品，分高型和低型两种。
主要用途	用于准确称取一定量固体药品。

使用方法	1. 使用前应先洗干净、烘干(不能用火焰直接烤干),在干燥器内冷却到室温后使用,避免污染或受热不均而炸裂。 2. 不可用手直接拿取,应用结实干燥的纸条套在称量瓶的中上部位夹取,防止手指玷污,影响称量的准确性。 3. 盖子是与磨口配套的,不能丢失、弄错,防止药品玷污和粘结。不用时应洗干净,配套存放,并在磨口处垫一纸条。

移液管、吸量管(H)

类别	计量仪器
规格	玻璃制品,分刻度管型和单刻度大肚型两种。常用的有容积(mL)为 1,2,5,10,25 和 100 等规格。
主要用途	用于精确移取一定体积的液体。
使用方法	1. 不能加热。防止炸裂。 2. 对于管口上无"吹"字者,使用时尖端液体不允许吹出,避免误差。

表面皿(I)

类别	器皿类
规格	玻璃制品,以直径(cm)表示规格。
主要用途	具有盖在烧杯上,防止加热时液体溅出或防止尘粒落入、自然晾干少量固体、与其他器皿组成气室或称量等用途。
使用方法	不能用火焰直接加热防止炸裂。

比重计(J)

类别	计量仪器
规格	玻璃制品,有比水轻和比水重的两种规格。
主要用途	能迅速测量出液体密度(比重)的计量仪器。
使用方法	1. 使用时,先稍大一些的量筒内注入待测液体,用手扶住比重计的上端慢慢放入量筒中,待完全稳定后再读数。比重计不能与量筒壁接触,防止撞破比重计和影响读数的准确性。 2. 视线要与液面保持水平,保证读数准确。 3. 测量完毕,要将比重计洗净后放入盒子里,防止撞坏或压坏。

集气瓶(K)

类别	瓶类
规格	玻璃制品,无塞,平扣面是磨砂的,并有毛玻璃片。按容量分常用的有 125 mL 和 250 mL

主要用途	收集气体或用于做固体在气体里燃烧的实验。
使用方法	1. 不能加热，防止炸裂。 2. 收集气体后，要用毛玻璃片盖住瓶口，直立在桌上，防止气体逸出。 3. 做固体在气体里燃烧实验时，集气瓶的底部应留少量水或放入少量沙子，防止熔融物滴落，使瓶底受热不均而炸裂。

试剂瓶(L)

类别	瓶类
规格	玻璃制品，常用的有无色、棕色的，并有小口和广口两类。
主要用途	小口试剂瓶用于储存液体试剂，广口瓶用于储存固体试剂，棕色瓶用于储存见光易分解的或易变质的试剂。
使用方法	1. 不能直接加热，也不能盛装热溶液，防止炸裂。 2. 瓶塞不能弄脏、弄混，防止试剂被污染。 3. 暂时不用时须洗净配套并在磨口处垫一片纸，防止粘结不易打开。 4. 盛碱液的试剂瓶，不能用磨口塞，应用胶塞，防止碱液与玻璃作用，使瓶塞打不开。

滴瓶(M)

类别	瓶类
规格	玻璃制品，分无色和棕色两种。常用的按容量分有 30 mL，60 mL，100 mL 等。
主要用途	盛放少量液体试剂，便于取用。棕色瓶用于盛放易分解或易变质的液体试剂。
使用方法	1. 不能盛装热溶液，也不能加热，防止炸裂。 2. 为防止污染，滴管要专用，不能乱放、弄混、弄脏，用后放回原瓶中。 3. 吸液时不能吸得太满，更不能吸液后倒置，防止试剂腐蚀橡皮帽。 4. 吸液时，先取出滴管排除管内空气，再插入滴瓶内吸液，不能在瓶内反复捏挤橡皮帽，防止挤入空气与试剂反应或吸得过满。 5. 为防止胶帽与玻璃管脱落，使用时应用中指和无名指夹住胶帽与玻璃管连接的颈部，用拇指和食指捏胶帽吸取或挤出试剂。

洗气瓶(N)

类别	瓶类
规格	玻璃制品
主要用途	用于洗涤净化气体，反接可做安全瓶使用。
使用方法	1. 连接方法一定要正确，进气管一定要通入液体中，才能达到洗气的目的。 2. 洗气瓶里的洗液，不得低于洗气瓶容积的 1/3，也不能超过容积的 2/3。反之洗涤不彻底或洗涤液被气体冲出。

抽滤瓶与布氏漏斗(O)

类别	瓶类
规格	抽滤瓶为玻璃制品,以容积(mL)表示其大小。布氏漏斗为瓷质,以容积或口径(mm)表示其大小。
主要用途	配套使用,用于减压过滤,分离固体与液体物质。
使用方法	1. 不能用火加热,防止炸裂。 2. 与布氏漏斗配合使用。漏斗所用胶塞要塞于抽滤瓶的1/2,且要塞紧,确保密封性好。

启普发生器(P)

类别	器皿类
规格	玻璃制品,以容积(mL)表示规格,常用的有500 mL。
主要用途	用于实验室制备常温下固体和液体反应生成的气体。
使用方法	只适用于不需加热的固体和液体的反应,并且要求固体呈块状或粗粒状;在液体下浸泡仍有一定的强度;生成的气体难溶于水。固体如呈细粒状,漏入容器底就达不到随时取气的目的。

滴定管(Q)

类别	计量仪器
规格	玻璃制品,分碱式和酸式两种。两者又分别有棕色和白色两类。常用的有酸式、碱式滴定管,容积为50 mL。
主要用途	专门用于容量分析滴定的较精密的仪器,也可以量取较准确体积的液体。
使用方法	1. 使用前,要进行试漏检查,以免降低实验的精确度。试漏时活塞不涂凡士林,注水到高标线,垂直静置几分钟,观察活塞是否渗水。 2. 注入标准溶液后,应先排除滴定管尖端部分的气泡,以保证读数的准确性。 3. 不能加热及量取热的液体,防止炸裂并避免读数不准确。 4. 酸式滴定管与碱式滴定管不能互换使用,防止酸液腐蚀胶管,碱液使活塞粘连而损坏。

蒸发皿(R)

类别	器皿类
规格	瓷制品,也有玻璃、石英、铂制品,有圆底和平底之分,平底有柄的又称为蒸发勺。以口径(mm)或容积(mL)表示规格。
主要用途	主要用于实验室蒸发、浓缩液体。

使用方法	1. 能耐高温,但要防止骤冷骤热而炸裂。 2. 蒸发溶液时一般应放在石棉网上,使之受热均匀,防止炸裂。 3. 要蒸干涸时,应选用圆底的蒸发皿。蒸发效率高。

坩埚(S)

类别	器皿类
规格	瓷制品,也有石英、石墨、氧化锆、铁、镍、银或铂制品。常以容积表示规格。
主要用途	用于强热灼烧固体。
使用方法	1. 使用时放在泥三角上或马福炉中强热,加热后用坩埚钳取下(出),以防烫伤。 2. 热的坩埚取下后不能直接放在台面上,应放在石棉网上,防止骤冷破裂或烫坏桌面。

点滴板(T)

类别	器皿类
规格	瓷制品,也有玻璃制品。
主要用途	用于定性沉淀实验等。
使用方法	不能加热

研钵(U)

类别	器皿类
规格	瓷制品,也有玻璃、玛瑙、石头、铁制品。以内径大小(mm)表示规格。
主要用途	常用于固体的捣碎和固-固、固-液的混合。
使用方法	1. 按固体的性质选用不同的研钵。 2. 大块的物质只能压碎,不能敲碎。防止击碎研钵和杵、避免固体飞溅。 3. 放入研钵中的固体量不宜超过 1/3,以免研磨时把固体甩出。 4. 易爆物质只能轻轻地压碎,不能研磨,防止爆炸。

普通漏斗(V)

类别	漏斗类
规格	玻璃制品,有长颈和短颈之分。以口径(mm)表示其大小。
主要用途	常用于装配滤纸将固体和液体分离开,也可作加液器。

分液漏斗(W)

类别	漏斗类
规格	玻璃制品,有球形、梨形和筒形三种。以容积(mL)表示其大小。

主要用途	作为加液器,常与蒸馏烧瓶组合来装配反应装置;或用于分离两种密度不同且互不混溶的液体。
使用方法	1. 不能加热,防止炸裂。 2. 使用前,要在活塞上涂一层薄薄的凡士林,防止渗漏。 3. 分液时下层液体从漏斗管流出,上层液体从上口倒出,防止分离物不纯。 4. 长期不用时,应在活塞处夹一张纸条,防止活塞粘连。

(卢一卉　李天安)

附录六　部分国家标准

表 1　部分规则或仪器标准

名　称	标准(或规则)号	名　称	标准(或规则)号
用电安全导则	GB/T13869-92	光学仪器电气防护基本安全要求	JB5517-91
电测量指示和记录仪表及其附件的安全要求	GB6738-86	电子显微镜 X 射线泄漏剂量规定	GB7667-87
工业热电偶与热电阻隔爆技术条件	JB5518-91	实验室离心机机械安全要求	JB6827-93
仪器仪表　基本术语	GB/T13983-92	仪器仪表包装通用技术条件	GB/T15464-95
仪器仪表用旋钮　型号命名方法	JB/T5471-91	仪器仪表可靠性设计评审	JB/T6182-92
仪器仪表可靠性要求与考核方法的编写规定	JB/T6183-92	仪器仪表可靠性验证试验及测定试验(指数分布)导则	JB/T6214-92
仪器仪表可靠性设计程序和要求	JB/T6843-93	实验室仪器术语　天平仪器	JB/T7439.1-94
实验室仪器术语　动力测试仪器	JB/T7439.2-94	实验室仪器术语　气候环境试验设备	JB/T7439.3-94
实验室仪器术语　噪声测量仪器	JB/T7439.4-94	实验室仪器术语　振动测量仪器	JB/T7439.5-94
实验室仪器术语　实验室离心机	JB/T7439.6-94	实验室仪器产品检验规则	JB/T7461-94
实验室仪器术语　土壤仪器	JB/T7439.9-94	电子天平	JB5374-91
声级计的电、声性能及测试方法	GB3785-83	高速冷冻离心机	JB/T5519-91
自动记录颗粒沉积天平	JB5515-91	干燥箱技术条件	JB/T5520-91

注:仪器仪表标准来源:http://info.china.alibaba.com。

表 2　部分气体的国家标准

标准号	使用气体	标准号	使用气体
GB / T3863-1995	工业用氧	GB/T7445-1995	纯氢、高纯氢和超纯氢
GB/T14599-1993	高纯氧	GB/T8980-1996	高纯氮
GB8982-1998	医用氧	GB/T4844.3-1995	高纯氦
GB8983-1998	航空呼吸用氧	GB/T3634-1995	工业氢
GB/T3864-1996	工业氮	GB/T4844.1-1995	工业氦气
GB/T8979-1996	纯氮	GB/T5828-1995	氙气
GB/T4844.2-1995	纯氦	GB/T5829-1995	氪气
GB/T4842-1995	纯氩	GB/T8856-1995	溶解乙炔
GB/T10624-1995	高纯氩		

附录七　设计、综合性实验基本要求

设计性、综合性实验是学生素质培养不可或缺的教学内容，其教学过程强调学生自主学习、独立工作，教师仅为学生提供参考意见并注意提醒学生注意安全。设计、综合性实验的实施环节如下：

1. 审题

①学生在得到实验题目后，应仔细研读题目要求，务求准确理解。

②清理思路，初步确定设计信息源和查找途径。

2. 文献调研

①根据确定的关键词等线索在相应信息源中搜索所需文献，必要时采集原文。

②阅读文献，对文献进行归类分析，总结出前人对本题目的研究成果，尤其注意原作者采用的研究方法，重现其工艺流程。

③运用所学知识、文献对照和与人探讨等手段，分析这些方法的原理、适用对象、实验装置、操作程序、条件控制、技术关键，力求去伪存真。

④根据初始原料，对原工艺流程进行修改，得出自己的工艺流程。其中，应注意所选择的材料、设备、能源的成本。

3. 实验设计

①根据自己设计的工艺流程，设计出相应的实验装置图，必要时设计出多个备选方案。

②针对各个备选方案探讨工艺参数和控制手段，从而优化设计，完成最终的设计方案。

③编制实验（包括样品前处理）所需仪器设备和材料清单，注明哪些是自行收集准备

的，哪些是需要实验室提供的。

4．实验研究

①采集实验样品。

②样品前处理。

③借用仪器器材，安装实验装置并检查。

④投料实验，其过程参见绪论。对于多步实验，每一步都须作为一个完整的过程予以注意。

5．撰写报告

设计性、综合性实验均须完成至少两个报告。格式如下：

①设计报告

> ×××××设计报告
>
> 署名
>
> ××大学××专业××级×××（学号）
>
> 项目简述。主要说明项目的意义。
>
> 一、研究现状
>
> “文献调研”中②③的结果。
>
> 二、实验设计
>
> 写出“实验设计”的结果，要求说明本实验与前人研究方案的不同及其理论依据。
>
> 三、讨论
>
> 可能出现的问题及解决思路。

②实验报告

> ×××××实验报告
>
> 署名
>
> ××大学××专业××级×××（学号）
>
> 一、概述
>
> 本实验设计与前人研究方案的关系。
>
> 二、材料与方法
>
> 三、实验结果
>
> 详细展示各步骤的过程图表、最终质量检测数据图表，完成各项计算，并分析其理论和应用意义。如有，还应包括数据处理源程序、产品测试图谱、成本计算表等。
>
> 四、讨论与结论
>
> 讨论实验装置、过程、控制等方面难以用图表表示的现象及其可能原因分析。评估本设计的成败以及创新之处。

6. 成绩考核

设计性、综合性实验主要根据学生的各种实物材料考核，教师对实验过程的记载所占比例不应超过20%。学生实验结束后应提交如下实物：

①设计报告和实验报告；

②实验原始记录；

③改装的仪器；

④剩余原料、半成品、产品。

（李天安）

编后语

大学化学实验教学示范中心教材

《化学基础实验Ⅰ》终于与读者见面了，回顾本书的编写过程，仍然有许多感慨。

第一，本教材"以'方法'为中心的化学实验教学"的理念反映了西部高校在办学过程中的理性思维。上世纪末，教育界普遍认同，化学实验教学应当在一级学科平台上进行，以适应国家和世界经济发展对人才的"宽口径、厚基础、重创新"的需要。可是，如何在"一级"平台上实施教学，避免简单的对原二级学科实验的"排列组合"，却是关系到观念变革的大事。因而，从2000年开始，本教材参编学校就一直在思索和尝试，并逐渐形成了如今的这种教学理念。

第二，本教材得到参编学校领导的大力支持。西部高校在师资、经费、设施、生源、外环境都相对欠缺的条件下承担着西部广大民众渴求受教育的希望，是国家高等教育中最为任重道远的部分。如何在此综合条件下，不仅满足群众的期望，而且更重要的是达到《高等教育法》规定的学业标准，就成为制约学校发展甚至生存的大事。为了做好本教材的编写，努力打造精品，在筹备和实际工作过程中，各校领导都给予了极大的关注和支持，无论是在人员选派、时间保证、会议安排和莅临指导、甚至实验项目的试做等方面，处处提供的方便是本教材得以顺利编写出版必不可少的条件。

第三，本教材是西部学校长期教学的经验反映。参编人员都是长期在教学第一线的教师，在编写过程中，从思路的整理、资料的收集、数据的查证、文字的撰写、图片的绘制各个环节一丝不苟，都付出极大的心血。特别是还要完成繁重的教学任务、家中有亲人卧病在床、甚至晕倒住院等具体困难，无不体现了教师的职业操守和敬业精神。尽管教材中可能仍有不少值得推敲的修改的地方，甚至有错误，但毕竟是努力了。

第四，本教材得到西南师范大学出版社的无私扶持。从教材的选题开始，出版社就一直参与工作的每一个环节。仅仅是选题就经过多次论证，包括认真学习教育部实验教学示范中心建设标准、教材理念的讨论和内容的分配、专题工作会议的召开等；在编写过程中，具体到稿件中的图表等细节都有具体的指导。社长、总编辑等社领导时时关注编写进度，编辑杨光明先生还就内容、体例、组织工作等提出建设性的意见。在最后的编辑和付印期间，顶着重庆40℃多的酷暑加班加点，精神令人感动，充分体现了出版社为教学服务的办社宗旨。

谨此向关心和帮助本教材编写出版的各位领导、同行、同事、学生和参编人员的家庭成员表示衷心的感谢！

编者

2006年8月于重庆

图书在版编目(CIP)数据

化学基础实验(Ⅰ)/李天安总主编,鲍正荣等主编.—重庆:西南师范大学出版社,2006.9

大学化学实验教学示范中心教材

ISBN 978-7-5621-3728-3

Ⅰ.化... Ⅱ.李.... Ⅲ.化学实验—高等学校—教材 Ⅳ.06-3

中国版本图书馆 CIP 数据核字(2006)第 108620 号

化学基础实验(Ⅰ)

总 主 编:李天安

本册主编:鲍正荣 李天安 孙都成 耿志远

责任编辑:杨光明

整体设计:汤 立

照 排:吴秀琴

出版、发行:西南师范大学出版社

(重庆·北碚 邮编:400715

网址:www.xscbs.com)

印 刷:重庆荟文印务有限公司

幅面尺寸:185mm×250mm

印 张:16.5

字 数:350 千字

版 次:2006 年 9 月第 1 版

印 次:2020 年 8 月第 6 次

书 号:ISBN 978-7-5621-3728-3

定 价:48.00 元